高等职业教育“十三五”规划教材（网络工程课程群）

配置与管理

主　编　唐　宏　杨智勇
副主编　周　桐　李　剑

中国水利水电出版社
www.waterpub.com.cn
·北京·

内 容 提 要

本书内容分为两大部分：第一部分是 Linux 操作系统日常使用与管理，共八个任务，包括 Linux 安装、Linux 基本文件操作、Linux 查找、Linux 文件压缩与打包、使用 vim 编辑文本文件、Linux 软件管理、Linux 用户与权限管理、Linux 系统管理；第二部分是 Linux 系统相关服务的安装与配置，共六个任务，包括搭建 NFS 服务器、DHCP 服务器安装与配置、DNS 服务器安装与配置、WWW 服务器安装与配置、FTP 服务器安装与配置、邮件服务器安装与配置。

本书内容设计遵循学生学习知识的基本特点和规律，在学习 Linux 系统基本管理与操作的基础上，学会搭建基于 Linux 系统的各类服务平台。主要内容以“任务驱动”方式设计，每个任务包含“任务要求”“相关知识”“任务实施”“任务拓展”和“练习题”五个部分，符合明确任务、学习知识、实现任务、拓展知识、巩固知识的学习认知过程。

本教材可作为高职高专和应用型本科院校计算机网络技术、计算机应用技术、信息安全与管理、大数据技术与应用、云计算技术与应用、通信技术等专业的教材和教学参考书，也可供广大计算机技术爱好者学习使用。

本书配有电子教案和配套视频，读者可以从中国水利水电出版社网站（www.waterpub.com.cn）或万水书苑网站（www.wsbookshow.com）免费下载。

图书在版编目（CIP）数据

Linux服务器配置与管理 / 唐宏，杨智勇主编. -- 北京 ：中国水利水电出版社，2018.7（2024.7重印）
高等职业教育“十三五”规划教材. 网络工程课程群
ISBN 978-7-5170-6612-5

Ⅰ. ①L… Ⅱ. ①唐… ②杨… Ⅲ. ①Linux操作系统－高等职业教育－教材 Ⅳ. ①TP316.89

中国版本图书馆CIP数据核字(2018)第148982号

策划编辑：石永峰 责任编辑：张玉玲 加工编辑：高双春 封面设计：梁 燕

书 名	高等职业教育“十三五”规划教材（网络工程课程群） Linux服务器配置与管理 Linux FUWUQI PEIZHI YU GUANLI
作 者	主 编 唐 宏 杨智勇 副主编 周 桐 李 剑
出版发行	中中国水利水电出版社 （北京市海淀区玉渊潭南路 1 号 D 座 100038） 网址：www.waterpub.com.cn E-mail：mchannel@263.net（答疑） sales@mwr.gov.cn 电话：（010）68545888（营销中心）、82562819（组稿）
经 售	北京科水图书销售有限公司 电话：（010）68545874、63202643 全国各地新华书店和相关出版物销售网点
排 版	北京万水电子信息有限公司
印 刷	三河市德贤弘印务有限公司
规 格	184mm×260mm 16 开本 13.75 印张 313 千字
版 次	2018 年 7 月第 1 版 2024 年 7 月第 6 次印刷
印 数	10001—11000 册
定 价	32.00 元

丛书编委会

丛书序

《国务院关于积极推进“互联网+”行动的指导意见》的发布标志着我国全面开启通往“互联网+”时代的大门，我国在全功能接入国际互联网20年后达到全球领先水平。目前，我国约93.5%的行政村已开通宽带，网民人数超过6.5亿，一批互联网和通信设备制造企业进入国际第一阵营。互联网在我国的发展，分别“+”出了网购、电商，“+”出了O2O（线上线下联动），也“+”出了OTT（微信等顶端业务），2015年全面进入“互联网+”时代，拉开了融合创新的序幕。纵观全球，德国通过“工业4.0战略”让制造业再升级；美国通过“产业互联网”让互联网技术的优势带动产业提升；如今在我国，信息化和工业化的深度融合越发使“互联网+”被寄予厚望。

“互联网+”时代的到来，使网络技术成为信息社会发展的推动力。社会发展日新月异，新知识、新标准层出不穷，不断挑战着学校相关专业教学的科学性，这对当前网络专业技术人才的培养提出了极大的挑战。因此，新教材的编写和新技术的更新也显得日益迫切。教育只有顺应时代的需求持续不断地进行革命性的创新，才能走向新的境界。

在这样的背景下，中国水利水电出版社和重庆工程职业技术学院、重庆电子工程职业学院、重庆城市管理职业学院、重庆工业职业技术学院、重庆信息技术职业学院、重庆工商职业学院、浙江金华职业技术学院等示范高职院校，以及中兴通讯股份有限公司、星网锐捷网络有限公司、杭州华三通信技术有限公司等网络产品和方案提供商联合，组织来自企业的专业工程师和部分院校的一线教师协同规划和开发了本系列教材。教材以网络工程实用技术为脉络，依托企业多年积累的工程项目案例，将目前行业发展中最实用、最新的网络专业技术汇集到专业方案和课程方案中，然后编写入专业教材，再传递到教学一线，以期为各高职院校的网络专业教学提供更多的参考与借鉴。

一、整体规划全面系统　紧贴技术发展和应用要求

本系列教材的规划和内容的选择都与传统的网络专业教材有很大的区别，选编知识具有体系化、全面化的特征，能体现和代表当前最新的网络技术的发展方向。为帮助读者建立直观的网络印象，本书引入来自企业的真实网络工程项目，让读者身临其境地了解发生在真实网络工程项目中的场景，了解对应的工程施工中所需要的技术，学习关键网络技术应用对应的技术细节，对传统课程体系进行改革。真正做到以强化实际应用，全面系统培养人才，尽快适应企业工作需求为教学指导思想。

二、鼓励工程项目形式教学　知识领域和工程思想同步培养

倡导教学以工程项目的形式开展，按项目划分小组，以团队的方式组织实施；倡导各团队成员之间进行技术交流和沟通，共同解决本组工程方案的技术问题，查询相关技术资料，并撰写项目方案等工程资料。把企业的工程项目引入到课堂教学中，针对工程中所需要的实际工作技能组织教学，重组理论与实践教学内容，让学生在掌握理论体系的同时，能熟悉网络工程实施中的实际工作技能，缩短学生未来在企业工作

岗位上的适应时间。

三、同步开发教学资源　及时有效更新项目资源

为保证本系列教材在学校的有效实施，丛书编委会还专门投入了巨大的人力和物力，为本系列教材开发了相应的、专门的教学资源，以有效支撑专业教学实施过程中备课、授课、项目资源的更新和疑难问题的解决，详细内容可以访问中国水利水电出版社万水分社的网站（http://www.wsbookshow.com 和 http://www.waterpub.com.cn/softdown/），以获得更多的资源支持。

四、培养“互联网 +”时代软技能　服务现代职教体系建设

互联网像点石成金的魔杖一般，不管“+”上什么，都会发生神奇的变化。互联网与教育的深度拥抱带来了教育技术的革新，引起了教育观念、教学方式、人才培养等方面的深刻变化。正是在这样的机遇与挑战面前，教育在尽量保持知识先进性的同时，更要注重培养人的“软技能”，如沟通能力、学习能力、执行力、团队精神和领导力等。为此，在本系列教材规划的过程中，一方面注重诠释技术，另一方面融入了“工程”“项目”“实施”和“协作”等环节，把需要掌握的技术元素和工程软技能一并考虑进来，以期达到综合素质培养的目标。

本系列教材是出版社、院校和企业联合策划开发的成果，希望能吸收各方面的经验，集众所长，保证规划课程的科学性。配合专业改革、专业建设的开展，丛书主创人员先后组织数次研讨会进行交流、修订以保证专业建设和课程建设具有科学的指向性。来自中兴通讯股份有限公司、星网锐捷网络有限公司、杭州华三通信技术有限公司的众多专业工程师，以及产品经理罗荣志、罗脂刚、杨毅等为全书提供了技术和工程项目方案的支持，并承担全书技术资料的整理和企业工程项目的审阅工作。重庆工程职业技术学院的杨智勇、李建华，重庆工业职业技术学院的王璐烽，重庆电子工程职业学院的武春岭、唐继勇，重庆城市管理职业学院的乐明于、罗勇，重庆工商职业学院的胡方霞，重庆信息技术职业学院的曾鹏，浙江金华职业技术学院的宣翠仙等在丛书成稿过程中给予了悉心指导及大力支持，在此一并表示衷心的感谢！

本系列教材的规划、编写与出版历经三年的时间，在技术、文字和应用方面历经多次的修订，但考虑到前沿技术、新增内容较多，加之作者文字水平有限，书中错漏之处在所难免，敬请广大读者批评指正。

丛书编委会

前 言

随着我国“互联网+”战略的实施和深入推进，信息技术与社会各行业不断融合，同时新兴信息技术，如云计算、大数据、移动互联网、物联网、人工智能也逐步进入社会生产、生活的各个领域。信息技术的发展离不开信息系统基础平台，在信息系统基础平台中，操作系统平台是最重要的平台之一，它是连接硬件平台与应用层软件平台的枢纽，是管理信息系统中硬件和软件的核心，可以说做任何信息系统都离不开操作系统。目前常用的操作系统主要有 Windows 系列操作系统和 Linux 系列操作系统，其中 Linux 系列操作系统具有自由开放、平台兼容好、灵活、性能卓越等优点，被广泛应用于各类服务器应用领域、桌面应用领域和嵌入式应用领域。

本书是 Linux 的基础级教材，主要面向高等职业院校学生、应用型本科院校学生及 Linux 爱好者。本教材使用新版本的 RHEL7 和 VMware Workstation 12 与演示环境，各任务的实现均采用 Linux 最传统的命令行方式。在任务设计过程中，知识以够用为原则，着重介绍最常用的命令、最常用的命令参数和最基本的服务器应用配置，让学生能够在较短时间内掌握 Linux 系统的基本使用，并能够快速搭建基于 Linux 系统的服务平台。

本书采用“任务驱动”的方式设计整个教学过程，从实际应用出发提炼了 14 个基本任务，其中 Linux 安装、Linux 基本文件操作、Linux 查找、Linux 文件压缩与打包、使用 vim 编辑文本文件、Linux 软件管理、Linux 用户与权限管理、Linux 系统管理等 8 个任务属于 Linux 操作系统日常使用与管理；搭建 NFS 服务器、DHCP 服务器安装与配置、DNS 服务器安装与配置、WWW 服务器安装与配置、FTP 服务器安装与配置、邮件服务器安装与配置等 6 个任务属于 Linux 系统相关服务的安装与配置。每个基本任务包括“任务要求”“相关知识”和“任务实施”三个部分，通过简明扼要的任务要求让学生明确要“做什么”，通过与任务相关的知识介绍让学生知道“如何做”。如果学生在完成任务过程中存在问题，可以参考“任务实施”部分的具体操作实现。在 14 个基本任务的基础上，每个任务设置有一个或多个扩展任务，扩展任务应当在基本任务的基础上实现，是基本任务的进一步拓展，根据学生的学习情况可以选择部分扩展任务完成。完成任务后，可以通过每个任务后的练习题，对任务中的知识点进行复习巩固。

全书由唐宏、杨智勇任主编，负责全书的编写、统稿、修改、定稿工作，周桐、李剑任副主编。主要编写人员分工如下：唐宏编写任务 1 至任务 7，杨智勇编写任务 8 至任务 10，周桐编写任务 11 和任务 12，李剑编写任务 13 和任务 14。在此，特别感谢中国水利水电出版社石永峰编辑和所有关心与支持我们的同行，是他们的督促与帮助使得此书得以顺利出版。

限于编者水平有限，书中难免存在错误或不当之处，恳请专家和读者批评指正。

编者

2018 年 4 月

目录 CONTENTS

课程介绍

第一部分 Linux 操作系统日常使用与管理

第二部分 Linux 系统相关服务的安装与配置

任务 1
Linux 安装

1.1 任务要求

1．在 VMware 中安装带图形界面的 RHEL7 系统。

2．使用手动分区，共划分为三个分区，其中 /boot 分区大小为 1GB，/ 分区大小为 10GB，swap 分区大小为 2GB，使用标准分区格式。

1.2 相关知识

1.2.1 Linux 发展历史

Linux 基础

Linux 的发展示意图如图 1-1 所示。

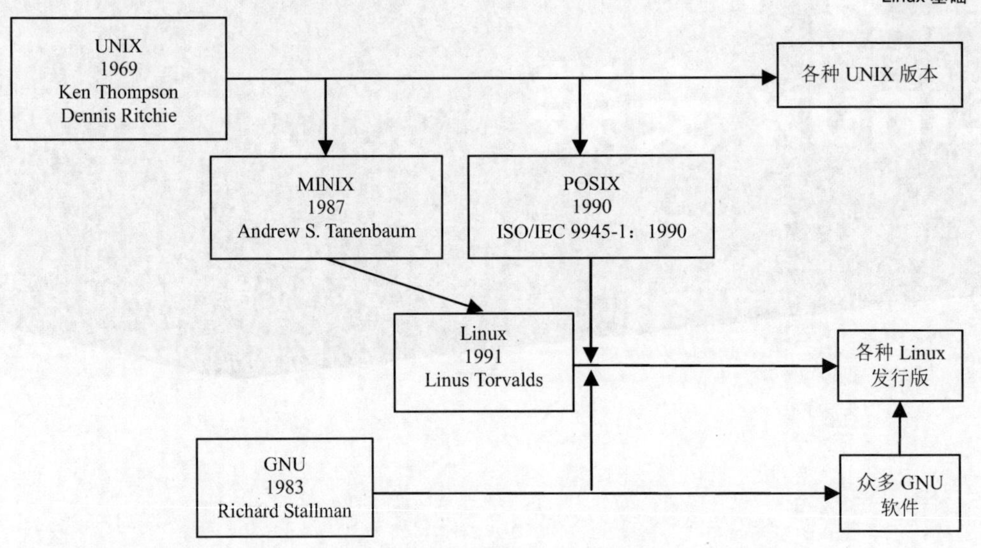

图 1-1　Linux 的发展示意图

Linux 的产生与发展与下面五个方面密切相关。

1．UNIX

Linux 来源于 UNIX 操作系统。

UNIX 是一个强大的多用户、多任务操作系统，支持多种处理器架构。UNIX 最早由 Ken Thompson、Dennis Ritchie 于 1969 年在 AT&T 的贝尔实验室开发，因此 1970 年也被称为“UNIX 元年”。在 UNIX 和 Linux 系统中均使用 1970 年 1 月 1 日作为时间的起点，即用距离 1970 年 1 月 1 日的时间来表示当前时间。

Linux 的很多特性与 UNIX 类似，因此也称 Linux 是一种类 UNIX（UNIX-like）操作系统。

2. Minix

在 UNIX 的发展过程中，由于版权问题，大学中不再能使用 UNIX 源代码。

荷兰阿姆斯特丹的 Vrije 大学计算机科学系的 Andrew S. Tanenbaum 教授为了能在课堂上教授学生操作系统的细节，在不使用 UNIX 源代码的情况下，自行开发了与 UNIX 兼容的操作系统 Minix。

Minix 是 mini-UNIX 的简称，即小型的 UNIX。该系统最初发布于 1987 年，并开放全部源代码供大学教学和研究工作使用。

3. Linux

随着以 Intel 主导的 x86 系统架构的个人计算机迅猛发展，芬兰赫尔辛基大学学生 Linus Torvalds 希望在 Intel 的新 CPU 386 上运行类似于 UNIX 的操作系统。

由于当时大学中使用的 Minix 对 80386 的 CPU 兼容性很差，于是 Linus Torvalds 决定自己开发出一个全功能的、支持 POSIX 标准的、类 UNIX 的操作系统内核。

1991 年 10 月 5 日，Linus 在 comp.os.minix 新闻组上发布消息，正式向外宣布该内核系统的诞生，并将自己的姓名 Linus 和 UNIX 相结合，将该内核系统命名为 Linux。

4. POSIX

POSIX（Portable Operating System Interface，可移植操作系统接口）定义了 UNIX 操作系统应该为应用程序提供的接口标准。

在 Linus Torvalds 开发 Linux 系统时期，POSIX 标准诞生。因此 Linus Torvalds 也参照 POSIX 标准进行设计，使得 Linux 与 UNIX 完全兼容，即 UNIX 系统上的所有应用程序都能够在 Linux 系统上正常运行。

5. GNU

GNU 计划是由 Richard Stallman 在 1983 年 9 月 27 日公开发起的。它的核心思想是反对以 UNIX 为代表的商业软件系统，希望能够创建一套完全自由的软件系统。GNU 是英文“GNU is Not UNIX!”的递归缩写，其含义是“GNU 不是 UNIX”。

为保证 GNU 软件可以自由地“使用、复制、修改和发布”，所有 GNU 软件都有一份在禁止其他人添加任何限制的情况下授权所有权利给任何人的协议条款——GNU 通用公共许可证（GNU General Public License，GPL），即“反版权”（或称 Copyleft）概念。

1985 年 Richard Stallman 又创立了自由软件基金会（Free Software Foundation）来为 GNU 计划提供技术、法律和财政支持。

到了 1990 年，GNU 计划已经开发出的软件包括了功能强大的文字编辑器 Emacs、GCC（GNU Compiler Collection，GNU 编译器集合），以及大部分 UNIX 系统的程序库和工具，唯一依然没有完成的重要组件就是操作系统的内核。1991 年 Linus Torvalds 编写出了与 UNIX 兼容的 Linux 操作系统内核并在 GPL 条款下发布。之后 Linux 在网上广泛流传，许多程序员参与了开发与修改。1992 年 Linux 与其他 GNU 软件结合，完全自由的操作系统正式诞生。

1.2.2 Linux 内核版本

Linux 内核是由 Linus Torvalds 开发并维护的 Linux 操作系统的核心。可以登录网站 https://www.kernel.org，查看并下载 Linux 内核源码，网站首页如图 1-2 所示。

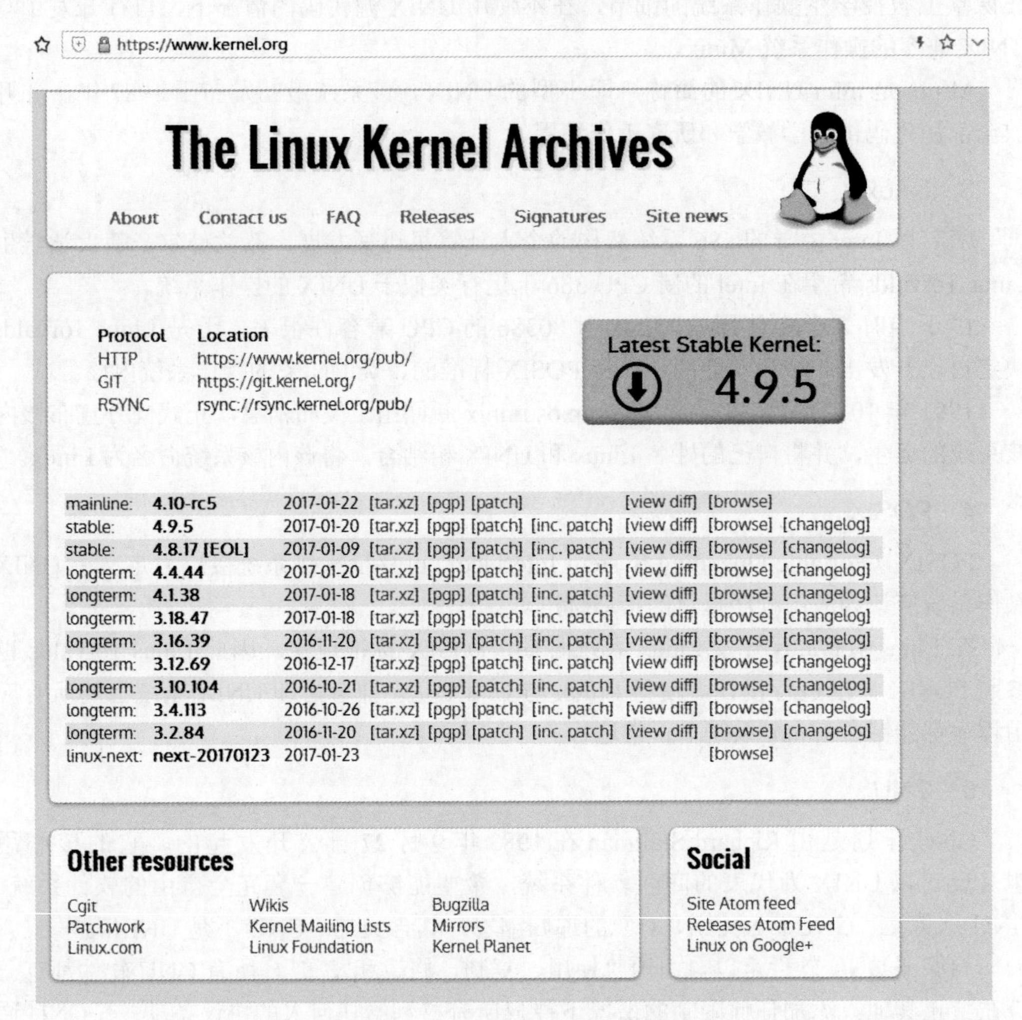

图 1-2　Linux 内核网站首页

在 Linux 系统中可以使用命令查看内核版本信息，在命令提示符后输入如下命令：

```
[root@localhost ~]# uname  -a
```

其中 uname 是命令名，用于显示内核信息；-a 是命令参数，可以理解为 all，表示显示所有信息，命令执行结果如下：

```
Linux localhost.localdomain 3.10.0-123.el7.x86_64 #1 SMP Mon May 5 11:16:57 EDT 2014
x86_64 x86_64 x86_64 GNU/Linux
```

对该命令执行结果解释如下：

- Linux：内核名称。
- localhost.localdomain：主机名。

- 3.10.0-123.el7.x86_64：内核发行号，其中主版本号为3，次版本号为10，修订号为0，编译次数为第123次，el7表示Red Hat Enterprise Linux第7版，硬件平台为x86_64。
- #1 SMP Mon May 5 11：16：57 EDT 2014：内核版本。
- 后面三个x86_64：分别为主机的硬件架构名称、处理器类型、硬件平台。
- GNU/Linux：操作系统名称。

1.2.3 Linux 发行版本

Linux发行版本是以Linux内核为基础，并结合大量GNU软件包装而成，面向用户发行的完整操作系统版本。Linux的发行版本大体可以分为两类：一类是商业公司维护的发行版本，以著名的Red Hat为代表；一类是社区组织维护的发行版本，以Debian为代表。下面是一些常见的Linux发行版本。

1. Red Hat Linux

Red Hat，应称为Red Hat系列，包括RHEL（Red Hat Enterprise Linux，为收费版本）、Fedora Core（由Red Hat桌面版本发展而来，免费）、CentOS（RHEL的社区克隆版本，免费）。Red Hat可以说是在国内使用最多的Linux版本，甚至有人将Red Hat等同于Linux。这个版本的特点就是使用人数多、资源多，而且网上的许多Linux教程也都是以Red Hat为例进行讲解的。

Red Hat系列的包管理方式采用的是基于RPM包的YUM包管理方式，包分发方式是编译好的二进制文件。稳定性方面，RHEL和CentOS的稳定性非常好，适合于服务器使用；但是Fedora Core的稳定性较差，最好只用于桌面应用。

2. Debian Linux

Debian，或者称Debian系列，包括Debian和Ubuntu等。Debian是社区类Linux的典范，也最遵循GNU规范。Debian分为三个分支：stable、testing和unstable。其中，unstable为最新的测试版本，有相对较多的bug，适合桌面用户。testing的版本都经过测试，相对较为稳定。而stable一般只用于服务器，软件包大都比较过时，但是稳定性和安全性都很高。Debian最具特色的是apt-get/dpkg包管理方式。

3. Ubuntu Linux

Ubuntu严格来说不能算一个独立的发行版本，它是基于Debian的unstable版本加强而来，可以说Ubuntu是一个拥有Debian所有的优点，以及自己所加强的优点的近乎完美的Linux桌面系统。根据选择的桌面系统不同，有三个版本可供选择，基于Gnome的Ubuntu、基于KDE的Kubuntu和基于Xfce的Xubuntu。特点是界面非常友好，容易上手，对硬件的支持非常全面，是最适合做桌面系统的Linux发行版本。

4. SUSE Linux

SUSE Linux原来是德国的一个Linux发行版本，在欧洲很流行，有广阔的市场。

2003 年的时候被美国公司 NOVELL 收购，成为其旗下的一个产品。它开发的 XGL 是第一个真正意义上实现 3D 桌面效果的 OS。SUSE Linux 在 9.0 时收费，后来受到许多压力，从 10.0 开始免费。

NOVELL 公司有两种 Linux 版本：一个是 openSUSE，另一个是 Enterprise Linux。后者为企业而设计的，若长期使用则是要收一定的费用的。而前者则完全按照开源社区的要求，是免费并开放源代码的。

SUSE Linux 界面华丽，不过也很占用资源，一般不建议配置比较低的用户安装。

5. Kali Linux

Kali Linux 是基于 Debian 的 Linux 发行版，设计用于数字取证和渗透测试。由 Offensive Security 维护和资助。最先由 Offensive Security 的 Mati Aharoni 和 Devon Kearns 通过重写 BackTrack 来完成，BackTrack 是他们之前写的用于取证的 Linux 发行版 。

Kali Linux 预装了许多渗透测试软件，包括 nmap（端口扫描器）、Wireshark（数据包分析器）、John the Ripper（密码破解器）和 Aircrack-ng（对无线局域网进行渗透测试的软件）。用户可通过硬盘、live CD 或 live USB 运行 Kali Linux。Metasploit 的 Metasploit Framework 支持 Kali Linux，Metasploit 是一套针对远程主机进行开发和执行 Exploit 代码的工具。

1.2.4 VMware 介绍

VMware 是提供虚拟化服务的软件，本书使用 VMware Workstation 12 来演示 RHEL7 的安装与使用。

1. VMware 基础

VMware 虚拟主机所使用的所有硬件资源都来源于物理主机，因此 VMware 虽然可以同时安装并运行多个不同系统的虚拟主机，但是如果物理主机的硬件资源不够，会导致虚拟主机的运行极其缓慢，甚至发生死机的情况。因此，如果需要经常打开多台虚拟机进行实验，通常要求物理主机具有较高的性能。

VMware 中安装的虚拟机以文件的形式存放在物理机的硬盘中，可以通过 VMware 界面的“编辑”→“首选项”，打开首选项对话框，如图 1-3 所示。

在首选项对话框中，可以设置虚拟机默认位置。当新建虚拟机时，在默认情况下，会将新建虚拟机的所有文件存放在该目录下。将已安装好的虚拟机的所有文件复制到其他计算机后，可以在其他计算机的 VMware 中打开并使用该虚拟机，但要求两台计算机 VMware 的版本应当兼容。通常在低版本的 VMware 中安装的虚拟机在相同或更高版本的 VMware 中能够使用，而在高版本的 VMware 中安装的虚拟机不能在较低版本的 VMware 中使用。

在 VMware 的使用过程中，建议使用 VMware 快照功能保存虚拟机当前状态，以便在需要时迅速恢复到该状态。

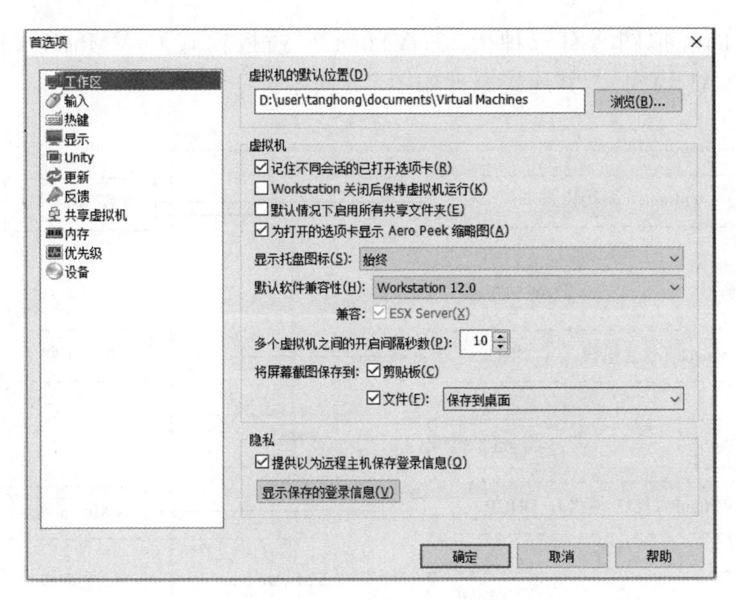

图 1-3　VMware 首选项对话框

2. VMware 虚拟网络

VMware 提供强大的虚拟网络能力，通过 VMware 内置的虚拟网络可以实现虚拟机之间的互联、虚拟机与物理主机的互联以及虚拟主机与外网的连接。

VMware 安装后，会自动建立三个虚拟网络。通过菜单“编辑”→“虚拟网络编辑器”，打开虚拟网络编辑器，如图 1-4 所示。

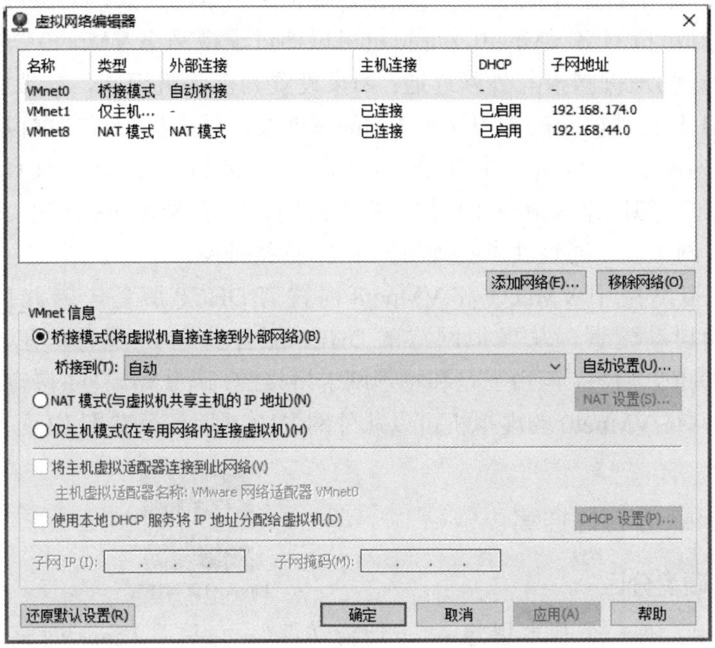

名称	类型	外部连接	主机连接	DHCP	子网地址
VMnet0	桥接模式	自动桥接	-	-	-
VMnet1	仅主机...	-	已连接	已启用	192.168.174.0
VMnet8	NAT 模式	NAT 模式	已连接	已启用	192.168.44.0

图 1-4　虚拟网络编辑器

VMware 的虚拟网络有三种模式：VMnet0（桥接模式）、VMnet1（仅主机模式）和 VMnet8（NAT 模式）。其连接原理如图 1-5 所示。

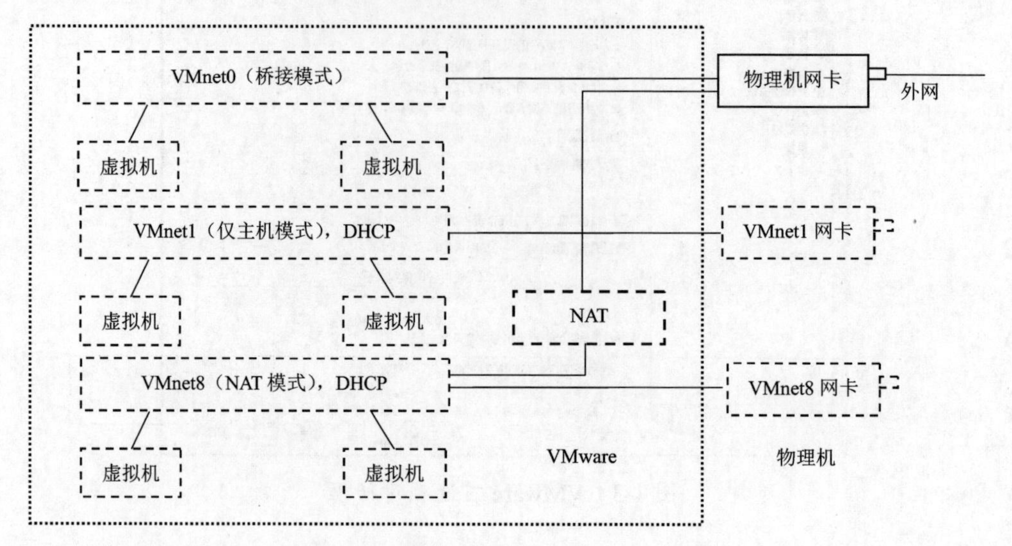

图 1-5　VMware 虚拟网络连接示意图

VMware 安装后，会自动在物理机上安装两块虚拟网卡，其中虚拟网卡 VMnet1 连接到 VMware 中的仅主机模式虚拟网络 VMnet1，虚拟网卡 VMnet8 连接到 VMware 中的 NAT 模式虚拟网络 VMnet8，物理机真实网卡则连接到 VMware 中的桥接模式虚拟网络 VMnet0。

当在 VMware 中新建虚拟机时，可以指定虚拟机网卡的模式：如果设置为桥接模式，则虚拟机连接到虚拟网络 VMnet0，虚拟机可以通过虚拟网络 VMnet0 与物理机网卡连通，也可以通过物理机网卡与外网连通；如果设置为仅主机模式，虚拟机可以通过虚拟网络 VMnet1 与物理机上的虚拟网卡 VMnet1 连通，仅主机模式的虚拟机只能与物理机和其他设置为仅主机模式的虚拟机连通，而不能连接到外网；如果设置为 NAT 模式，虚拟机可以通过虚拟网络 VMnet8 与物理机上的虚拟网卡 VMnet8 连通，也可以通过内置的虚拟 NAT 网关设备通过共享物理机网卡 IP 连接外网。

另外，虚拟网络中 VMnet1 和 VMnet8 内置有 DHCP 服务，因此虚拟机的网卡 IP 可以设置为自动配置，从虚拟网络的 DHCP 服务获取 IP 配置信息。而虚拟网络 VMnet0 没有 DHCP 服务，但由于是和物理网卡桥接的，因此如果外网有 DHCP 服务器，则连接到虚拟网络 VMnet0 的虚拟机可以从外网 DHCP 服务器获取 IP 配置信息。

1.2.5　Linux 分区与挂载

Linux 分区与挂载

1. Linux 硬盘分区

在 Linux 中，有一个基本思想：“一切皆文件”，意思是 Linux 对整个计算机系统的管理都是以文件的形式进行，包括计算机所有的硬件设备均是以文件的形式来管理。

Linux 将每个硬件设备映射到一个文件，我们称此类文件为设备文件。设备文件存放在目录 /dev 下，Linux 按照一定规则对设备文件进行命名。如早期的 IDE 硬盘文件的命名规则是：第一块 IDE 硬盘命名为 hda，第二块 IDE 硬盘命名为 hdb，第三块 IDE 硬盘命名为 hdc，依此类推。目前 IDE 硬盘使用较少，主要使用 SCSI/SATA 接口的硬盘，其硬盘文件命名规则为：第一块硬盘命名为 sda，第二块硬盘命名为 sdb，第三块硬盘命名为 sdc，依此类推。

如果主机安装有一块 SCSI/SATA 接口的硬盘，则该硬盘对应的设备文件名为 sda。如果使用 MBR 格式分区，允许在硬盘上最多划分 4 个主分区，各分区对应的设备文件名为 sda1、sda2、sda3、sda4。如果需要划分更多的分区，需要将其中一个主分区设置为扩展分区，然后在扩展分区中划分逻辑分区，如图 1-6 所示。

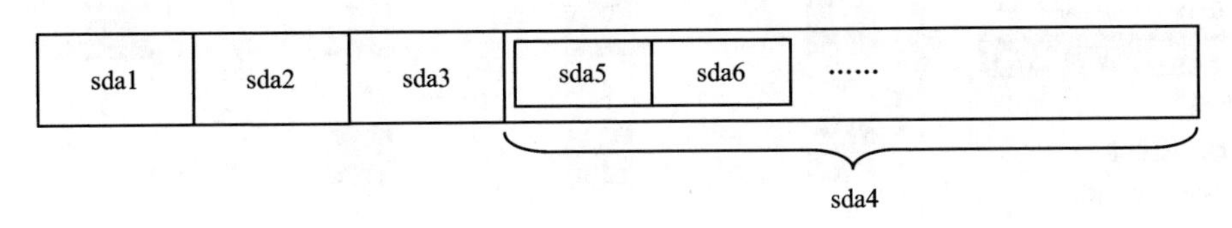

图 1-6　硬盘分区

其中 sda1、sda2、sda3 为主分区，sda4 为扩展分区，sda5、sda6 为逻辑分区。划分完分区后需要对各分区按不同的文件系统进行格式化，RHEL7 中默认使用的文件系统为 XFS，它替换了 RHEL6 中使用的第四代扩展文件系统（ext4），ext4 和 Btrfs 文件系统可作为 XFS 的备选。

2. Linux 文件目录结构

Linux 系统采用单树型目录结构来管理文件。Linux 的最上层目录为 /，称为“根”。RHEL7 安装完成后，会自动在 / 下面建立若干一级目录，/ 下面的一级目录如图 1-7 所示。

各目录的作用如下：

/bin：存放普通用户可以使用的命令。

/boot：存放引导程序、内核等。

/dev：设备文件目录。

/etc：配置文件目录。

/home：普通用户家目录。

/lib：库文件和内核模块存放目录。

/lib64：库文件和内核模块存放目录（64 位）。

/media：挂载的媒体设备目录（RHEL6 光盘自动挂载到此目录）。

/mnt：临时挂载目录。

/opt：可选择的文件目录。一些自定义软件包或者第三方工具就可以安装在这里。

/proc：是内存中有关系统进程的实时信息。

/root：超级权限用户 root 的家目录。

/run：系统在运行时需要的文件（RHEL7 光盘自动挂载到此目录）。

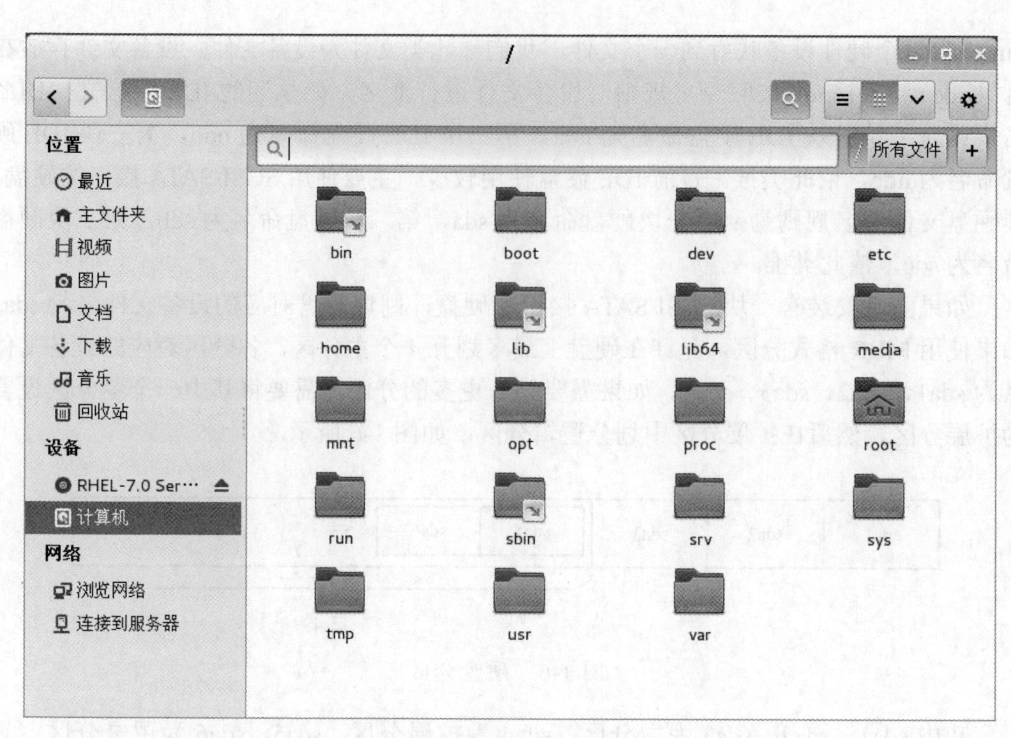

图 1-7　RHEL7 一级目录

/sbin：存放超级用户可以使用的命令。

/srv：存放一些服务器启动之后需要提取的数据。

/sys：有关系统内核以及驱动的实时信息。

/tmp：临时文件目录。

/usr：usr 不是 user 的缩写，其实 usr 是 UNIX Software Resource 的缩写，也就是 UNIX 操作系统软件资源所放置的目录。这个目录有点类似 Windows 系统的 C:\Windows\ 和 C:\Program files\ 这两个目录的综合体，存放用户使用的系统命令、C 程序语言编译使用的头文件、应用软件的函数库及目标文件、源码文件、本地安装文件、帮助文件等。

/var：内容经常变化的目录，存放如日志文件、缓存文件、邮件文件、数据库文件等。

3. Linux 分区挂载

在 Windows 中，通常一个磁盘分区会分配一个逻辑盘符，如 C、D、E 等，用户可以通过对逻辑盘符上文件的读写来实现对磁盘分区上文件的读写操作。在 Linux 系统中，没有逻辑盘符的概念，Linux 使用单树型的目录结构来管理系统中的文件。Linux 系统通过将划分好的磁盘分区挂载到某一目录下来建立文件目录与磁盘分区的联系，如图 1-8 所示。

由于分区挂载在某一目录上，因此有时也直接称该目录为分区，如 /boot 分区，即指 sda1；/ 分区，即指 sda2。Linux 要求系统必须至少包含两个分区：一个是 / 分区，另一个是 swap 分区。其中 swap 分区称为交换分区，其作用和 Windows 中的虚拟内存相似，是由 Linux 系统访问的分区，用户不能访问，不挂载到任何文件目录上，其大小通常为计算机实际内存的 2 倍。

在硬盘上划分了三个主分区、一个扩展分区和两个逻辑分区，可以分别将分区 sda1 挂载到目录 /boot 下，将分区 sda2 挂载到目录 / 下，将分区 sda3 挂载到目录 /home 下，将分区 sda5 挂载到目录 /var 下，sda6 用作 Swap 分区。扩展分区 sda4 相当于逻辑分区的容器，不直接用于分区挂载。挂载完成后，对目录 /boot 下的文件读写就是对磁盘分区 sda1 上文件的读写；对目录 / 及其下各级子目录的文件读写（除目录 /boot、/home、/var 外，因为虽然从目录结构角度上讲，它们是 / 目录的子目录，但这些子目录已被单独挂载到其他分区）就是对磁盘分区 sda2 上文件的读写；对目录 /home 下的文件读写就是对磁盘分区 sda3 上文件的读写；对目录 /var 下的文件读写就是对磁盘分区 sda5 上文件的读写。

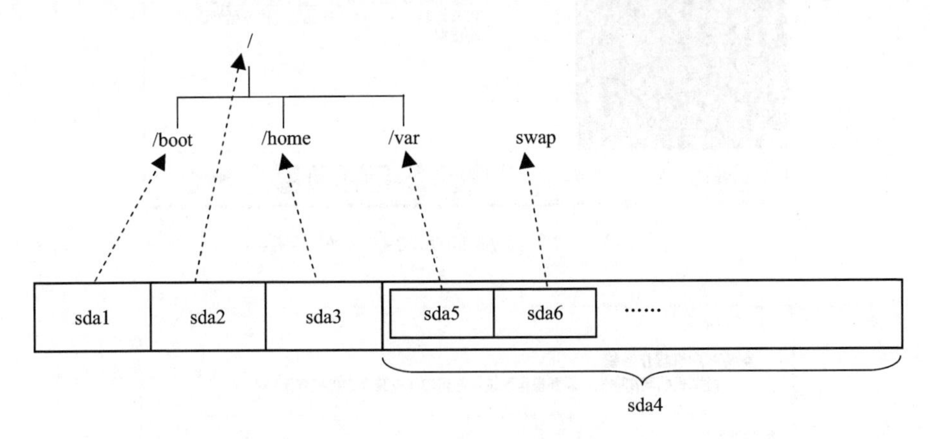

图 1-8 分区挂载

1.3 任务实施

1. 打开 VMware，选择菜单“文件”→“新建虚拟机”，打开“新建虚拟机向导”对话框，选择第一项典型配置，如图 1-9 所示。

2. 在“新建虚拟机向导”对话框中单击“下一步”按钮，进入“安装客户机操作系统”对话框，选择最后一项，稍后安装操作系统（注意：虽然我们已经准备好 RHEL7 的 ISO 镜像文件，但在此处不要选择第二项去指定 ISO 镜像文件位置，如果在此处指定，VMware 会识别到 RHEL7 的镜像光盘，从而进行智能化安装，中间一些步骤会自动设置，不能进行人工干预），如图 1-10 所示。

3. 在“安装客户机操作系统”对话框中单击“下一步”按钮，进入“选择客户机操作系统”对话框，选择客户机操作系统为 Linux，在最下面的版本中选择“Red Hat Enterprise Linux 7 64 位”，VMware 会根据选择的操作系统及版本自动配置相应的硬件参数，如 CPU、内存等。我们使用的是 VMware Workstation 12。如果

VMware 版本过低，可能在操作系统的版本中没有“Red Hat Enterprise Linux 7 64 位”的选项，如图 1-11 所示。

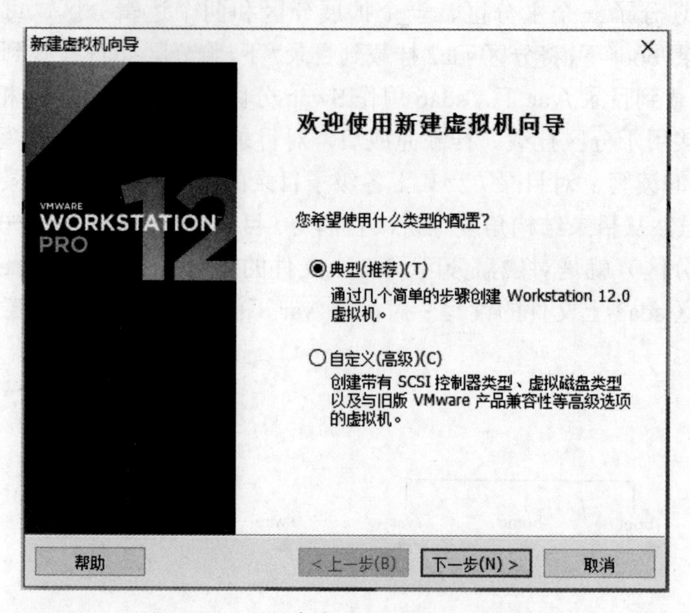

图 1-9　“新建虚拟机向导”对话框

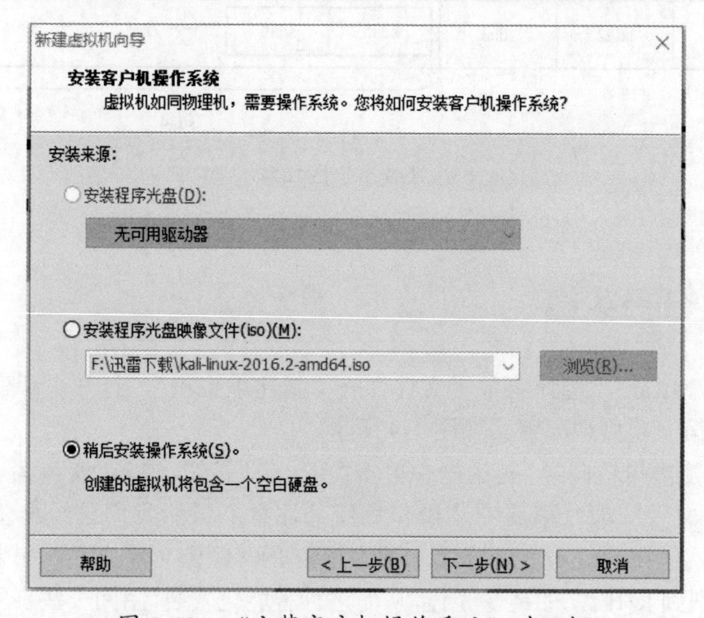

图 1-10　“安装客户机操作系统”对话框

4．在“选择客户机操作系统”对话框中单击“下一步”按钮，进入“命名虚拟机”对话框，你可以给你的虚拟机取一个容易识别的名字，也可以直接使用默认的名字，通过单击“浏览”按钮可以给你的虚拟机单独指定存储位置，也可以使用 VMware 的默认位置。虚拟机以文件的形式存放在该位置，如果需要将虚拟机复制到其他计算机上使用，应当记住虚拟机的存放位置，如图 1-12 所示。

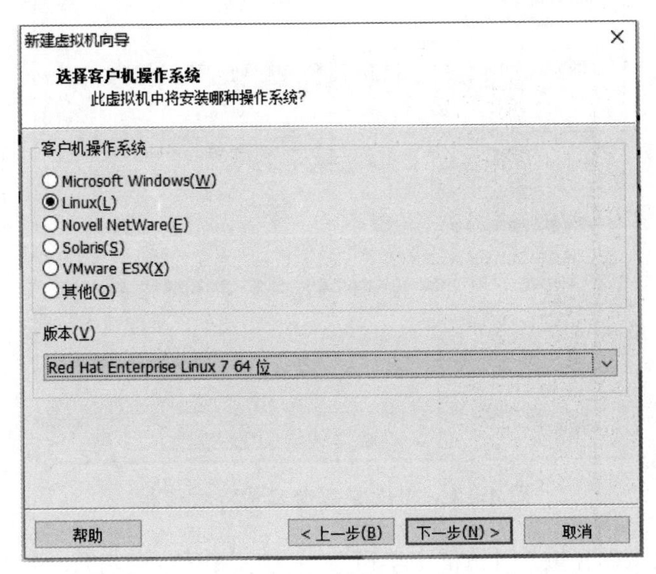

图 1-11 “选择客户机操作系统”对话框

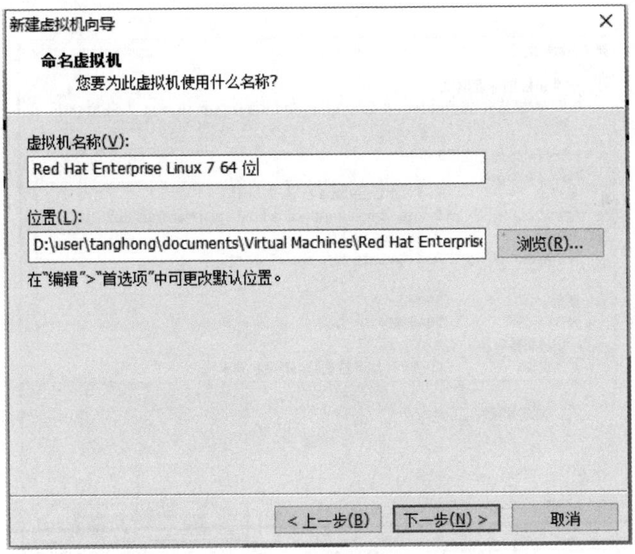

图 1-12 “命名虚拟机”对话框

5. 在“命名虚拟机”对话框中单击“下一步”按钮，进入“指定磁盘容量”对话框，可以指定虚拟机的最大磁盘容量，默认为 20GB。虚拟机是以文件的形式存放在物理机上的，当虚拟机中安装的软件不断增加时，虚拟机文件所占的磁盘空间也会不断增加，最大磁盘容量只是限制虚拟机的最大容量，而不是虚拟机实际占用的磁盘容量。因此对虚拟机实际所占空间影响不大，可采用默认值 20GB。为减少虚拟机文件个数、提高大容量磁盘性能，应选择“将虚拟磁盘存储为单个文件”选项，如图 1-13 所示。

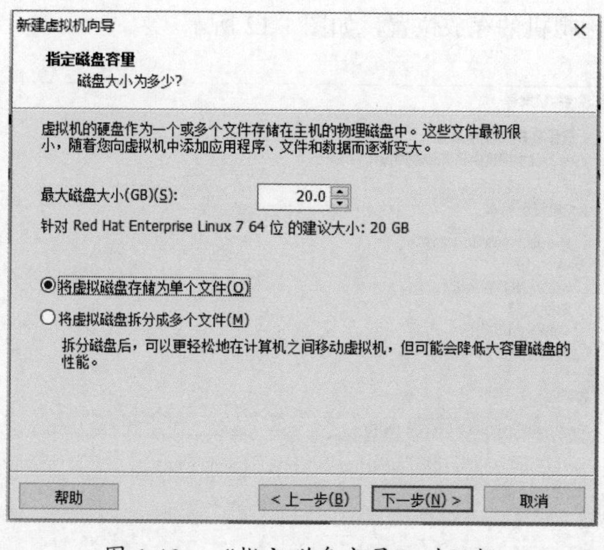

图 1-13　“指定磁盘容量”对话框

6. 在“指定磁盘容量”对话框中单击“下一步”按钮，进入“已准备好创建虚拟机”对话框。该对话框显示了新建虚拟机的配置信息，默认情况下虚拟机网卡配置为 NAT 模式，如果需要对虚拟硬件配置进行修改，可单击“自定义硬件”按钮，如图 1-14 所示。

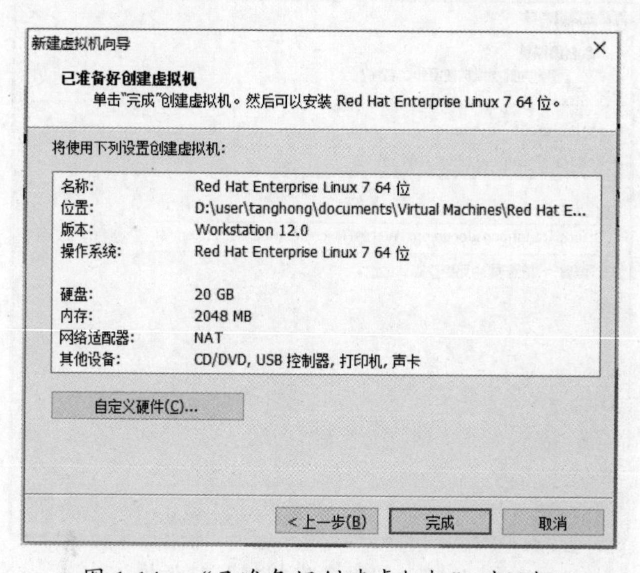

图 1-14　“已准备好创建虚拟机”对话框

7. 在“已准备好创建虚拟机”对话框中单击“完成”按钮，即在 VMware 中新建了一台虚拟机，该过程类似于准备好了一台没有安装任何软件的裸机。现在可以使用 RHEL7 的 ISO 镜像为该虚拟机安装 Linux 系统。首选需要将 ISO 镜像放入光驱，选中新建的虚拟机，通过菜单“虚拟机”→“设置”，打开“虚拟机设置”对话框。在“硬件”选项卡中选中“CD/DVD”，在右边勾选“启动时连接”复选框，并通过下面的“浏览”按钮为光驱指定 RHEL7 的 ISO 镜像，如图 1-15 所示。

图 1-15　“虚拟机设置”对话框

8. 准备好 RHEL7 安装光盘的 ISO 镜像后即可进行 RHEL7 的安装。选择新建的虚拟机，单击右边打开符号开启此虚拟机，打开虚拟机电源。虚拟机自动读取光盘，进入 RHEL7 的安装程序，选择第一项“Install Red Hat Enterprise Linux 7.0”，按 Enter 键进入安装。如果选择第二项，则先要进行安装媒体的检测，然后再进入到安装，如图 1-16 所示。

图 1-16　RHEL7 安装启动界面

9．“安装过程语言选择”界面，用于选择在安装过程使用哪种语言，如图 1-17 所示。

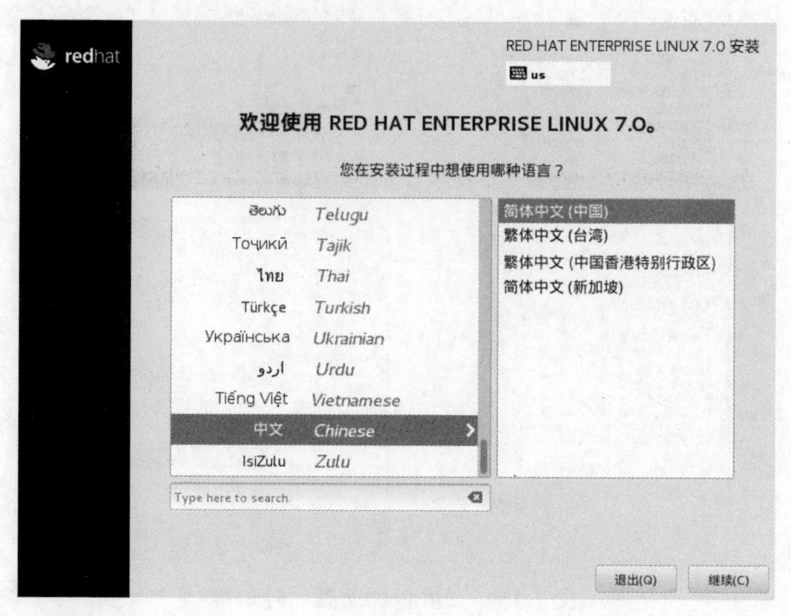

图 1-17 “安装过程语言选择”界面

10．在安装语言选择界面中单击“继续”按钮进入“安装信息摘要”界面，注意软件选择中设置的是最小化安装，此种模式下不会安装图形界面；如果需要安装图形界面，需要对该选项进行修改，如图 1-18 所示。

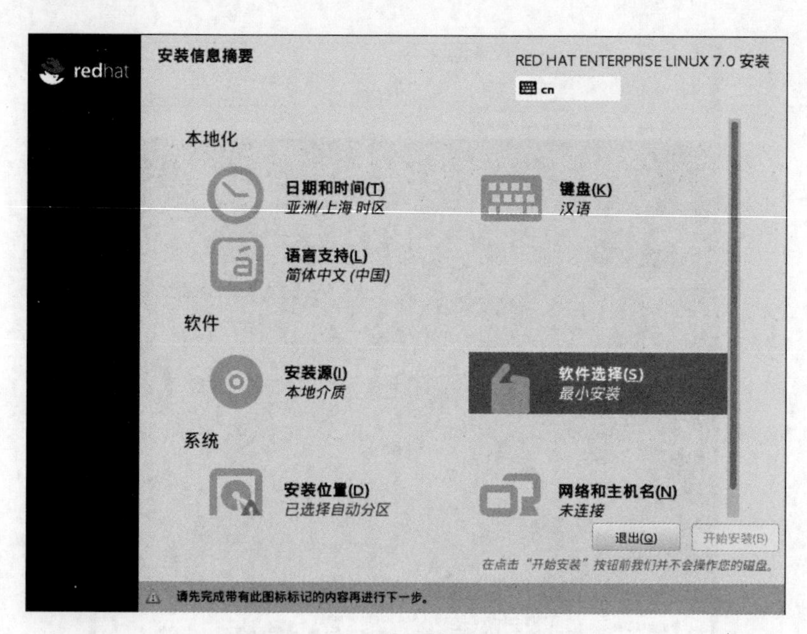

图 1-18 “安装信息摘要”界面

11．在“安装信息摘要”界面中单击“软件选择”选项进入“软件选择”界面，在左边选项列表中选择最后一项“带 GUI 的服务器”（GUI，图形用户接口即图形界面）。右边选项列表中列出了可以选择安装的服务组件，安装程序已经为带 GUI 的服务器选项默认选择了组件，这里不做修改，如图 1-19 所示。

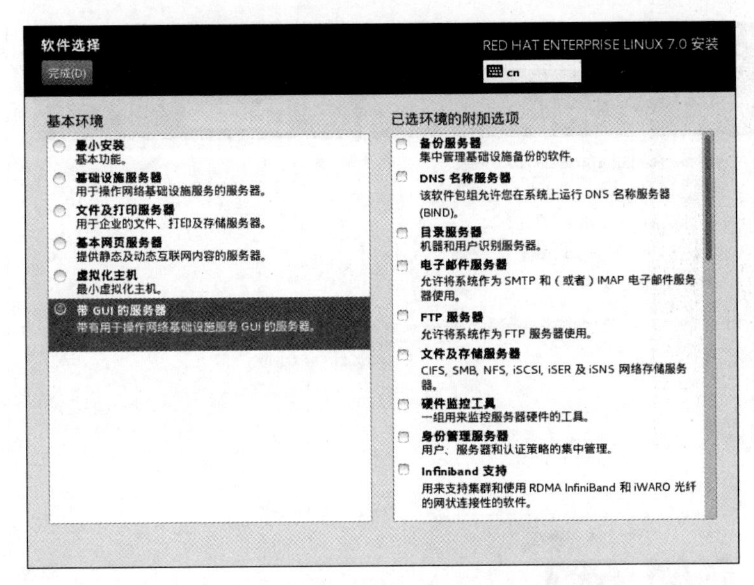

图 1-19 “软件选择”界面

12．在“软件选择”界面中，单击左上角的“完成”按钮，返回到图 1-18 所示的“安装信息摘要”界面，注意在“安装位置”选项中，默认选择为自动分区，单击“安装位置”选项进入“安装目标位置”界面，在最下面的“分区”选项中选择“我要配置分区”选项，如图 1-20 所示。

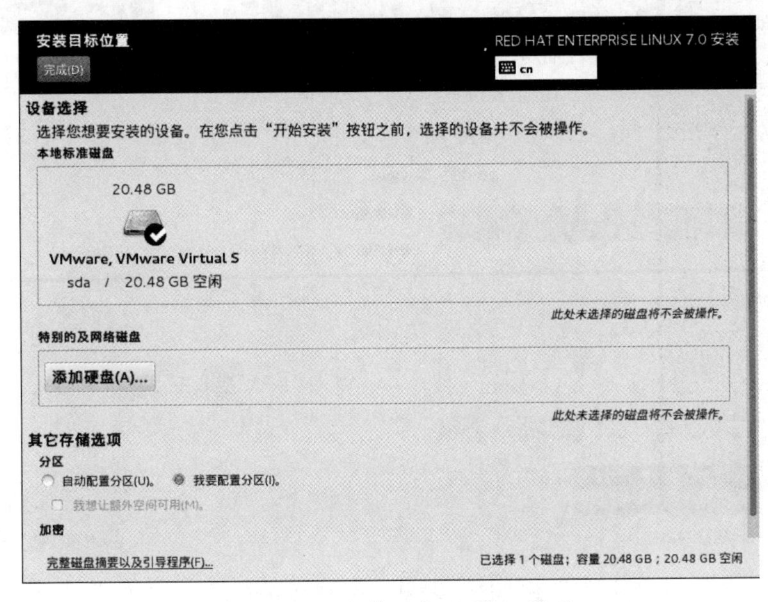

图 1-20 “安装目标位置”界面

13．在“安装目标位置”界面中，单击左上角的“完成”按钮，进入到“手动分区”界面，将“新挂载点将使用以下分区方案”设置为“标准分区”，单击界面左下角的“+”按钮创建新挂载点，如图 1-21 所示。

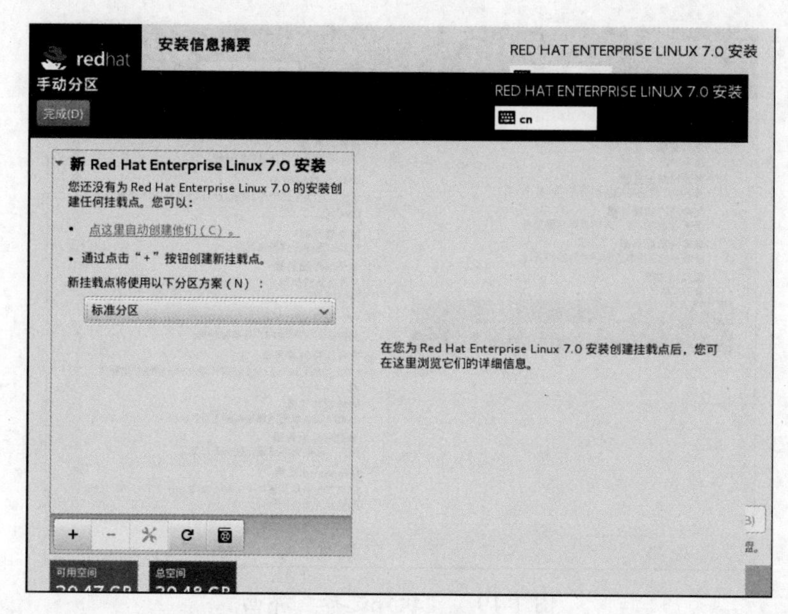

图 1-21　“手动分区”界面

14．分别新建分区挂载点：/boot，容量 1GB；/，容量 10GB；swap，容量 2GB。各挂载点建立完成后如图 1-22 所示。

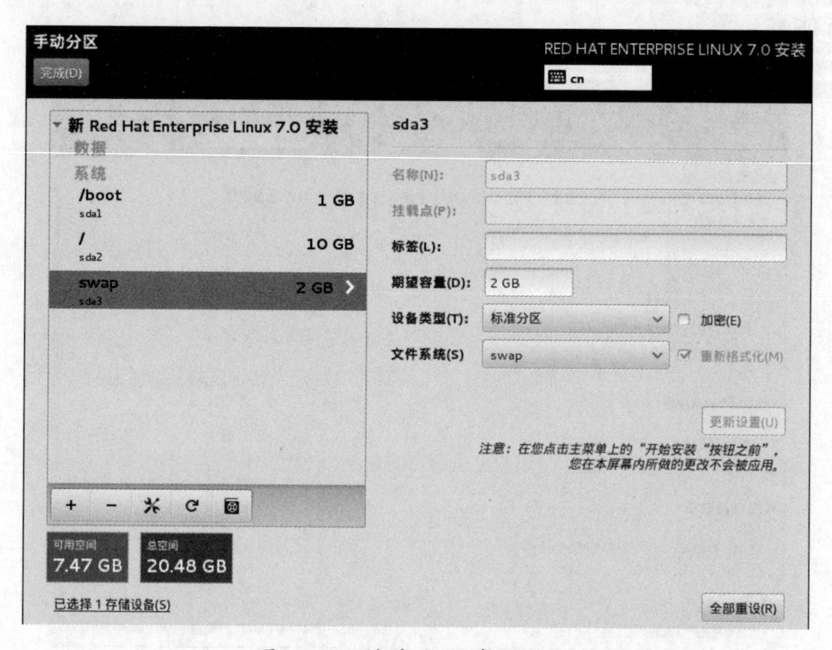

图 1-22　挂载点创建后界面

15．在“手动分区”界面中，单击左上角的“完成”按钮，弹出“更改摘要”界面，提示将对硬盘进行的所有更改操作，前面所有的设置只是作配置，并没有对硬盘做实际操作，单击界面中右下角的“接受更改”按钮，安装程序将根据前面所作的配置对硬盘分区、格式化及挂载，如图 1-23 所示。

图 1-23 “更改摘要”界面

16．手动分区完成后，将返回到图 1-18 所示的“安装信息摘要”界面，单击界面右下角的“开始安装”按钮，安装程序将根据安装配置信息进行系统安装，在安装过程中带有感叹号的选项是需要设置的选项，如图 1-24 所示。

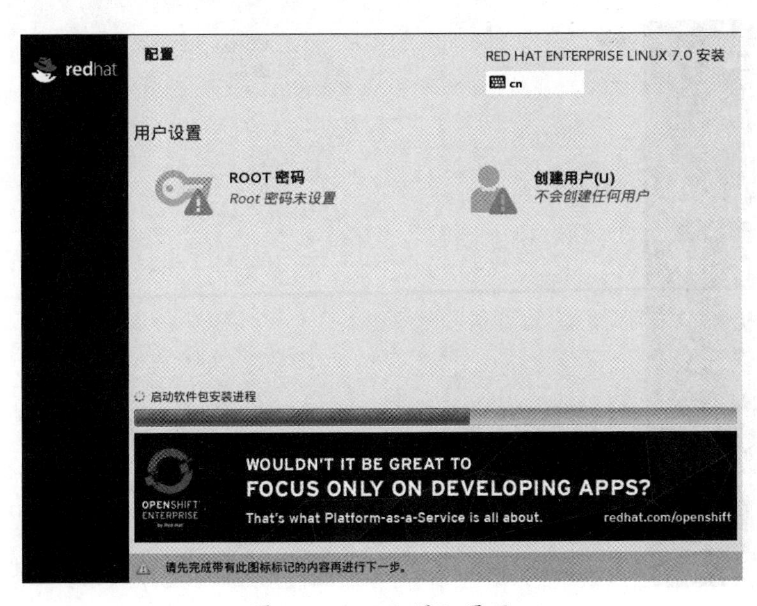

图 1-24 “配置”界面

17. 在“配置”界面中,“ROOT 密码”选项带有感叹号,需要进行设置。单击“ROOT 密码”选项进入到“ROOT 密码”界面,ROOT 密码是 Linux 系统管理员密码,非常重要,Linux 对密码复杂性有要求,平时练习时可以设置简单密码,如果设置简单密码需要单击两次左上角的“完成”按钮来确认,如图 1-25 所示。

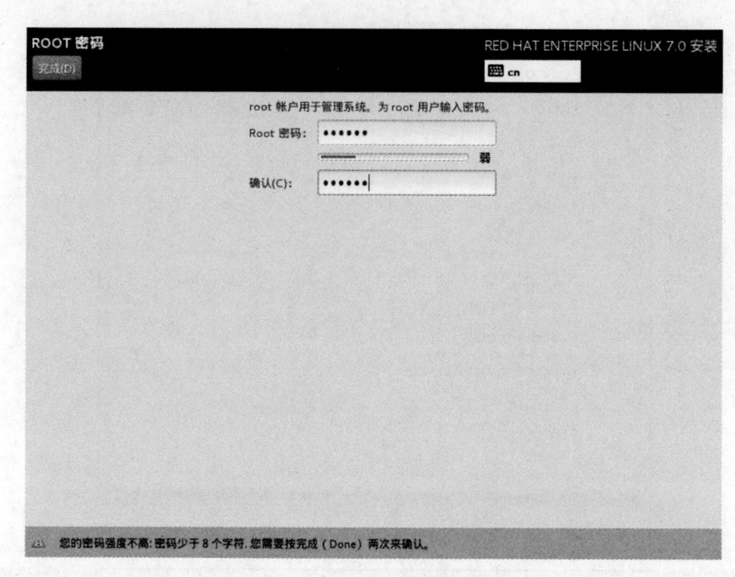

图 1-25　“ROOT 密码”界面

18. 安装过程需要等待一定时间,安装程序将操作系统及选择的相关组件程序安装、复制到虚拟机中。安装过程等待时间取决于物理计算机的性能,安装完成后,需要重启虚拟机进行最后的设置,可以单击右下角的“重启”按钮,如图 1-26 所示。

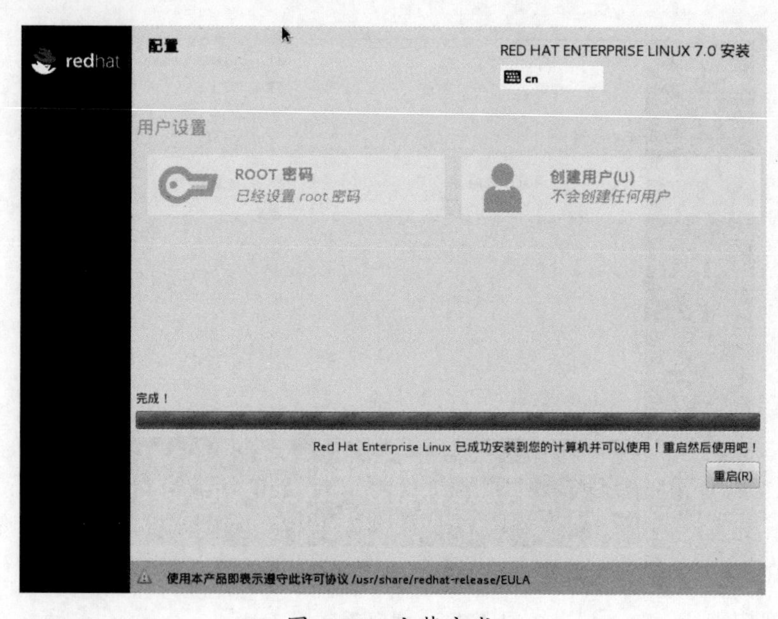

图 1-26　安装完成

19．虚拟机重启后，自动进入最后的“初始设置”界面，如图 1-27 所示。

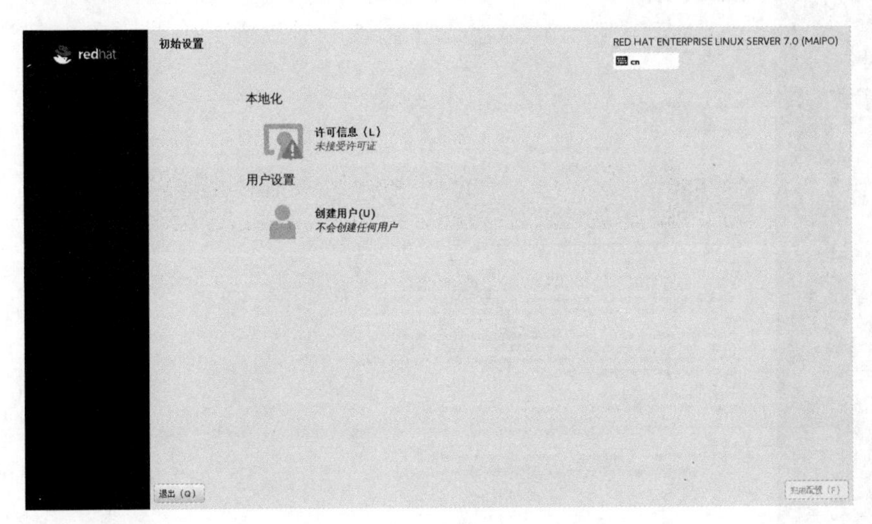

图 1-27　“初始设置”界面

20．在“初始设置”界面中，单击“许可信息”选项，勾选“我同意许可协议”选项，单击左上角的“完成”按钮，如图 1-28 所示。

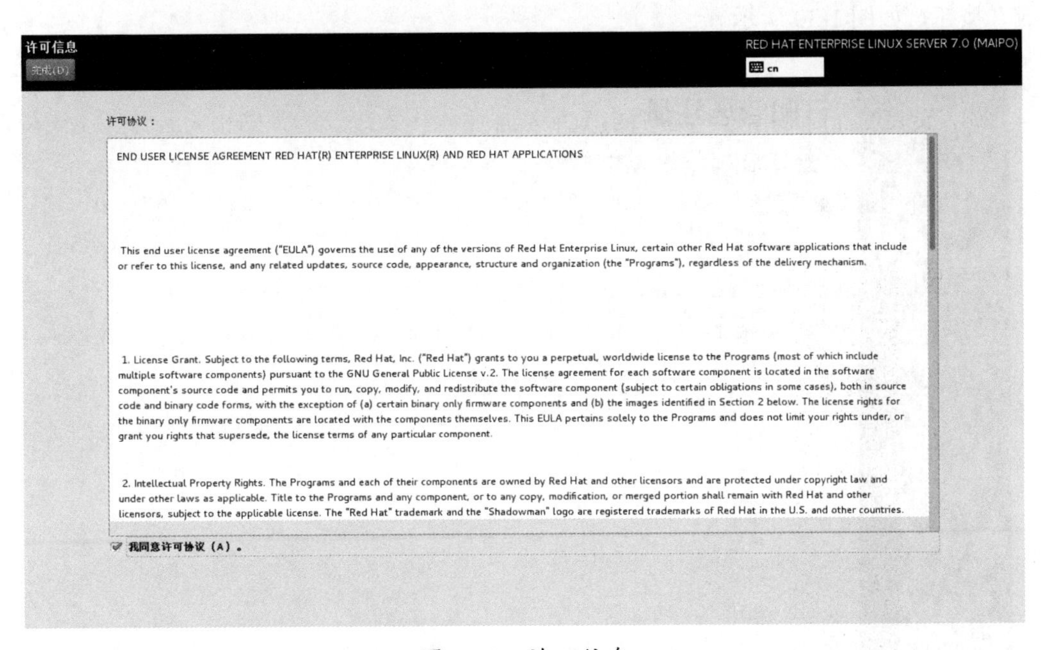

图 1-28　许可信息

21．设置完许可信息后，返回到图 1-27 所示的“初始设置”界面，单击右下角的“完成配置”按钮，进入到 Kdump 配置界面，可以不作修改，单击右下角的“前进”按钮进入下一步，如图 1-29 所示。

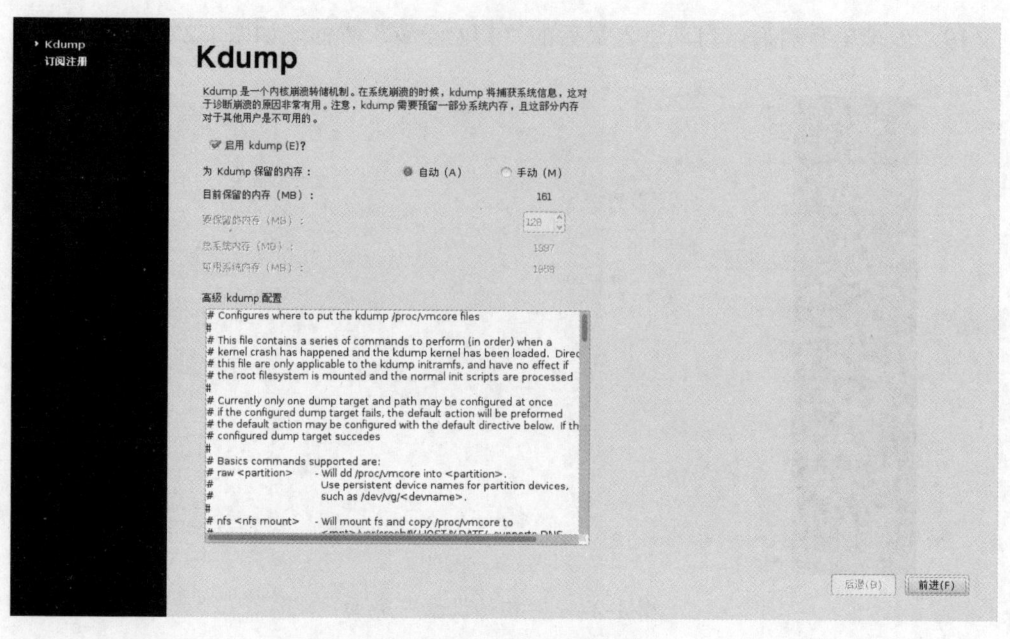

图 1-29　Kdump 界面

22．在“订阅管理注册”界面中选择“不，我想以后注册”选项，单击右下角“完成”按钮，如图 1-30 所示。

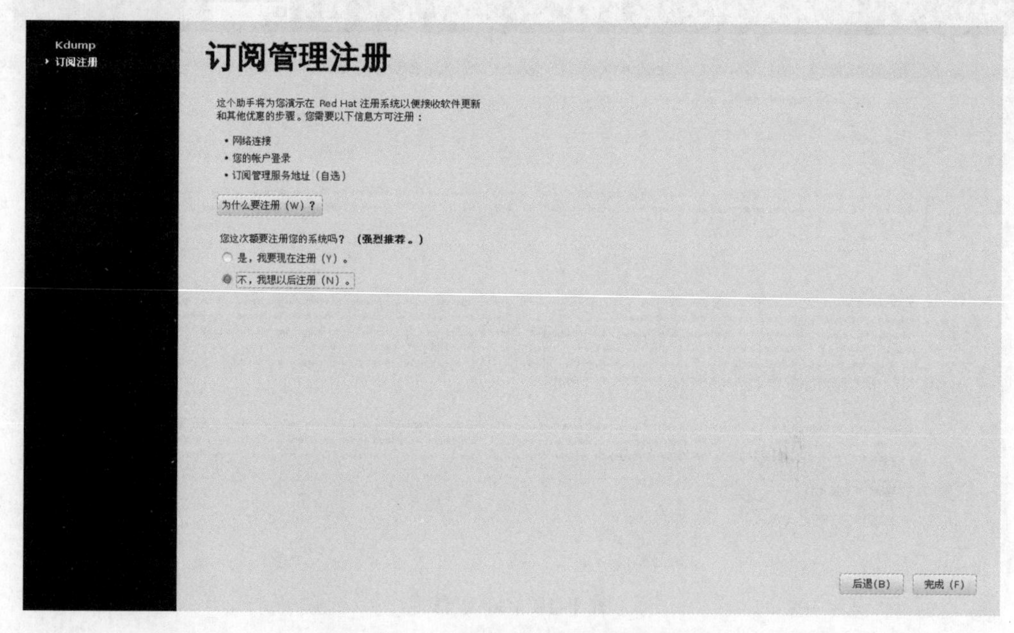

图 1-30　“订阅管理注册”界面

23．语言选择“汉语（中国）”选项，如图 1-31 所示。

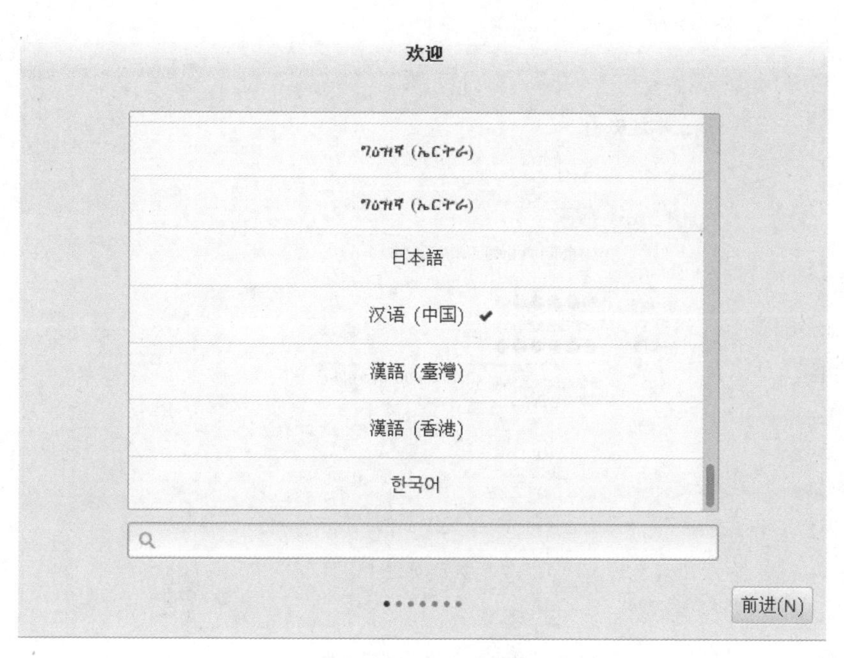

图 1-31 语言选择

24．“输入源”选择“汉语（Intelligent Pinyin）”选项，如图 1-32 所示。

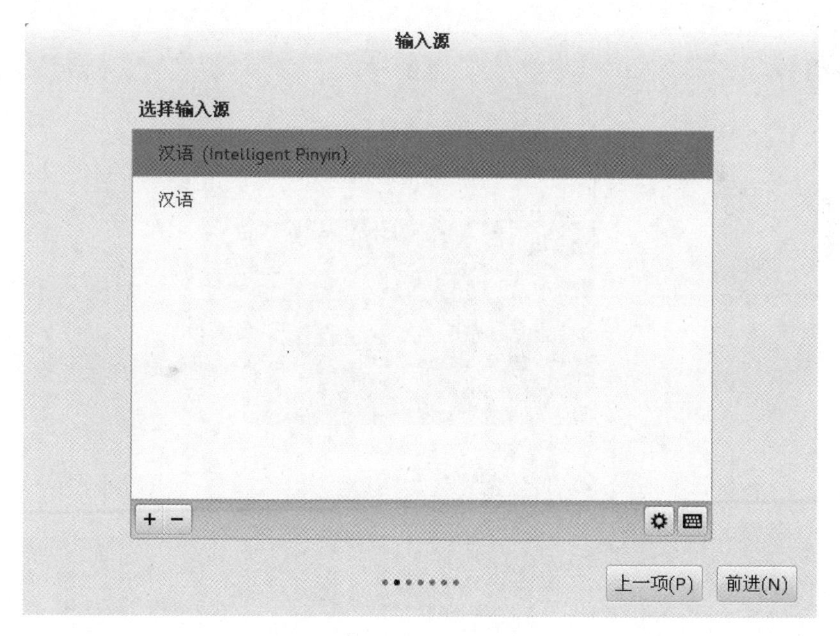

图 1-32 输入源选择

25．在“登录”界面中建立本地普通用户，由于 root 用户权限过大，容易造成误操作，Linux 建议使用普通用户登录，如图 1-33 所示。

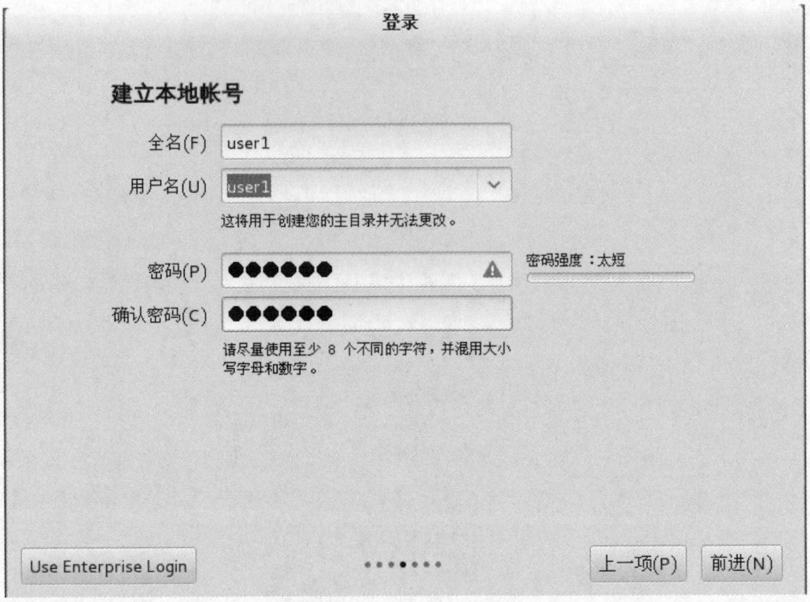

图 1-33　建立本地账号

26．“位置”界面，在学习使用 RHEL7 时这个设置不重要，使用默认的即可，如图 1-34 所示。

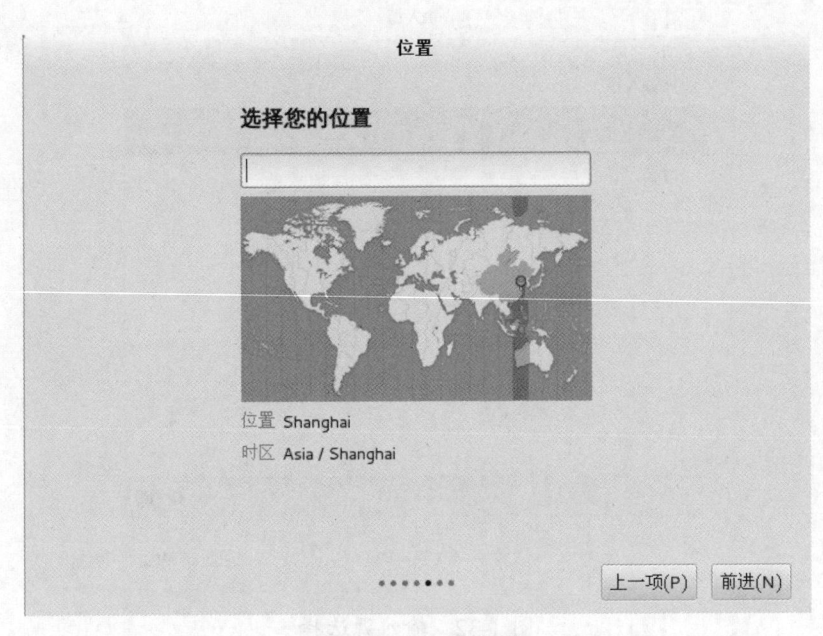

图 1-34　位置设置

27．完成设置，单击下面的 Start using Red Hat Enterprise Linux Server 按钮，开始使用 RHEL7，如图 1-35 所示。

图 1-35　完成设置

28．进入 RHEL7 图形界面环境，可以单击左上角的菜单和右上角的状态图标来使用 RHEL7 系统，如图 1-36 所示。

图 1-36　RHEL7 图形界面

29．如果想使用 root 用户登录，可以单击图形界面右上角的用户名注销普通用户，或者在系统重启后选择用户名 user1/ 下面的“未列出？”选项，如图 1-37 所示。

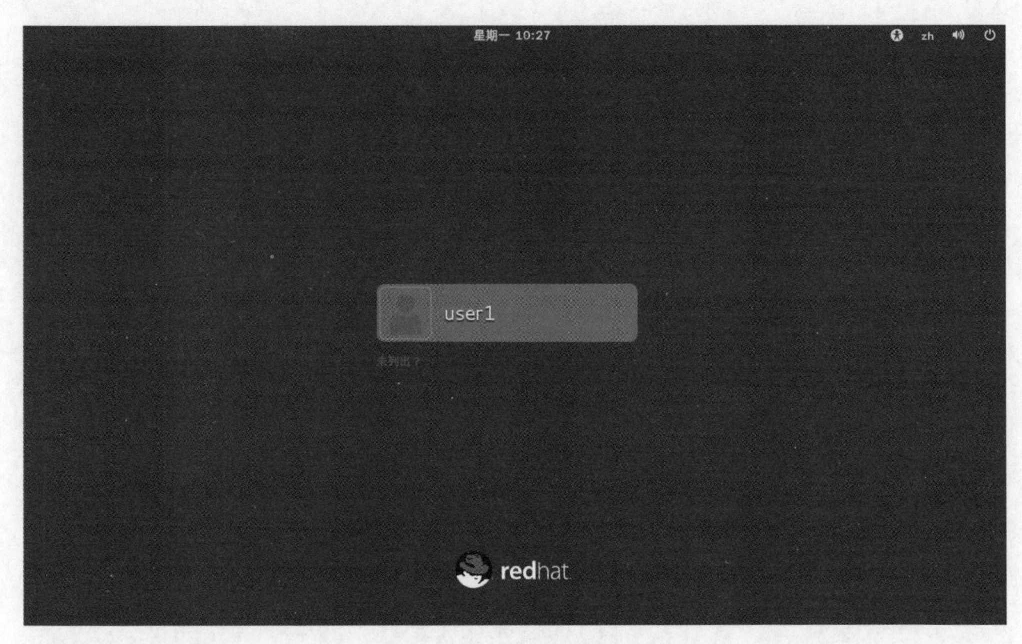

图 1-37　用户登录界面

30．在“用户名”文本框中输入 root，如图 1-38 所示。

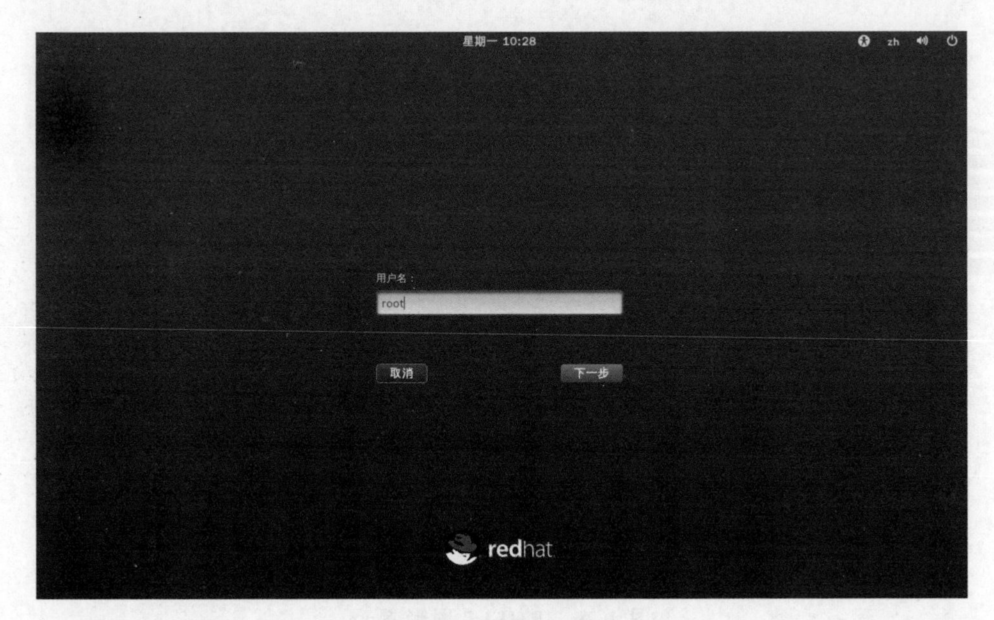

图 1-38　输入用户名

31．在“密码”文本框中输入在安装中设定的 root 密码，即可以 root 用户登录到 RHEL7 系统中，如图 1-39 所示。

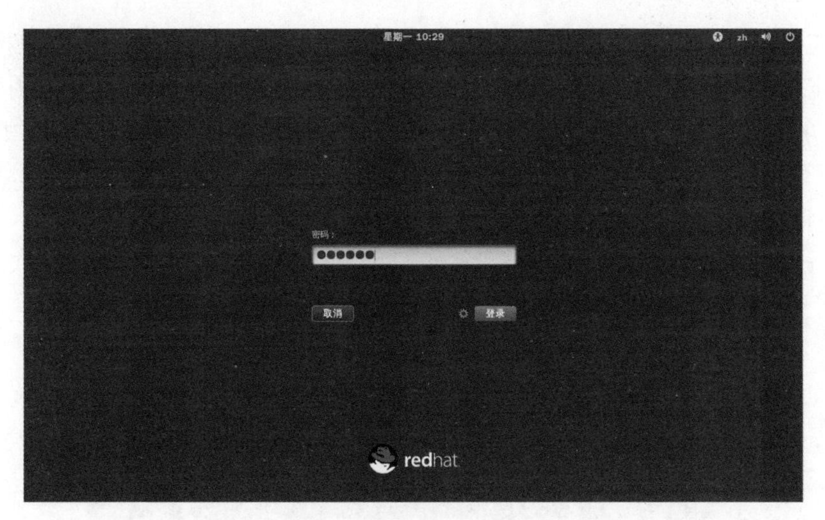

图 1-39　输入密码

1.4　任务拓展

1.4.1　字符控制台

安装完 RHEL7 系统后，就可以登录到系统，管理和使用 RHEL7 系统。由于安装了图形界面，我们可以像使用 Windows 系统一样，通过图形界面来管理 RHEL7 系统。在图形界面中，也可以使用命令方式来管理 RHEL7 系统，在桌面的任意位置单击鼠标右键，在快捷菜单中选择“在终端中打开”选项，即可打开一个虚拟终端窗口，可以在该窗口中输入命令来管理系统，也可以在图形界面中同时打开多个虚拟终端，如图 1-40 所示。

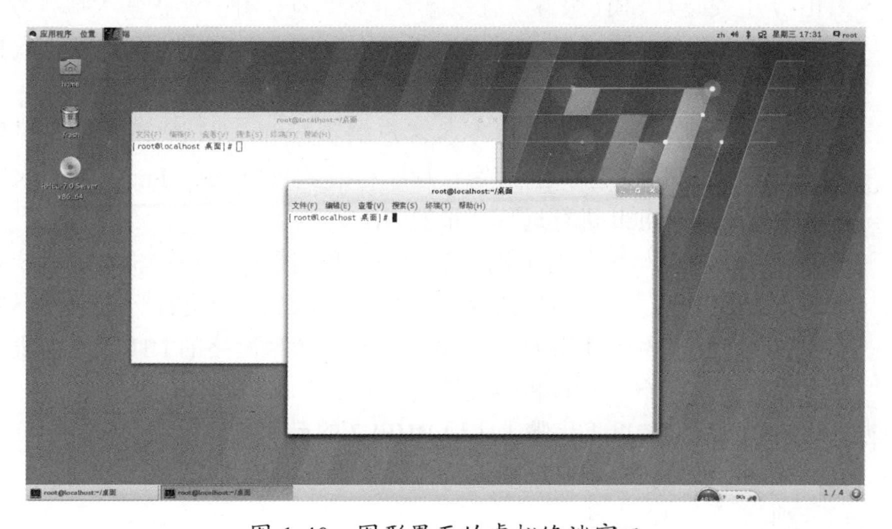

图 1-40　图形界面的虚拟终端窗口

RHEL7 还提供字符控制台方式来登录管理系统。在图形界面中按组合键 Ctrl+Alt+F2，即可切换到纯字符控制台，输入用户名和密码后可以登录进系统，并使用命令对系统进行管理。Linux 是多用户操作系统，允许多个用户同时登录到系统中进行操作，图 1-41 所示是在字符控制台中使用用户名 user1 登录系统。

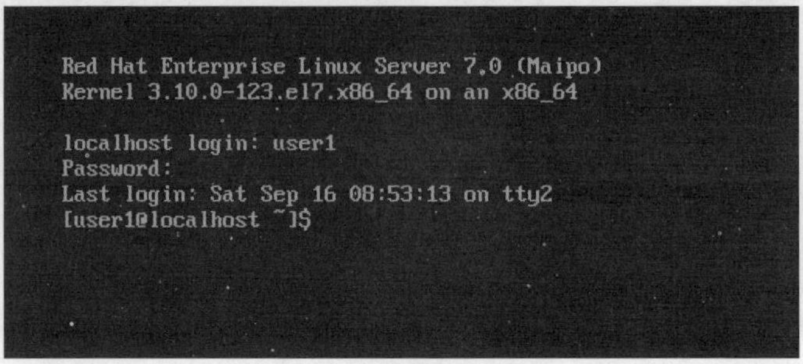

```
Red Hat Enterprise Linux Server 7.0 (Maipo)
Kernel 3.10.0-123.el7.x86_64 on an x86_64

localhost login: user1
Password:
Last login: Sat Sep 16 08:53:13 on tty2
[user1@localhost ~]$
```

图 1-41　字符控制台

RHEL7 提供多个字符控制台，在字符控制台界面中按组合键 Alt+F3 可以进入另一个字符控制台，依此类推组合键 Alt+F4、Alt+F5、Alt+F6 组合键可以进入其他独立的字符控制台，而 Alt+F1 则切换回图形界面控制台。

注意从图形界面控制台切换到任何字符控制台时需要使用 Ctrl+Alt+Fn，而进入字符控制台后，各控制台的切换只需要使用 Alt+Fn，前面不加 Ctrl。

Linux 提供功能丰富、强大的命令来管理系统，因此，在后续的学习中主要介绍 Linux 常用命令的使用方法。

1.4.2　RHEL7 远程管理

当安装有 RHEL7 系统的主机在远端，只要该主机在网络上，且网络通信正常，即可通过 SSH 协议远程管理 RHEL7 系统。要进行 SSH 远程管理需要满足以下 3 个条件：

- RHEL7 上安装有 SSH 服务，且该服务正常启动，并且不被防火墙拦截。采用前面方式安装的 RHEL7 已默认安装 SSH 服务，且自动启动，防火墙也自动允许 SSH 连接通过。
- 需要一个远程 SSH 客户端程序。客户端程序和 SSH 服务器之间采用 SSH（Security Shell）协议进行通信，客户程序有很多，如 Xshell、Putty、SecureCRT 等，本书介绍采用 Xshell 进行远程登录的方法。
- 需要客户端主机与服务器主机通信正常。我们采用物理主机作为客户机，虚拟机作为 SSH 服务器来对虚拟机安装的 RHEL7 系统进行远程管理。RHEL7 在安装时，默认网卡使用 NAT 方式，自动从虚拟网络的 DHCP 服务器上获取 IP 信息，正常情况下物理机与虚拟机能够正常通信。

根据上述条件，我们按以下步骤来实现 RHEL7 的远程管理。

1．在物理主机上安装 Xshell。

2．查看虚拟机上的 IP 信息。

单击 RHEL7 桌面右上角的网络状态图标，在弹出菜单中选择“网络设置”选项进入“网络设置”界面，左边选择有线网卡，由于默认网卡不会被开启，单击右边开启开关，网卡将自动从 NAT 虚拟网络的 DHCP 服务器上获取 IP 配置信息，可以看到 RHEL7 服务器 IP 地址为 192.168.44.129，如图 1-42 所示。

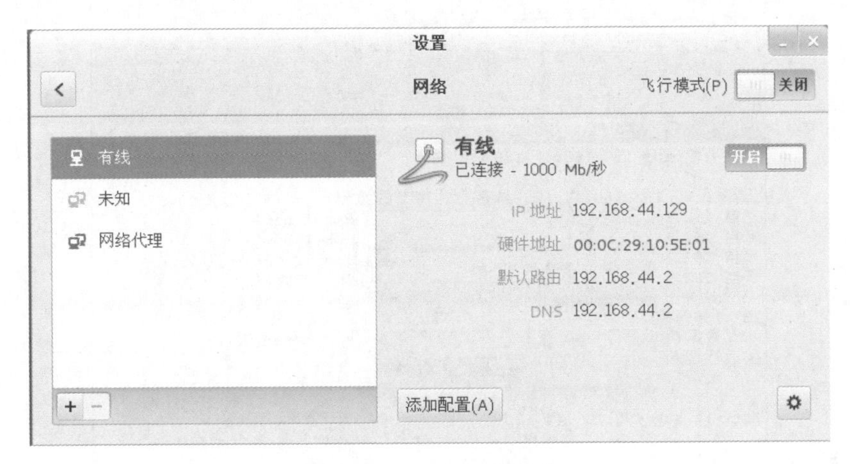

图 1-42　网卡配置信息

3．测试物理主机与虚拟主机之间通信是否正常。

在物理主机上打开 Xshell 并输入命令 ping 192.168.44.129（注意实际 IP 地址可能不同，需要根据实际 IP 地址进行测试），测试物理主机与虚拟机的通信状态，可以看出物理主机与虚拟机通信正常，如图 1-43 所示。

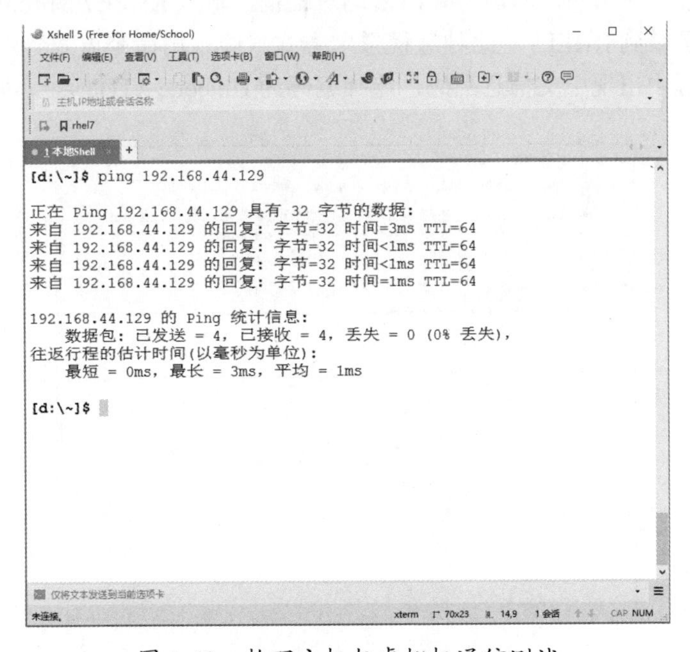

图 1-43　物理主机与虚拟机通信测试

4．使用 Xshell 远程登录 RHEL7。

在 Xshell 上输入命令 ssh 192.168.44.129，与虚拟机 SSH 服务器进行连接，连接成功后要求输入登录用户名，如图 1-44 所示。

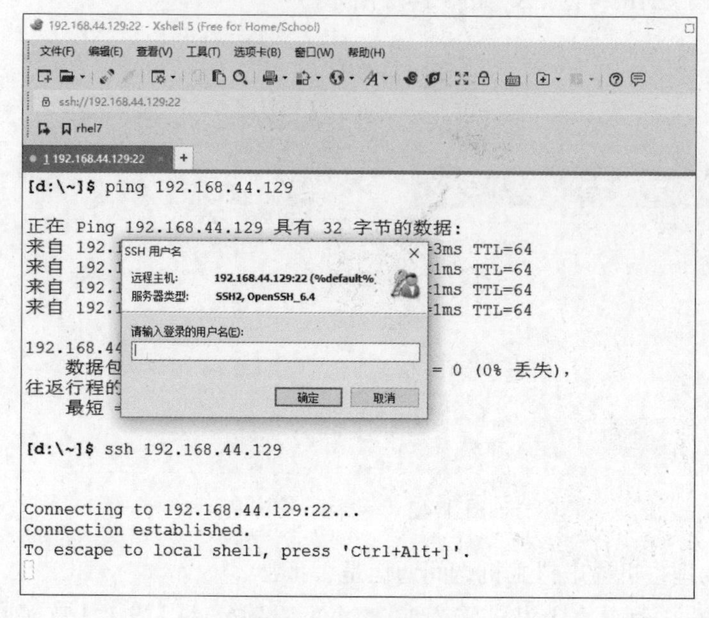

图 1-44　SSH 登录

5．选择 Xshell 的编码，以正确显示中文信息。

输入登录用户名 root，然后会弹出密码对话框，输入 RHEL7 的 root 密码，即可以 root 用户远程登录到 RHEL7，此种远程登录方式只能采用命令方式管理 RHEL7 系统，为避免管理过程中出现中文信息乱码，选择编码为 Unicode（UTF-8），如图 1-45 所示。

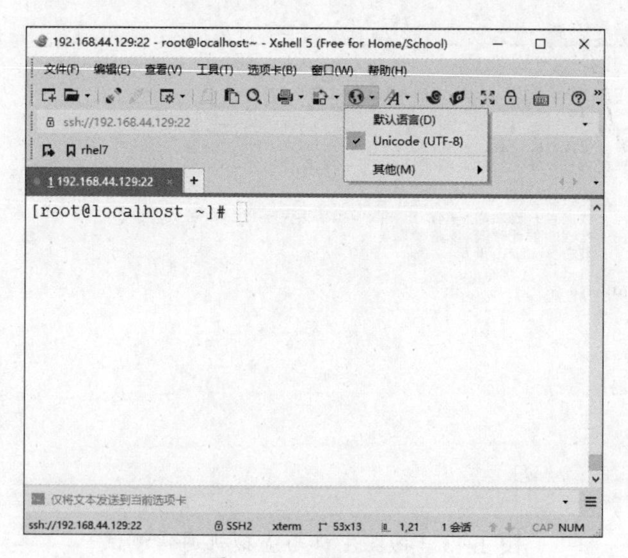

图 1-45　编码设置

6．使用 Xftp 向 RHEL7 系统远程上传下载文件。

安装 Xftp 后，可以实现基于 SSH 的文件传输，如果已经通过 Xshell 连接到 RHEL7 服务器，在 Xshell 工具栏上单击“新文件传输”图标可以打开 Xftp，实现基于 SSH 的文件传输，如图 1-46 所示。

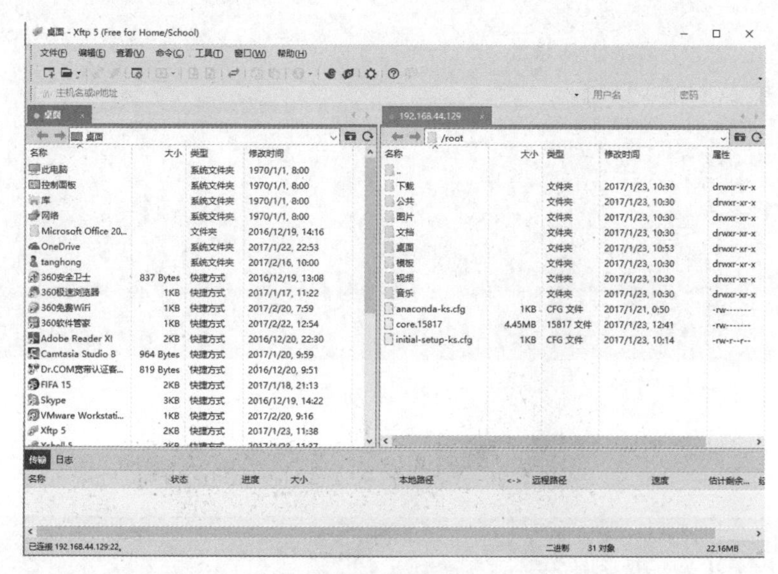

图 1-46　Xftp 界面

1.4.3　忘记 root 密码

root 密码对 Linux 系统来说十分重要，如果忘记了 root 密码，将会带来十分严重的后果，下面介绍在忘记 root 密码时如何修改 root 密码。

1．打开虚拟机电源会进入启动菜单，如图 1-47 所示。

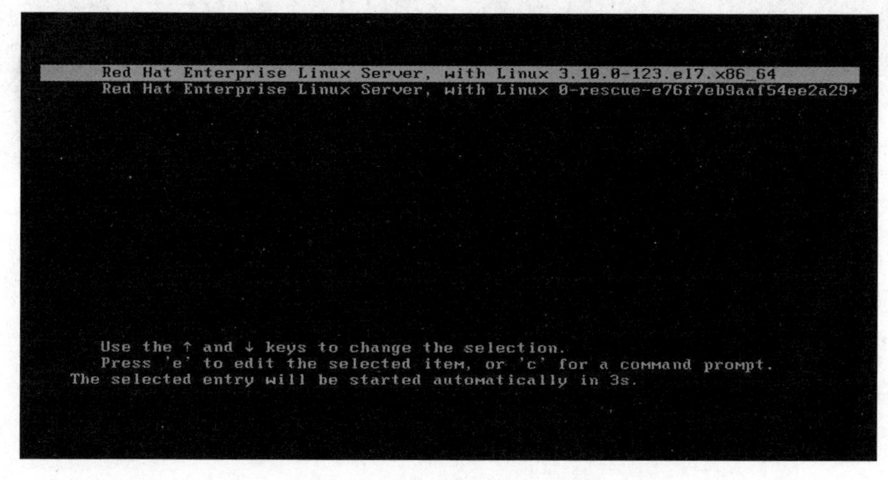

图 1-47　RHEL7 启动菜单

2．在启动菜单界面按 E 键，进入高亮启动项的编辑，向下移动光标，找到 linux16 下面一行的 ro 字符，如图 1-48 所示。

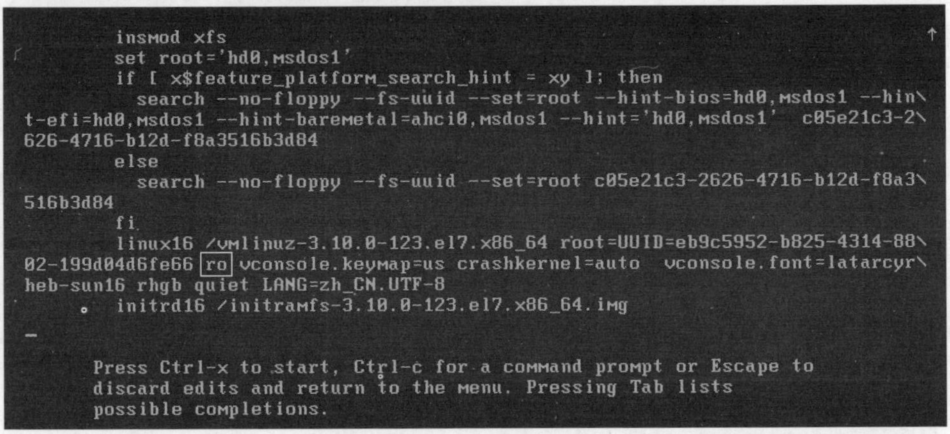

```
        insmod xfs
        set root='hd0,msdos1'
        if [ x$feature_platform_search_hint = xy ]; then
          search --no-floppy --fs-uuid --set=root --hint-bios=hd0,msdos1 --hin\
t-efi=hd0,msdos1 --hint-baremetal=ahci0,msdos1 --hint='hd0,msdos1'  c05e21c3-2\
626-4716-b12d-f8a3516b3d84
        else
          search --no-floppy --fs-uuid --set=root c05e21c3-2626-4716-b12d-f8a3\
516b3d84
        fi
        linux16 /vmlinuz-3.10.0-123.el7.x86_64 root=UUID=eb9c5952-b825-4314-88\
02-199d04d6fe66 ro vconsole.keymap=us crashkernel=auto  vconsole.font=latarcyr\
heb-sun16 rhgb quiet LANG=zh_CN.UTF-8
        initrd16 /initramfs-3.10.0-123.el7.x86_64.img
_

      Press Ctrl-x to start, Ctrl-c for a command prompt or Escape to
      discard edits and return to the menu. Pressing Tab lists
      possible completions.
```

图 1-48　启动脚本

3．将 ro 更改为 rw init=/sysroot/bin/sh，如图 1-49 所示。

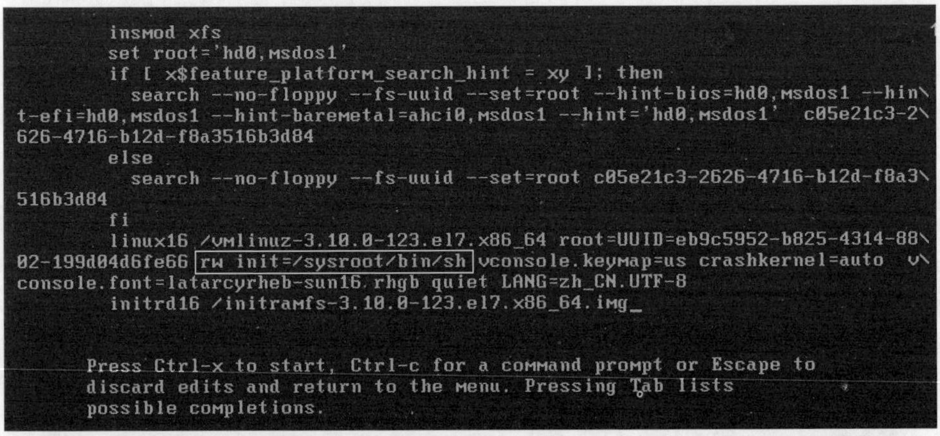

```
        insmod xfs
        set root='hd0,msdos1'
        if [ x$feature_platform_search_hint = xy ]; then
          search --no-floppy --fs-uuid --set=root --hint-bios=hd0,msdos1 --hin\
t-efi=hd0,msdos1 --hint-baremetal=ahci0,msdos1 --hint='hd0,msdos1'  c05e21c3-2\
626-4716-b12d-f8a3516b3d84
        else
          search --no-floppy --fs-uuid --set=root c05e21c3-2626-4716-b12d-f8a3\
516b3d84
        fi
        linux16 /vmlinuz-3.10.0-123.el7.x86_64 root=UUID=eb9c5952-b825-4314-88\
02-199d04d6fe66 rw init=/sysroot/bin/sh vconsole.keymap=us crashkernel=auto  v\
console.font=latarcyrheb-sun16 rhgb quiet LANG=zh_CN.UTF-8
        initrd16 /initramfs-3.10.0-123.el7.x86_64.img_


      Press Ctrl-x to start, Ctrl-c for a command prompt or Escape to
      discard edits and return to the menu. Pressing Tab lists
      possible completions.
```

图 1-49　修改启动脚本

4．修改完后，按组合键 Ctrl+X 使用修改后的脚本启动系统，进入到单用户模式，如图 1-50 所示。

5．在单用户模式下执行下列命令：

```
:/# chroot /sysroot              # 将根改变到 /sysroot
:/#passwd                        # 修改 root 密码，输入命令后需要输入两次新密码
:/# touch  /.autorelabel         # 更新 SELinux 信息
:/#exit                          # 退出
:/#reboot                        # 重新启动系统，重启后可以使用 root 新密码登录
```

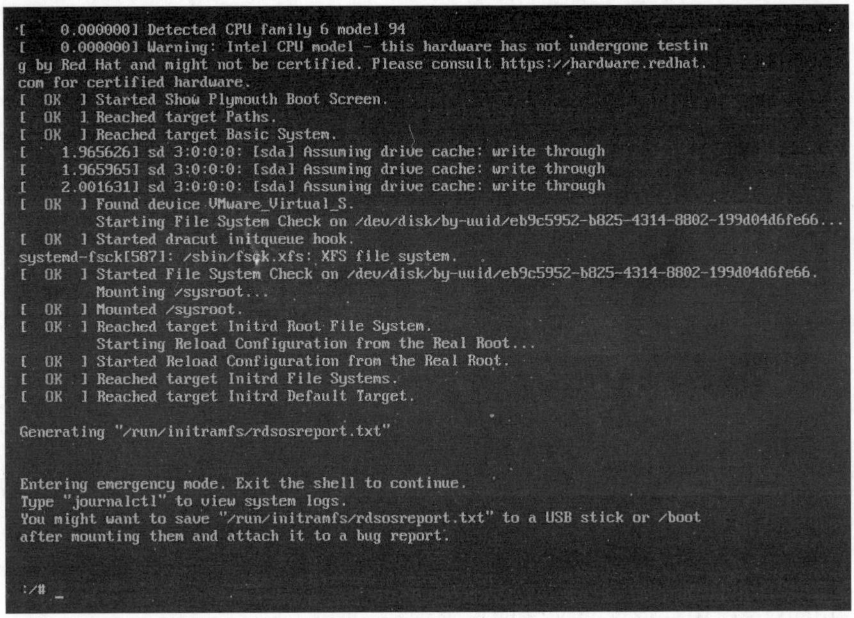

```
[    0.000000] Detected CPU family 6 model 94
[    0.000000] Warning: Intel CPU model - this hardware has not undergone testin
g by Red Hat and might not be certified. Please consult https://hardware.redhat.
com for certified hardware.
[  OK  ] Started Show Plymouth Boot Screen.
[  OK  ] Reached target Paths.
[  OK  ] Reached target Basic System.
[    1.965626] sd 3:0:0:0: [sda] Assuming drive cache: write through
[    1.965965] sd 3:0:0:0: [sda] Assuming drive cache: write through
[    2.001631] sd 3:0:0:0: [sda] Assuming drive cache: write through
[  OK  ] Found device VMware_Virtual_S.
         Starting File System Check on /dev/disk/by-uuid/eb9c5952-b825-4314-8802-199d04d6fe66...
[  OK  ] Started dracut initqueue hook.
systemd-fsck[587]: /sbin/fsck.xfs: XFS file system.
[  OK  ] Started File System Check on /dev/disk/by-uuid/eb9c5952-b825-4314-8802-199d04d6fe66.
         Mounting /sysroot...
[  OK  ] Mounted /sysroot.
[  OK  ] Reached target Initrd Root File System.
         Starting Reload Configuration from the Real Root...
[  OK  ] Started Reload Configuration from the Real Root.
[  OK  ] Reached target Initrd File Systems.
[  OK  ] Reached target Initrd Default Target.

Generating "/run/initramfs/rdsosreport.txt"


Entering emergency mode. Exit the shell to continue.
Type "journalctl" to view system logs.
You might want to save "/run/initramfs/rdsosreport.txt" to a USB stick or /boot
after mounting them and attach it to a bug report.


:/# _
```

图 1-50 单用户模式

1.5 练习题

一、单选题

1. Linux 来源于（ ）操作系统。

   A．UNIX　　B．Windows　　C．Red Hat　　D．GNU

2. （ ）是“UNIX 元年”。

   A．1960　　B．1970　　C．1980　　D．1990

3. Linux 内核是科学家（ ）开发的。

   A．Ken Thompson　　B．Dennis Ritchie

   C．Richard Stallman　　D．Linus Torvalds

4. GPL 是（ ）。

   A．一种操作系统的名称　　B．一种自由软件的名称

   C．一种应用程序的名称　　D．GNU 通用公共许可证

5. 显示内核版本信息的命令是（ ）。

   A．ls -l　　B．uname -a　　C．hostname　　D．ifconfig

6. 在默认情况下下列虚拟网络中（ ）属于桥接 Bridge 模式。

   A．VMnet0　　B．VMnet1　　C．VMnet2　　D．VMnet8

7. 在默认情况下下列虚拟网络中（ ）属于仅主机 Host only 模式。

   A．VMnet0　　B．VMnet1　　C．VMnet2　　D．VMnet8

8. 在默认情况下列虚拟网络中（ ）属于 NAT 模式。
A. VMnet0　B. VMnet1　C. VMnet2　D. VMnet8
9. 采用 MBR 格式分区，允许在硬盘上最多划分（ ）个主分区。
A. 3　B. 4　C. 5　D. 6
10. RHEL7 默认文件系统格式为（ ）。
A. NTFS　B. FAT32　C. XFS　D. ext
11. 第 2 块 IDE 硬盘上的第 3 个分区设备名为（ ）。
A. IDE2-3　B. id2-3　C. hd2-3　D. hdb3
12. 第 3 块 SCSI 硬盘上的第 5 个分区设备名为（ ）。
A. SCSI3-5　B. sd3-5　C. sdc5　D. SCSI3(5)
13. Linux 系统中存放引导程序、内核等的目录是（ ）。
A. /bin　B. /kernel　C. /boot　D. /start
14. Linux 系统中存放设备文件的目录是（ ）。
A. /dev　B. /etc　C. /root　D. /file
15. Linux 系统中存放配置文件的目录是（ ）。
A. /conf　B. /etc　C. /root　D. /file
16. Linux 系统中普通用户的家目录是（ ）。
A. /house　B. /usr　C. /root　D. /home
17. Linux 系统中超级用户的家目录是（ ）。
A. /root　B. /admin　C. /super　D. /usr
18. Linux 系统中存放日志的目录是（ ）。
A. /var　B. /tmp　C. /run　D. /sys
19. 在 RHEL7 的图形界面中，按（ ）组合键能够切换到字符控制台。
A. Ctrl+Alt+Del　B. Ctrl+Shift+Alt
C. Ctrl+Alt+F1　D. Ctrl+Alt+F2

二、多选题

1.（ ）属于 Linux 发行版本。
A. RHEL　B. UNIX　C. Minix　D. Debian
2. 默认情况下 VMware 包含（ ）虚拟网络。
A. VMnet0　B. VMnet1　C. VMnet2　D. VMnet8
3. 默认情况下连接到（ ）虚拟网络的虚拟机可以通过物理主机和外部网络连通。
A. VMnet0　B. VMnet1　C. VMnet2　D. VMnet8
4. Linux 中最少必须包含的两个分区是（ ）。
A. /　B. /root　C. /boot　D. swap
5. 下列（ ）软件可以作为虚拟终端远程登录到 Linux 系统。
A. Xshell　B. Putty　C. SecureCRT　D. 超级终端

三、判断题

1．Minix 意为小型 UNIX，是荷兰阿姆斯特丹 Vrije 大学计算机科学系的 Andrew S．Tanenbaum 教授开发的类 UNIX 商业软件。（ ）

2．Linux 与 UNIX 具有很好的兼容性，是因为 Linux 参照 POSIX 标准进行开发。（ ）

3．GNU 计划由 Richard Stallman 倡导，并创立自由软件基金会，主张随意使用、复制、修改和发布软件。（ ）

4．Kali Linux 是基于 Red Hat 的 Linux 发行版，设计用于数字取证和渗透测试。（ ）

5．可以将已安装好的 VMware 虚拟机复制到其他安装有任何版本 VMware 的计算机中直接打开。（ ）

6．VMware 通过在物理主机上安装虚拟网卡实现物理主机与虚拟机之间的通信。（ ）

7．VMware 中只能有 3 个虚拟网络。（ ）

8．一台虚拟机只能连接到一个虚拟网络。（ ）

9．VMware 中虚拟网络 VMnet0 默认开启 DHCP 服务。（ ）

10．主分区中可以继续划分多个逻辑分区。（ ）

11．Linux 系统中的 /usr 目录就是普通用户目录，用于存放用户文件。（ ）

12．swap 分区是 Linux 的交换分区，它不挂载到任何目录下。（ ）

13．如果已经将分区 sda1 挂载到 / 目录，就不能将其他分区挂载到 /boot 目录下了。（ ）

14．RHEL7 默认将安装图形界面。（ ）

15．使用 SSH 进行远程登录比 Telnet 远程登录更加安全。（ ）

16．如果忘记了 root 密码，只能重新安装系统。（ ）

任务 2
Linux 基本文件操作

2.1 任务要求

1．在 /root 目录下创建两个目录，目录名分别为 dir1 和 dir2。

2．在 dir1 中创建一个空文件，文件名为 file1。

3．将 /boot 目录及其下所有文件和子目录复制到 dir2 目录下。

4．将 dir1 目录下的文件 file1 移动到 dir2 目录下并更名为 filebak。

5．将 /etc/passwd 文件复制到 dir1 目录下，并显示该文件内容。

6．在 dir2 目录下创建文件 /root/dir1/passwd 的硬链接文件 link，显示文件 link 最后 5 行的内容。

7．删除文件 /root/dir1/passwd，删除目录 dir2。

2.2 相关知识

Linux 命令基础知识

Linux 基本目录命令

2.2.1 Linux 命令基础知识

1．命令提示符

当使用 Xshell 通过 SSH 登录到 Linux 系统后，可以使用 Linux 命令管理 Linux 系统。输入的命令会显示在光标闪烁处，光标前面有一些字符，称为命令提示符，如：

```
[root@localhost ~]#
```

其含义如下：

- root：表示登录到系统的用户名。
- @：读作“at”，意思为在……上。
- localhost：表示 Linux 系统的主机名，root@localhost 则表示 root 用户登录到主机 localhost 上。
- ~：表示当前目录，刚登录进系统时，当前目录都是登录用户的家目录，符号“~”代表家目录，root 用户的家目录为 /root。
- #：表示当前登录的用户是系统管理员用户即 root 用户。

如果使用普通用户登录，命令提示符显示为：

```
[user1@localhost ~]$
```

表示 user1 用户登录到主机 localhost 上，当前目录为 user1 用户的家目录，user1 用户的家目录默认情况下为 /home/user1。$ 提示符，表示当前登录用户为普通用户。

2．命令基本格式

Linux 命令的基本格式为：

```
命令名 [ 选项 ][ 参数 ]
```

其中命令名为该命令的名称，命令名通常是该命令功能的英文简写。同时需要注意的是 Linux 系统区分大小写，大写字母与小字字母是不同的字符，因此无论在输入命令、选项还是参数时需要注意区分大小写，Linux 的命令通常是小写的。

选项用于扩展命令的功能，通常使用格式为“- 单字母”，如“-a”，或者“-- 单词”，如“--all”，单词通常为小写，是与选项功能相对应的英文单词。其中单字母也要区分大小写，同一字母大写与小写为不同选项，其功能含义不相同，如“-a”和“-A”为不同的选项。同一个命令可以同时使用多个选项，使用多个选项时，可以先写“-”然后将多个选项字母跟在后面，如“-al”，也可以将每个选项单独写，中间用空格隔开，如“-a -l”，选项之间通常没有顺序关系。中括号表示根据不同的命令，选项可以有一个或多个，也可以没有。参数通常用于表示命令执行的对象，有些命令的选项也需要带参数，其所带参数应当跟在选项后面。

3. 命令执行结果

在 Linux 系统中，命令执行后通常会在屏幕上显示出该命令的执行结果。如果没有显示任何提示消息，通常认为是命令成功执行（说明命令执行本身并没有相应结果输出）。如果在输入过程中出现命令或者参数错误，系统会给出相应错误提示。也就是说，在 Linux 的命令执行中，没有出现相应错误提示即表示命令输入的语法及执行逻辑没有问题。

4. 使用命令帮助

Linux 系统命令功能强大，我们可以使用命令完成 Linux 系统的所有管理功能，因此 Linux 系统的命令数量及每个命令的选项都很多，想要记住 Linux 系统的所有命令的用法，基本上是不可能完成的任务。Linux 系统提供命令帮助来帮助我们使用 Linux 系统中的命令。建议使用如下命令查看命令帮助：

```
命令名 --help
```

--help 选项用于查看前面命令的帮助信息，帮助信息中一般包含命令格式、命令示例和选项功能说明。

Linux 还可以使用命令“man 命令名”来查看该命令的操作说明文档，该说明文档是对该命令的最详细的说明。

上述方法可以帮助我们直接在 Linux 系统中找到命令的使用方法，不过返回的帮助信息大都是英文的描述，如果英文不太好，建议直接在网上百度该命令及相关选项的使用说明。

5. 查看历史命令

在使用命令管理 Linux 系统时，经常需要输入相同的命令，或者只是在前面输入的命令中作少量的修改。为帮助用户快速输入此类命令，Linux 记录了用户输入的历史命令，并提供使用“↑”键和“↓”键来查看历史命令，对查到的历史命令可以直接输入回车再次执行该命令，也可以对该历史命令进行修改后再执行。

6. 自动补全

为进一步提高命令的输入速度，Linux 提供对命令及目录和文件名的自动补全功能，该功能通过使用 Tab 键来实现。在输入命令时，如果命令较长可以只输入命令的前面部分，然后按 Tab 键，如果此时没有其他命令跟该命令的前面部分相同，即 Linux 已能够通过目前输入的命令找到唯一的 Linux 命令，Linux 将自动补全该命令的后面部分。如果此时还有其他命令与该命令的已输入部分相同，Linux 不能确定你想要输入哪个命令，因此不会自动补全该命令，但如果连续按两次 Tab 键 Linux 将会把所有开始部分与已输入内容相同的命令显示出来，以方便用户进一步输入自己想要的命令。

例如，想输入命令 systemctl，在输入 system 后按 Tab 键，Linux 不会将命令补全为 systemctl，因为系统中还有其他以 system 开始的命令，Linux 并不能确定你想要输入哪个命令。如果连续按两次 Tab 键，Linux 将把所有以 system 开始的命令显示出来，以方便用户进一步输入，此时如果输入 systemc，再按 Tab 键，Linux 将自动补全命令 systemctl，因为系统中只有一个命令是以 systemc 开始的，所以 Linux 可以确定你想要执行该命令，故自动帮你补全该命令。

2.2.2 Linux 基本目录与文件命令

1. 显示工作目录命令 pwd

在使用命令进行文件和目录操作时，一定要知道当前自己的工作目录，可以输入命令 pwd，意为 print working directory，表示显示当前工作目录。例如，当 root 用户登录进入系统后，其当前工作目录为 /root，可以使用 pwd 命令显示当前工作目录：

```
[root@localhost ~]# pwd
/root                           # 显示当前工作目录为 /root
```

如果是普通用户 user1 目录登录进系统后，其当前工作目录为普通用户 user1 的家目录 /home/user1，使用 pwd 命令显示其当前工作目录：

```
[user1@localhost ~]$ pwd
/home/user1                     # 显示当前工作目录为 /home/user1
```

2. 改变工作目录命令 cd

可以使用 cd 命令改变当前工作目录，cd 命令意为 change directory，表示改变目录。可以使用两种方式来表示将要改变到的新工作目录。一种是绝对路径，绝对路径是指从“/”开始到目标目录的完整路径。例如要从当前工作目录 /root 切换到目录 /etc/sysconfig/network-scritps，可以使用下列命令：

```
[root@localhost ~]# pwd
/root                           # 显示当前工作目录为 /root
[root@localhost ~]# cd  /etc/sysconfig/network-scripts
[root@localhost network-scripts]# pwd
/etc/sysconfig/network-scripts  # 显示当前工作目录为 /etc/sysconfig/network-scripts
```

在使用命令输入较长路径和文件时，应当使用自动补全功能键 Tab，以提高输入速度及输入准确度。注意在路径表示中，绝对路径最前面一定是以符号“/”开始，第一个“/”符号表示根，中间的“/”符号代表目录。

另一种输入路径的方式是相对路径，相对路径是指从当前工作目录开始到达目标目录的路径，如使用相对路径完成从当前工作目录 /root 切换到目录 /etc/sysconfig/network-scritps，可以使用下列命令：

```
[root@localhost ~]# pwd
/root                                    # 显示当前工作目录为 /root
[root@localhost ~]# cd  ../etc/sysconfig/network-scripts
[root@localhost network-scripts]# pwd
/etc/sysconfig/network-scripts           # 显示当前工作目录为 /etc/sysconfig/network-scripts
```

相对路径的最前面一定没有“/”符号，但中间会出现“/”符号，代表目录。在上述命令中使用了符号“..”，两个点代表当前目录的上级目录，而当前目录为 /root，其上级即为 /（符号“.”，一个点代表当前目录）。

也可以使用多次 cd 命令，逐级进入到目标目录：

```
[root@localhost ~]# pwd
/root                                    # 当前工作目录为 /root
[root@localhost ~]# cd ..                # 进入到当前目录的上级目录，即 /
[root@localhost /]# pwd
/                                        # 当前工作目录为 /
[root@localhost /]# cd  etc              # 进入到当前目录下的子目录 etc
[root@localhost etc]# pwd
/etc                                     # 当前工作目录为 /etc
[root@localhost etc]# cd  sysconfig/     # 进入到当前目录下的子目录 sysconfig
[root@localhost sysconfig]# pwd
/etc/sysconfig                           # 当前工作目录为 /etc/sysconfig
[root@localhost sysconfig]# cd  network-scripts/     # 进入到当前目录下的子目录 network-scripts
[root@localhost network-scripts]# pwd
/etc/sysconfig/network-scripts           # 当前工作目录为 /etc/sysconfig/network-scripts
```

在上述命令序列中均使用相对路径，即相对于当前工作目录的路径。对于一个目录路径来说，凡是以“/”作为开始的都是绝对路径，不以“/”开始的路径是相对路径，相对路径是指从相对于当前工作目录开始的路径。

还有一些快速在目录间切换的方法，如直接输入 cd 或者 cd ~，表示直接切换当前用户的家目录，使用 cd - 返回到前一个工作目录，可以实现两个目录之间的来回切换。

3. 创建目录命令 mkdir

可以使用 mkdir 命令创建目录，mkdir 命令意为 make directory，表示创建目录。如在当前目录 /root 下创建目录 testdir，使用下列命令：

```
[root@localhost ~]# pwd
/root
[root@localhost ~]# mkdir  testdir       # testdir 是相对路径，表示在当前目录创建 testdir 目录
[root@localhost ~]# cd  testdir          # testdir 是相对路径，表示进入当前目录下的 testdir 目录
[root@localhost testdir]# pwd
/root/testdir
```

在使用相对路径时，一定要注意自己的当前目录，因为相对路径是相对于当前目录而言的。也可以使用绝对路径在目录下创建子目录，如直接在 /root 目录下创建目录 testdir1，使用下列命令：

```
[root@localhost ~]# mkdir /root/testdir1    # 在 /root 下创建目录 testdir1
[root@localhost ~]# cd /root/testdir1       # 进入到 /root/testdir1 目录
[root@localhost testdir1]# pwd
/root/testdir1
```

可以使用选项 -p 一次性建立多级目录，如命令：

```
[root@localhost testdir1]# mkdir -p /root/a/b/c/  # 自动创建多级目录
[root@localhost testdir1]# cd /root/a/b/c
[root@localhost c]# pwd
/root/a/b/c
```

在上述命令中，只有 /root 目录是存在的，如果不使用 -p 选项，该命令不会执行成功，使用 -p 选项后，系统会自动帮你创建该路径上所有不存在的目录。

4．创建空文件命令 touch

Linux 基本文件命令

touch 命令用于创建一个空文件，如：

```
[root@localhost c]# touch testfile  # 在当前目录下创建一个名为 testfile 的空文件
```

5．显示文件列表 ls

ls用于显示目录与文件信息，ls命令意为list，表示列表的意思。ls命令常用选项如下：

-a（all）：显示所有文件及目录，Linux 中将以“.”开始的文件或目录视为隐藏文件或目录，使用 ls 命令不会显示隐藏文件和目录，如果要显示所有文件和目录（包括隐藏文件和目录）需要使用选项 -a。

-d（directory）：显示指定目录的信息，而不是该目录下文件的信息。

-l（long）：ls 命令默认只显示文件或目录名，如果希望显示文件或目录的详细信息，则需要指定选项 -l。下面是使用 -l 选项显示的文件详细信息：

```
[root@localhost ~]#ls -l /etc/passwd                    # 显示 /etc/passwd 文件详细内容
-rw-r--r--. 1 root root 1911 3 月  16 15:49 /etc/passwd
```

详细信息各部分说明如下，具体含义将在后面介绍：

- -rw-r--r--：表示文件权限。
- 1：表示文件链接数。
- 第 1 个 root：表示文件所属用户。
- 第 2 个 root：表示文件所属用户组。
- 1911：表示文件大小。
- 3 月 16 15：49：表示文件被修改的时间为 3 月 16 日 15 点 49 分。
- /etc/passwd：文件名。

-r（reverse）：默认情况下 ls 命令将按文件的名称顺序显示文件，使用 -r 选项，将以相反的顺序显示文件。

-t（time）：按文件的时间顺序显示文件，默认情况下时间较新的文件显示在前面，也可以使用 -r 选项改变显示顺序。

ls 命令的常用方法如下：

```
[root@localhost ~]# ls          # 显示当前目录下的文件和目录
[root@localhost ~]# ls -a       # 显示当前目录下的所有文件和目录（包括隐藏文件和目录）
[root@localhost ~]# ls -al /    # 显示根目录下所有文件和目录的详细信息
```

```
[root@localhost ~]# ls  -dl  /        # 显示根目录详细信息（不是根目录下文件的详细信息）
[root@localhost ~]# ls  -lt           # 显示当前目录下文件和目录的详细信息，按时间顺序进行显示
                                      # 较新的文件显示在前面
```

6. 复制文件或目录命令 cp

cp 命令意为 copy，用于复制文件或目录，基本格式如下：

```
cp [ 选项 ] 源 目标
```

cp 命令的常用方法如下：

```
[root@localhost /]# cp  /etc/passwd  .          # 将 /etc/passwd 文件复制到当前目录（当前目录用"."
                                                # 号表示）
[root@localhost /]# cp  passwd  /root/passwd.bak   # 将当前目录下的文件 passwd 复制到 /root 下
                                                   # 并改名为 passwd.bak
[root@localhost /]# cp  -r  /boot/grub2/  /root/   # 将 /boot/grub2/ 目录（及其下的所有文件及
                                                   # 子目录）复制到 /root 目录下，其中 -r 表示
                                                   # recursive（递归），意思是包含其下所有子
                                                   # 目录及各子目录下的所有子目录
```

7. 删除文件或目录命令 rm

rm 命令意为 remove，表示删除的意思。该命令可用于删除系统中的文件或目录。其基本格式为：

```
rm [ 选项 ] 目标
```

rm 命令通常用于删除文件，如：

```
[root@localhost ~]# touch  testfile         # 在当前目录创建一个名为 testfile 的空文件
[root@localhost ~]# rm  testfile            # 删除上面创建的 testfile 文件
rm: 是否删除普通空文件 "testfile"？ y        # 使用 rm 命令删除文件时，默认情况下，系统会提示
                                            # 你是否删除该文件，该功能主要用于防止误删除。如果
                                            # 你确认要删除该文件，输入 y，即 yes，即可删除该文件
```

如果不希望系统提示而直接删除该文件，可以使用参数 -f，f 表示 force 即强制的意思，使用方法如下：

```
[root@localhost ~]# rm  -f  testfile        # 直接删除 testfile 文件，不需要系统提示
```

删除目录必须使用相关参数。如果目录下面有多级子目录和文件，需要使用参数 -r，表示递归（即表示删除该目录下的所有子目录和文件），并且由于 rm 默认删除文件时会有提示，使用 -r 参数删除包含较多文件和子目录的目录时，每删除一个文件，系统都给出一个提示，需要用户给出确认，这样操作十分麻烦，因此 -r 参数通常会和 -f 参数一起使用，即直接删除该目录及目录下所有子目录和文件不需要提示，如：

```
[root@localhost ~]# mkdir  -p  a/b/c        # 在当前目录创建目录 a，a 包含子目录 b，b 下面包含
                                            # 子目录 c
[root@localhost ~]# rm -rf  a               # 直接删除当前目录下 a 目录下的所有子目录及文件，
                                            # 不给出提示
```

8. 移动和重命名文件或目录命令 mv

mv 命令意为 move，表示移动的意思。该命令可用于将系统中的文件从一个位置移动到另一个位置。其基本命令格式为：

```
mv 源文件 目标位置
```

mv 命令用于移动文件的常见用法如下：

```
[root@localhost ~]# touch  file                # 在当前目录下创建一个空文件 file
[root@localhost ~]# mv  file  /home/           # 将当前目录下的文件 file 移动到 /home/ 目录下
```

如果在目录 /home/ 下已经存在一个和 file 文件名字相同的文件，系统会提示是否对已存在的文件进行覆盖。

mv 命令的另一个用法是实现文件的改名，改名用法的基本格式为：

```
mv 旧文件名  新文件名
```

源文件与目标文件在相同目录下时，即为改名功能。mv 命令用于更改文件名的常见用法如下：

```
[root@localhost ~]# touch  oldfile             # 在当前目录下创建一个空文件 oldfile
[root@localhost ~]# mv  oldfile  newfile       # 将当前目录下文件 oldfile 改名为 newfile
```

mv 命令也可用于同时进行移动和改名，用法如下：

```
[root@localhost ~]# mkdir   olddir             # 在当前目录下创建名为 olddir 的目录
[root@localhost ~]# mv  olddir  /home/newdir          # 将当前目录下的 olddir 目录移动到
                                                      /home/ 目录下，并且更名为 newdir
```

9. 显示文件内容命令

在 Linux 系统配置与管理中，会使用到大量的文本文件，因此 Linux 系统提供一系列命令来显示文本文件的内容，需要指出的是这些命令只能显示文件内容，不能修改文件内容，关于文件内容修改的方法将在后面介绍。这些命令包括：

（1）cat 命令。

cat 命令是最常用的显示文件内容命令，用法如下：

```
[root@localhost ~] cat  /etc/passwd            # 显示 /etc 目录下文件 passwd 的全部内容
```

（2）head 命令。

head 命令用于显示文本文件开头 10 行的内容，也可以使用数字参数指定需要显示的行数，用法如下：

```
[root@localhost ~] head  /etc/passwd           # 显示 /etc 目录下文件 passwd 前 10 行内容
[root@localhost ~] head -5 /etc/passwd         # 显示 /etc 目录下文件 passwd 前 5 行内容
```

（3）tail 命令。

tail 命令用于显示文本文件最后 10 行的内容，也可以使用数字参数指定需要显示的行数，用法如下：

```
[root@localhost ~] tail  /etc/passwd           # 显示 /etc 目录下文件 passwd 最后 10 行内容
[root@localhost ~] tail  -5  /etc/passwd       # 显示 /etc 目录下文件 passwd 最后 5 行内容
```

Linux 在运行过程中，会动态地在文本文件中写入内容。如系统会自动在日志文件中写入相应的记录，这种记录通常是增加在文本文件的最后面，可以使用 tail 命令动态监视这类文件内容的变化，其用法如下：

```
[root@localhost ~] tail  -f  /var/log/audit/audit.log     # 动态监视 /var/log/audit/ 目录下 audit.log 审计
                                                           # 日志文件的变化，使用组合键 Ctrl+C 结束命
                                                           # 令执行
```

（4）more 命令。

如果文本内容比较多，需要阅读文本中的内容时，窗口不能一次显示出所有文本内容，使用前面的命令就不太方便了。可以用 more 命令进行分页及逐行显示以方便阅读。用法如下：

```
[root@localhost ~] more  /etc/ssh/sshd_config          # 显示 /etc/sshd 目录下文件 sshd_config 的内容
```

命令执行后的结果如图 2-1 所示。

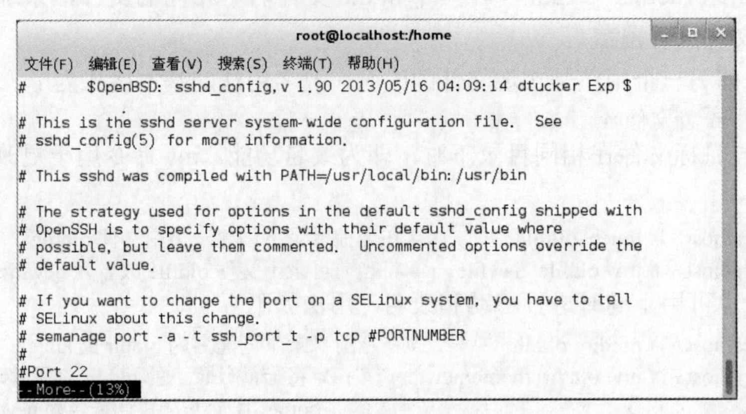

图 2-1　more 命令

此时窗口只显示了文件 13% 的内容，使用 more 命令不会继续滚屏显示后面的所有内容而导致前面的内容无法阅读，而是在显示完一屏内容时暂停显示后面的内容，以方便用户阅读，用户可以按 Enter（回车）键逐行向后阅读，也可以按 Space（空格）键直接滚动到下一屏进行阅读。

（5）less 命令。

使用 more 命令可以帮助用户阅读内容较多的文本文件，但是 more 命令只能向后进行单向滚动，对于已经阅读并滚动出窗口的文本内容，就无法再次阅读，即只能往后翻，不能往前翻。往前翻可以使用 less 命令来实现。less 是功能强大的交互阅读器，具有强大而灵活的阅读功能。其使用方法如下：

```
[root@localhost ~] less  /etc/ssh/sshd_config   # 显示 /etc/sshd/ 目录下文件 sshd_config 的内容
```

命令执行后进入到 less 阅读环境，如图 2-2 所示。

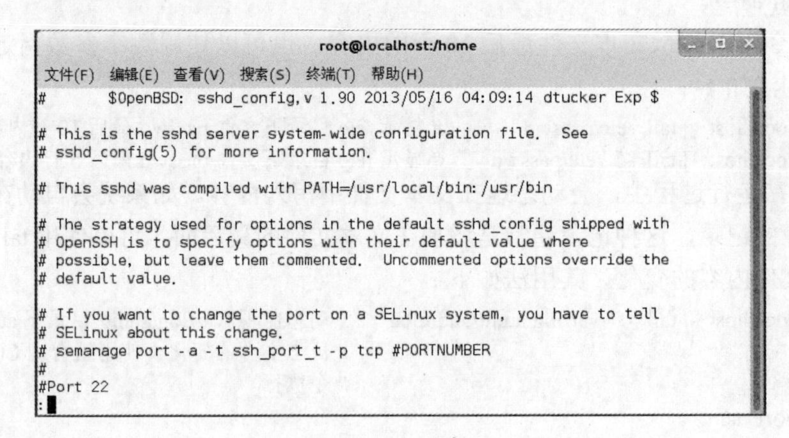

图 2-2　less 命令

可以使用上下箭头向上或向下翻动文本，如果要退出 less 环境，输入命令 q 即可退出。

10. 创建连接文件 ln

ln 命令意为 link，表示链接。使用 ln 命令可以创建链接文件，链接文件有两种：一种是硬链接，一种是符号链接（或称为软链接）。其中硬链接的创建方法如下：

```
[root@localhost ~]# touch  sourcefile        # 在当前目录下创建名为 sourcefile 的空文件
[root@localhost ~]# ln sourcefile linkfile    # 在当前目录下为 sourcefile 文件创建硬链接文件 linkfile
```

该命令执行后会有两个文件产生：一个是由 touch 命令创建的源文件 sourcefile，另一个是由 ln 命令创建的硬链接文件 linkfile，这两个文件都指向物理磁盘上的同一存储位置，它们之间没有相互依赖关系，可以说它们是相互独立的，即它们相当于磁盘上同一位置文件的两个不同名称的文件，对这两个文件的访问，均是对磁盘上相同位置数据的访问。

ln 命令也可以用于创建符号链接，即软链接。其创建方法如下：

```
[root@localhost ~]# ln  -s  /home/  slinkdir   # 在当前目录下创建一个指向目录 /home/ 的符号链接
```

与硬链接不同的是，符号链接不仅可以链接到文件，也可以链接到目录。符号链接类似于 Windows 系统中的快捷方式，链接文件依赖于链接源。符号链接文件与链接源并不指向物理磁盘的同一位置，符号链接文件是通过指向链接源来访问物理磁盘的，因此，虽然正常情况下符号链接文件与链接源文件访问的内容是相同的，但如果链接源文件被删除，符号链接文件将不能正常访问。

2.3 任务实施

在任务实施过程，有些使用绝对路径，有些使用相对路径，在使用相关命令时，要注意命令提示符前面的当前工作目录位置。

1．在 /root 目录下创建两个目录，目录名分别为 dir1 和 dir2。

```
[root@localhost 桌面 ]# cd /root  # 进入 /root
[root@localhost ~]# mkdir  dir1   # 在当前目录下创建名为 dir1 的子目录
[root@localhost ~]# mkdir  dir2   # 在当前目录下创建名为 dir2 的子目录
[root@localhost ~]# ls  -ld  dir*  # 以详细信息显示当前目录下以 dir 开始的所有目录信息(其中"*"
                                   # 是通配符，代表零个或任意多个字符，dir* 代表任意以 dir 开始
                                   # 的名称)，显示结果如下：
drwxr-xr-x. 2 root root 18 3 月  14 22:02 dir1
drwxr-xr-x. 2 root root  6 3 月  14 21:29 dir2
```

2．在 dir1 中创建一个空文件，文件名为 file1。

```
[root@localhost ~]# cd  /root/dir1          # 进入 /root/dir1 目录
[root@localhost dir1]#  touch file1         # 在当前目录创建名为 file1 的空文件
[root@localhost dir1]#  ls  -l              # 以详细信息显示当前目录下的所有文件及目录
总用量 0
-rw-r--r--. 1 root root 0 3 月  14 22:11 file1
```

3．将 /boot 目录及其下的所有文件及子目录复制到 dir2 目录下。

```
[root@localhost dir1]# cp  -r  /boot/  /root/dir2/       # 复制 /boot 目录下的所有文件及子目录到
                                                         #/root/dir2 目录下
[root@localhost dir1]# ls  -l  /root/dir2/               # 以详细信息显示 /root/dir2 目录下的所有文件
```

4．将 dir1 目录下的文件 file1 移动到 dir2 目录下并更名为 filebak。

```
[root@localhost dir1]# mv  file1  /root/dir2/filebak       # 将 dir1 目录下的文件 file1 移动到 /root/dir2
                                                           # 目录下并改名为 filebak
[root@localhost dir1]# ls                                  # 显示 dir1 目录下的所有文件，确认文件 file1
                                                           # 被移走
[root@localhost dir1]# ls  -l  /root/dir2/file*            # 显示 dir2 目录下以 file 开始的所有文件详细
                                                           # 信息，确认产生新文件 filebak
-rw-r--r--. 1 root root 0 3 月  14 22：11 /root/dir2/filebak
```

5．将 /etc/passwd 文件复制到 dir1 下，并显示该文件内容。

```
[root@localhost dir1]# cp  /etc/passwd  .                  # 将 /etc/passwd 文件复制到当前目录
[root@localhost dir1]# cat  passwd                         # 显示当前目录下 passwd 文件的内容
```

6．在 dir2 下创建文件 /root/dir1/passwd 的硬链接文件 link，显示 link 文件最后 5 行的内容。

```
[root@localhost dir1]# ln  passwd  /root/dir2/link         # 创建 dir1 下 passwd 的硬链接文件 /root/dir2/
                                                           # link
[root@localhost dir1]#tail -5  /root/dir2/link             # 显示 link 文件最后 5 行内容
```

7．删除文件 /root/dir1/passwd，删除目录 dir2。

```
[root@localhost dir1]# rm  passwd                          # 删除 dir1 目录下的 passwd 文件
rm：是否删除普通文件 "passwd"？ y
[root@localhost dir1]#ls                                   # 显示 dir1 目录下的所有文件及子目录，确认
                                                           # 文件被删除
[root@localhost dir1]# rm  -rf  /root/dir2                 # 删除目录 dir2 及其下的所有文件和子目录，
                                                           # 并不需要确认
[root@localhost dir1]#ls /root                             # 显示目录 /root 下的所有文件及子目录，确认
                                                           # dir2 目录被删除
```

2.4 任务拓展

Linux 基本文件命令拓展

在进行文件操作时，还有一些命令及操作符与文件操作相关。

2.4.1 echo 命令

echo，即回显命令，作用是将命令后的字符串回显在屏幕上，使用方法如下：

```
[root@localhost ~]# echo hello world!                      # 在屏幕上回显 hello world!
hello world!                                               # 命令操作结果
```

2.4.2 输出重定向

默认情况下，所有命令的标准输出设备为显示器，可以使用输出重定向符号将输出到屏幕的内容重定向输出到文件中。前面用 touch 命令创建的是空文件，可以使用 echo 命令与输出重定向来创建具有简单内容的文件，用法如下：

```
[root@localhost ~]# echo hello world!  > a                 # 将 echo 命令的输出重定向到 a 文件中，如果
                                                           # a 文件不存在，就创建 a 文件；如果 a 文件
                                                           # 存在，将覆盖 a 文件内容
[root@localhost ~]# cat  a                                 # 显示 a 文件内容
hello world!                                               # 命令操作结果
```

如果希望在已有文件后面添加文本内容，可以使用操作符“>>”，用法如下：

```
[root@localhost ~]# echo  this is my file  >>  a          # 将 echo 命令输出追加重定向到文件 a
[root@localhost ~]# cat  a                                 # 显示 a 文件内容
hello world!                                               # 命令操作结果
this is my file
```

也可以将其他命令执行的结果输出重定向到文件，如：

```
[root@localhost ~]# ls  -l  a  >  b             # 将 ls 命令执行的结果输出重定向到 b 文件
[root@localhost ~]# cat  b                      # 显示 b 文件内容
-rw-r--r--. 1 root root 29 8 月  19 16:36 a     # 命令操作结果
[root@localhost ~]# cat  a  b  >  c             # cat 命令显示文件 a 和文件 b 的内容，将显示
                                                # 内容输出重定向到 c 文件
[root@localhost ~]# cat  c                      # 显示 c 文件内容
hello world!                                    # 命令操作结果
this is my file
-rw-r--r--. 1 root root 29 8 月  19 16:36 a
```

2.4.3 别名

使用 alias 命令可以显示当前系统中存在的别名，用法如下：

```
[root@localhost ~]# alias                       # 显示当前系统存在的别名
alias cp='cp -i'
alias egrep='egrep --color=auto'
alias fgrep='fgrep --color=auto'
alias grep='grep --color=auto'
alias l.='ls -d .* --color=auto'
alias ll='ls -l --color=auto'
alias ls='ls --color=auto'
alias mv='mv -i'
alias rm='rm -i'
```

从输出结果上看，alias 表示别名，后面等式中，左边表示别名，右边表示与该别名等效的命令，等号两端的命令具有相同的含义。如：ll='ls -l --color=auto'，ll 本身并不是一个标准的 Linux 系统命令，它只是系统定义的别名，可以使用该命令来代替后面的命令，即显示文件详细信息。如果没有定义该别名，ll 命令是不能使用的。在 Red Hat 系统中该别名是默认定义的，但在其他 Linux 系统中不一定能够使用该别名。用户也可以使用 alias 命令自己定义一个别名，以简化常用的复杂命令。

2.4.4 清屏

在使用命令管理 Linux，输入命令较多时，屏幕上输出内容较多，影响新的命令输入或新结果显示，可以使用清屏命令，将屏幕上已有的内容全部清理。清屏命令的用法如下：

```
[root@localhost ~]# clear                       # 清理屏幕
```

也可以使用组合键 Ctrl+L 实现清屏功能。

2.4.5 通配符

在 Linux 系统中，使用命令进行文件操作时，支持使用通配符（即通用匹配符号），

常用通配符有“*”和“?”,其中“*”表示零个或任意多个字符,“?”表示任意一个（有且仅有一个）字符。其用法如下：

```
[root@localhost ~]# ll  a*     # 列出当前目录下文件名是以字符 a 为第一个字符的所有文件
                               # 的详细信息
[root@localhost ~]# ll  *a     # 列出当前目录下文件名是以字符 a 为最后一个字符的所有文件
                               # 的详细信息
[root@localhost ~]# ll  *a*    # 列出当前目录下文件名包含字符 a 的所有文件的详细信息
[root@localhost ~]# ll  ?a*    # 列出当前目录下文件名第 2 个字符为 a 的所有文件的详细信息
[root@localhost ~]# ll  ??a*   # 列出当前目录下文件名第 3 个字符为 a 的所有文件的详细信息
```

2.4.6 终止命令执行

在命令执行过程中，由于某些特殊原因，希望直接终止命令执行，可以通过组合键 Ctrl+C 来终止命令执行。

2.5 练习题

一、单选题

1. Linux 系统命令提示符为 [user1@localhost root]$，当前用户所在目录为（ ）。

A. user　　B. localhost　　C. root　　D. $

2. 如果希望查看上次输入的命令使用（ ）键。

A. 向上箭头　　B. 向左箭头　　C. PageUp　　D. Backspace

3. Linux 命令行下自动补全命令或文件及目录名的快捷键是（ ）。

A. Shift　　B. Ctrl　　C. Alt　　D. Tab

4. [user1@localhost ~]$ pwd 命令的执行结果为（ ）。

A. user1　　B. localhost　　C. ~　　D. /home/user1

5. [root@localhost ~]# pwd 命令的执行结果为（ ）。

A. root　　B. localhost　　C. ~　　D. /root

6. [root@localhost ~]# cd.. 命令执行后当前目录位置是（ ）。

A. root　　B. /　　C. ..　　D. ~

7. 在创建目录时，如果新建目录的父目录不存在，可以使用（ ）参数一次建立多级目录。

A. -a　　B. -d　　C. -m　　D. -p

8. 可以创建空文件的命令是（ ）。

A. touch　　B. make　　C. create　　D. new

9. 使用 ls -dl /home/user1 命令的作用是（ ）。

A. 显示 /home/user1 录下所有文件的详细信息

B. 显示 /home/user1 目录下所有隐藏文件的详细信息

C. 显示 /home/user1 目录下所有子目录的详细信息

D．显示 /home/user1 目录本身的详细信息

10．复制目录使用的命令为（ ）。

A．copy -r　　B．copy -d　　C．cp -r　　D．cp -d

11．删除目录的命令为（ ）。

A．rm -rf　　B．del　　C．deltree　　D．delete

12．命令 tail -f /var/log/audit/audit.log 的作用是（ ）。

A．显示文件 /var/log/audit/audit.log 的所有内容

B．显示文件 /var/log/audit/audit.log 的前 10 行内容

C．显示文件 /var/log/audit/audit.log 的后 10 行内容

D．动态显示文件 /var/log/audit/audit.log 新增加的内容

13．Linux 中通常使用（ ）键来终止命令运行。

A．Ctrl+C　　B．Ctrl+D　　C．Ctrl+K　　D．Ctrl+F

二、多选题

1．在输入 Linux 命令的过程中按下自动补全快捷键后并没自动补全命令，原因可能为（ ）。

A．快捷键按错了

B．已输入的命令有错误

C．该状态下没有自动补全功能

C．已输入的命令与多个命令的前面字符相同

2．通常在 Linux 系统中查看命令帮助的方法有（ ）。

A．使用 man 命令　　B．使用“?”

C．使用 --help 参数　　D．输入自动补全快捷键

3．当前命令提示符为 [user1@localhost root]$，使用（ ）命令一定可以切换到目录 /home/user1。

A．cd /home/user1　　B．cd ~　　C．cd ../home/user1　　D．cd -

4．下列（ ）命令可以查看文件内容。

A．head　　B．tail　　C．cat　　D．less

5．执行命令 ln a b 之后，下列说法正确的是（ ）。

A．创建了一个指向文件 a 的硬链接文件 b

B．文件 a 不能删除，删除后文件 b 将不能访问

C．文件 b 不能删除，删除后文件 a 将不能访问

D．文件 a 的链接数会增加 1

6．下列（ ）命令可以实现清屏功能。

A．clean　　B．clear　　C．Ctrl+L　　D．Ctrl+C

三、判断题

1．Linux 系统区分大小写，而 Windows 系统不区分大小写。（ ）

2．绝对路径是指从“/”开始到目标目录的完整路径。（ ）
3．相对路径是指当前目录相对于“/”的路径。（ ）
4．在使用绝对路径时，当前所在目录位置没有任何作用。（ ）
5．命令 cd - 表示进入到当前用户的家目录。（ ）
6．ll 命令是别名命令，用于显示文件的详细信息，在所有 Linux 系统中均可以使用。（ ）
7．在 Linux 系统中隐藏文件是以“.”开始的文件，只有 root 用户才能查看隐藏文件。（ ）
8．Linux 中使用命令 remove 来移动文件，使用命令 rename 来重命名文件。（ ）
9．硬链接文件类似于 Windows 系统的快捷方式。（ ）

任务 3
Linux 查找

3.1 任务要求

1．在 /var/log/audit 目录下创建一个名为 findfile 的空文件。
2．使用 locate 命令查找 findfile 文件。
3．使用 find 命令查找 findfile 文件。
4．查找 ls 命令的文件及其帮助文档的位置。
5．查看 ls 命令是执行哪个位置的 ls 命令。
6．查找 /etc/passwd 文件中包含 root 的行。
7．使用 ll 命令显示 /boot 目录下的文件列表，并在该结果中查找包含 rwx 的行。

3.2 相关知识

3.2.1 文件查找

Linux 查找命令

1．find 命令

find 命令用于在 Linux 系统中按照各类条件查找相应文件，是 Linux 中功能强大的文件查找命令。其最基本用法是：

```
find 查找目录 查找条件 指定动作
```

查找目录：是指 find 命令从什么位置开始查找，在默认情况下，即没有输入查找目录时，系统默认查找当前目录及其所有子目录。如果指定查找目录为“/”，则表示在整个文件系统中查找。

查找条件：即指定查找的文件需要满足的条件，如果需要根据文件名称进行查找，则需要指定的查找条件（查找类型为按文件名查找，需要查找的文件名是什么）。

指定动作：是指对在查找目录中查找到的满足要求的文件，即查询结果进行什么操作。在默认情况下，即没有指定动作时，系统将查询结果显示在屏幕上。

其最基本用法如下：

```
[root@localhost ~]# touch  findfile              # 在当前目录下创建名为 findfile 的空文件
[root@localhost ~]# find  /  -name  findfile     # 使用 find 命令从“/”目录开始查找名为 findfile
                                                 # 的文件
/root/findfile                                   # 查询结果，查找到该文件
```

2．locate 命令

locate 命令，也用于在 Linux 系统中查找文件，和 find 相比其功能要弱很多，不能进行精确查找，但 locate 命令的查找速度很快，其工作原理与 find 不同：find 命令是直接在文件系统中进行查找，而 locate 命令是在一个索引库中进行查找，索引库中存放着系统中所有文件的名称信息。

其最基本用法如下：

```
[root@localhost ~]# touch locatefile        # 在当前目录下创建名为 locatefile 的空文件
[root@localhost ~]# locate locatefile       # 使用 locate 命令查找 Linux 系统中所有文件
                                            # 名中包含 locatefile 的文件
```

命令执行后，并没有查询到刚才创建的新文件，原因是 locate 的索引库每天进行自动更新，最新创建的文件并没有在其索引库中更新，因此 locate 命令查询不到。可以手动更新索引库，方法如下：

```
[root@localhost ~]# updatedb            # 更新 locate 索引库
[root@localhost ~]# locate locatefile   # 使用 locate 命令查找 Linux 系统中所有文件名中包含
                                        # locatefile 的文件
/root/locatefile                        # 查询结果，查找到该文件
```

3.2.2 命令查找

1. whereis 命令

whereis 命令用于查找 Linux 系统中相关系统命令的二进制程序、man 说明文件和源代码文件。其用法如下：

```
[root@localhost ~]# whereis  ls         # 查询 ls 命令相关位置
ls:/usr/bin/ls  /usr/share/man/man1/ls.1.gz /usr/share/man/man1p/ls.1p.gz
# 命令结果，其中 /usr/bin/ls 表示 ls 命令的二进制程序位置，后面表示 ls 的 man 说明文件位置
```

2. which 命令

which 命令的作用是在 PATH 变量指定的路径中搜索整个系统命令的位置，并且返回第一个搜索结果。也就是说，使用 which 命令，就可以看到某个系统命令是否存在，以及执行的到底是哪一个位置的命令。其用法如下：

```
[root@localhost sbin]# which   ls       # 查看实际执行哪个位置的 ls 命令
alias ls='ls --color=auto'              # 命令结果
    /usr/bin/ls
```

可以看出 ls 执行的是一个别名，相当于 ls --color=auto。该 ls 命令程序位于 /usr/bin/ls。

3.2.3 在内容中查找

grep 命令用于在文本中查找包含目标文本的行。其基本用法如下：

```
[root@localhost ~]# grep  user1  /etc/passwd      # 在 /etc/passwd 文件中查找包含 user1 的行
user1:x:1002:1002::/home/user1:/bin/bash          # 命令结果，显示找到包含 user1 的行
```

grep 命令也常和符号“|”一起使用，符号“|”为管道命令符，作用是连接两个命令，将前面一个命令的输出作为后面一个命令的输入。如：

```
[root@localhost ~]# cat  /etc/passwd               # cat 命令将 /etc/passwd 文件的内容输出显示
                                                   # 到屏幕上
[root@localhost ~]# cat  /etc/passwd  |  grep user1 # 使用管道命令连接两个命令，即 cat 命令的
                                                   # 输出将不直接显示在屏幕上，而是作为 grep
                                                   # 命令的输入，即使用 grep 命令在 cat 命令的
                                                   # 输出结果中查找包含 user1 的行，其执行结果
                                                   # 和 grep  user1  /etc/passwd 命令是一样的
```

3.3 任务实施

1．在 /var/log/audit 目录下创建一个名为 findfile 的空文件。

```
[root@localhost ~]# cd  /var/log/audit/        # 改变当前目录到 /var/log/audit/ 目录
[root@localhost audit]# touch  findfile        # 创建名为 findfile 的空文件
```

2．使用 locate 命令查找 findfile 文件。

```
[root@localhost audit]# locate  findfile       # 使用 locate 命令查找 findfile 文件，无任何结果
[root@localhost audit]# updatedb               # 更新 locate 命令的索引库
[root@localhost audit]# locate findfile        # 再次使用 locate 命令查找 findfile 文件
/var/log/audit/findfile                        # 查询结果，找到 findfile 文件
```

3．使用 find 命令查找 findfile 文件。

```
[root@localhost audit]# find  /  -name  findfile          # 从“/”开始查找文件名为 findfile 的文件
/var/log/audit/findfile                        # 查询结果，找到 findfile 文件
```

4．查找 ls 命令的文件及其帮助文档的位置。

```
[root@localhost audit]# whereis  ls            # 使用 whereis 查找 ls 命令文件及帮助文档的位置
ls:/usr/bin/ls  /usr/share/man/man1/ls.1.gz  /usr/share/man/man1p/ls.1p.gz      # 查询结果
```

5．查看 ls 命令是执行哪个位置的 ls 命令。

```
[root@localhost audit]# which  ls              # 使用 which 命令查看执行的哪个位置的 ls 命令
alias ls='ls --color=auto'                     # 查询结果
  /usr/bin/ls
```

6．查找 /etc/passwd 文件中包含 root 的行。

```
[root@localhost audit]# grep  root  /etc/passwd           # 使用 grep 命令在 /etc/passwd 文件中查找
                                                          # 包含 root 的行
root:x:0:0:root:/root:/bin/bash                # 查询结果，找到 2 行
operator:x:11:0:operator:/root:/sbin/nologin
```

7．使用 ll 命令显示 /boot 目录下的文件列表，并在该结果中查找包含 rwx 的行。

```
 [root@localhost audit]# ll  /boot  |  grep  rwx          # 查找 ll 命令结果中包含 rwx 的行
drwxr-xr-x. 6 root root      104 1 月  21 2017 grub2      # 查询结果，找到 3 行
-rwxr-xr-x. 1 root root  4902000 1 月  21 2017 vmlinuz-0-rescue-e76f7eb9aaf54ee2a290c252939a5059
-rwxr-xr-x. 1 root root  4902000 5 月   5 2014 vmlinuz-3.10.0-123.el7.x86_64
```

3.4 任务拓展

Linux 查找命令拓展

3.4.1 find 命令的更多用法

find 命令是 Linux 系统中功能强大的文件查找命令，除了根据文件名称进行查找外，还可以根据其他各种条件进行查询，并根据查询结果进行简单操作。其更多用法如下：

```
[root@RHEL7NO2 ~]# find  -name  findfile                # 在当前目录下查找名为 findfile 的文件
[root@RHEL7NO2 ~]# find  /root  -iname  findfile        # 在 /root 目录下查找名为 findfile 的文件，忽略
                                                        # 大小写
[root@RHEL7NO2 ~]# find  /  -empty                      # 查找系统中所有的空文档
```

```
[root@RHEL7NO2 ~]# find / -group student          # 查找系统中所属组为 student 的文件
[root@RHEL7NO2 ~]# find / -user stu_1             # 查找系统中所属用户为 stu_1 的文件
[root@RHEL7NO2 ~]# find ./ -type f                # 查找当前目录下的普通文件
[root@RHEL7NO2 ~]# find ./ -type d -name dir*     # 查找当前目录下以 dir 开头的目录文件
[root@RHEL7NO2 ~]# find / -mtime -3               # 查找系统中所有 3 天内被修改过的文件
[root@RHEL7NO2 ~]# find / -mtime +3               # 查找系统中所有 3 天前被修改过的文件
[root@RHEL7NO2 ~]# find / -mtime 3                # 查找系统中所有 3 天前的那天被修改过的文件
[root@RHEL7NO2 ~]# find / -size +10M              # 查找系统中大于 10M 的文件
[root@RHEL7NO2 ~]# find / -perm 755 -exec ls -l {} \; # 查找系统中权限为 755 的文件并列
                                                  # 出详细信息
[root@RHEL7NO2 ~]# find . -name "t*" -o -name "a*" -ok cat {} \;
# 查找当前目录下以 t 开始的文件或以 a 开始的文件，并对查找到的文件提示是否显示其内容
```

3.4.2 grep 命令的更多用法

grep 支持使用正则表达式来搜索文本内容，基本正则表达式及其对应的含义见表 3-1。

表 3-1 基本正则表达式符号含义

字符	含义
c	匹配字母 c
.	匹配任意单个字符
*	匹配前一个字符出现零次或多次
.*	匹配任意多个字符
[]	匹配集合中的任意单个字符，括号中为一个集合
[x-y]	匹配连续的字符串范围
^	匹配字符串的开头
$	匹配字符串的结尾
[^]	匹配否定，对括号中的集合取反
\	匹配转义后的字符串
\{n,m\}	匹配前一个字符重复 n ～ m 次
\{n,\}	匹配前一个字符重复至少 n 次
\{n\}	匹配前一个字符重复 n 次
\(\)	将 \(与 \) 之间的内容存储在“保留空间”，最多存储 9 个
\n	通过 \1 ～ \9 调用保留空间中的内容

grep 命令使用正则表达式进行内容搜索的基本用法如下：

```
[root@RHEL7NO2 ~]# grep :..0: passwd       # 在 passwd 文件中查找“:”和“0:”之间包含
                                           # 任意两个字符的字符串
[root@RHEL7NO2 ~]# grep 00* passwd         # 在 passwd 文件中查找第 1 个必须为 0，第 2
                                           # 个 0 可以出现 0 次或多次的字符串
[root@RHEL7NO2 ~]# grep o[os]t passwd      # 在 passwd 文件中查找第 1 个为 o，第 2 个为 o
```

```
                                                  # 或 s，第 3 个为 t 的字符串
[root@RHEL7NO2 ~]# grep  [f-q]  passwd            # 在 passwd 文件中查找包含 f～q 字母的行
[root@RHEL7NO2 ~]# grep  ^root  passwd            # 在 passwd 文件中查找以 root 开头的行
[root@RHEL7NO2 ~]# grep  bash$  passwd            # 在 passwd 文件中查找以 bash 结尾的行
[root@RHEL7NO2 ~]# grep  sbin/[^n]  passwd        # 在 passwd 文件中查找 sbin/ 后面不跟 n 的行
[root@RHEL7NO2 ~]# grep  "0\{1，2\}" passwd       # 在 passwd 文件中查找 0 出现 1 次到 2 次的行
[root@RHEL7NO2 ~]# grep  "\(root\).*\1" passwd    # 在 passwd 文件中查找"root"和"root"之
                                                  # 间包含任意字符的行
[root@RHEL7NO2 ~]# grep  "\(root\)\(:\).*\2\1"  passwd     # 在 passwd 文件中查找"root:"和
                                                           # ":root"之间包含任意字符的行
[root@RHEL7NO2 ~]# grep  ^$  passwd               # 在 passwd 文件中查找空白行
```

3.5 练习题

一、单选题

1．使用 find 命令查找文件时，如果没有指明查找位置，默认位置是（ ）。

A．/home　　B．/　　C．/root　　D．当前目录

2．能够查找到命令的帮助文档位置的命令是（ ）。

A．whereis　　B．where　　C．help　　D．man

3．用于更新 locate 索引库的命令是（ ）。

A．new　　B．renew　　C．flush　　D．updatedb

4．使用 find 命令按文件名查找文件时，如果希望忽略大小写，则使用参数（ ）。

A．-ignore　　B．-iname　　C．-force　　D．-fname

5．在使用 find 进行查找时，-group 参数的作用是（ ）。

A．查找所属用户组为指定用户组的文件

B．对查找到的文件进行分组

C．采用组查找的方式进行工作

D．对满足一组条件的文件进行查找

6．在使用 find 命令进行文件查找时，如果只想查找目录文件，可以使用参数（ ）。

A．-d　　B．--dir　　C．-type d　　D．perm d

7．在使用 find 命令进行查找时，如果希望能够满足多个条件之一，可以使用参数（ ）。

A．-o　　B．or　　C．|　　D．||

8．使用 find 命令查找文件大小大于 10MB 的文件时，使用的参数是（ ）。

A．-size >10M　　B．-size +10M

C．>10M　　D．+10M

二、多选题

1．Linux 中用于查找文件的命令有（ ）。

A．find　　B．search　　C．locate　　D．grep

2．Linux 中用于查找命令位置的命令有（　）。

A．where　　B．whereis　　C．which　　D．whichis

三、判断题

1．新创建的文件，使用 find 命令能够查找得到，而使用 locate 命令却查找不到。（　）

2．执行命令 which ls 显示结果为：

```
alias ls='ls --color=auto'
/usr/bin/ls
```

那么执行命令 ls 与执行命令 /usr/bin/ls 的效果是完全相同的。（　）

3．grep 命令支持使用正则表达式来匹配要搜索的内容。（　）

4．命令 find -empty 可以查找出系统中所有的空文件。（　）

5．对于查找到的结果，只能在屏幕上显示出来，而不能进行其他操作。（　）

6．find 命令不能根据文件的修改时间进行查找。（　）

任务 4
Linux 文件压缩与打包

4.1 任务要求

1．将 /usr/lib64/libpinyin/data 目录下的 bigram.db 文件复制到 /root 目录下，并改名为 testfile。

2．分别使用 3 个压缩与解压缩命令对该文件进行压缩与解压缩，比较压缩后文件的大小及压缩与解压缩的速度。

3．将 /boot 目录打包并采用 bzip2 压缩方式进行压缩，生成的打包压缩文件存放在 /root 目录下。

4．查看上述打包压缩文件中包含的内容。

5．将上述打包压缩文件解压到 /home 目录下。

4.2 相关知识

4.2.1 文件压缩与解压缩命令

压缩与解压缩命令

在文件系统中，存在一些大的文件如安装包、音频、视频、图片、各类大型文档等。大文件占用大量磁盘空间，通过网络传输大文件时也占用大量网络带宽。Linux 支持使用压缩与打包命令将文件或者目录压缩成较小的文件进行存储与传输。

在 Linux 中压缩与打包是两个不同的概念，压缩是指把一个较大的文件，采用一定的压缩技术，压缩成一个较小的压缩文件，即其关系是一对一的，一个大文件对应一个压缩文件；打包是指将目录下的所有文件及子目录打包成一个文件，其关系是多对一的，即多个文件及子目录对应一个打包文件，也可以将打包文件进行压缩，称为打包压缩文件。下面介绍 Linux 常用压缩与解压缩命令。

1．gzip 与 gunzip 命令

gzip 命令主要用于压缩，产生 gz 格式的压缩文件，文件后缀名为 .gz；gunzip 命令用于解压缩，将 gz 格式的压缩文件还原为原来的文件。其用法如下：

```
[root@localhost ~]# cp  /etc/passwd  testfile            # 将 /etc/ 目录下的文件 passwd 复制到当前目
                                                          # 录下的 testfile 文件中
[root@localhost ~]# gzip  testfile                        # 使用 gzip 命令压缩当前目录下的文件 testfile
[root@localhost ~]# ll  testfile*                         # 查看当前目录下所有以 testfile 开始的文件
-rw-r--r--. 1 root root 781 8 月  30 09:51 testfile.gz    # 命令结果，生成 testfile.gz 压缩文件
[root@localhost ~]# gunzip  testfile.gz                   # 使用 gunzip 命令解压缩当前目录下的压缩
                                                          # 文件 testfile.gz
[root@localhost ~]# ll  testfile*                         # 查看当前目录下所有以 testfile 开始的文件
-rw-r--r--. 1 root root 1950 8 月  30 09:51 testfile      # 命令结果，将压缩文件还原为原文件
```

也可以使用 gzip 命令来解压缩 gz 压缩文件，用法如下：

```
[root@localhost ~]# gzip  -d  testfile.gz                 # 使用 gzip 加 -d 参数表示解压缩
```

如果希望将目录下的所有文件进行压缩，可以使用参数 -r，用法如下：

```
[root@localhost ~]# gzip  -r  testdir/                # 该命令会将当前目录下的 testdir 目录及其所
                                                      # 有子目录中的文件压缩为 gz 格式的压缩文件
```

2．bzip2 与 bunzip2 命令

bzip2 命令主要用于压缩，产生 bz2 格式的压缩文件，文件后缀名为 .bz2；bunzip2 命令用于解压缩，将 bz2 格式的压缩文件还原为原来的文件，用法如下：

```
[root@localhost ~]# bzip2  testfile                   # 使用 bzip2 命令压缩当前目录下的文件 testfile
[root@localhost ~]# ll  test*                         # 查看当前目录下所有以 test 开始的文件
-rw-r--r--. 1 root root 822 8 月  30 09:51 testfile.bz2  # 命令结果，生成 testfile.bz2 压缩文件
[root@localhost ~]# bunzip2  testfile.bz2             # 使用 bunzip 命令解压缩当前目录下的压缩
                                                      # 文件 testfile.bz2
[root@localhost ~]# ll  test*                         # 查看当前目录下所有以 test 开始的文件
-rw-r--r--. 1 root root 1950 8 月  30 09:51 testfile   # 命令结果，将压缩文件还原为原文件
```

也可以使用 bzip2 命令来解压缩 bz2 压缩文件，用法如下：

```
[root@localhost ~]# bzip2  -d  testfile.bz2           # 使用 bzip2 加 -d 参数表示解压缩
```

3．xz 与 unxz 命令

xz 命令主要用于压缩，产生 xz 格式的压缩文件，文件后缀名为 .xz；unxz 命令用于解压缩，将 xz 格式的压缩文件还原为原来的文件，用法如下：

```
[root@localhost ~]# xz  testfile                      # 使用 xz 命令压缩当前目录下的文件 testfile
[root@localhost ~]# ll  test*                         # 查看当前目录下所有以 test 开始的文件
-rw-r--r--. 1 root root 840 8 月  30 09:51 testfile.xz   # 命令结果，生成 testfile.xz 压缩文件
[root@localhost ~]# unxz  testfile.xz                 # 使用 unxz 命令解压缩当前目录下的压缩
                                                      # 文件 testfile.xz
[root@localhost ~]# ll  test*                         # 查看当前目录下所有以 test 开始的文件
-rw-r--r--. 1 root root 1950 8 月  30 09:51 testfile   # 命令结果，将压缩文件还原为原文件
```

也可以使用 xz 命令来解压缩 xz 压缩文件，用法如下：

```
[root@localhost ~]# xz  -d  testfile.xz        # 使用 xz 加 -d 参数表示解压缩
```

4．gzip/gunzip、bzip2/bunzip2 和 xz/unxz 的区别

三对压缩与解压缩命令的区别见表 4-1。

表 4-1　三对压缩与解压缩命令的区别

项目 压缩 / 解压缩命令	压缩与解压缩速度	压缩率	压缩文件后缀名
gzip/gunzip	最快	最低	.gz
bzip2/bunzip2	比 gzip 慢	高于 gzip	.bz2
xz/unxz	压缩较慢，解压较快	最高	.xz

4.2.2　文件打包命令

文件打包

tar 命令用于将多个目录和文件打包成一个打包文件 .tar。通常在打包的同时使用压缩技术将打包文件压缩成打包压缩文件。

tar 命令的主要选项参数有：

（1）动作选项。

- -c：创建打包文件。
- -x：释放打包文件。
- -t：列出打包文档中的文件。

（2）压缩选项。

- -z：使用 gzip 压缩与解压缩打包文件。
- -j：使用 bzip2 压缩与解压缩打包文件。
- -J：使用 xz 压缩与解压缩打包文件。

（3）其他选项。

- -f：指明要创建、释放或查看的打包压缩文件，后面必须跟文件的名称。
- -C：指定要解压的目标位置。
- -v：查看详细信息。

tar 命令的常见用法如下：

```
[root@localhost ~]# tar  -czf  etc.tar.gz  /etc        # 将 etc 目录打包并使用 gzip 压缩到当前目录，生成
                                                       # 的打包压缩文件名为 etc.tar.gz
[root@localhost ~]# tar  -tzvf  etc.tar.gz             # 查看打包压缩文件 etc.tar.gz 中包含文件的详细信息
[root@localhost ~]# tar  -xzf  etc.tar.gz              # 将打包压缩文件 etc.tar.gz 释放到当前文件目录下
[root@localhost ~]# tar  -cjf  etc.tar.bz2  /etc       # 将 etc 目录打包并使用 bzip2 压缩到当前目录，生
                                                       # 成的打包压缩文件名为 etc.tar.bz2
[root@localhost ~]# tar  -tjvf  etc.tar.bz2            # 查看打包压缩文件 etc.tar.bz2 中包含文件的详细
                                                       # 信息
[root@localhost ~]# tar  -xjf  etc.tar.bz2  -C  /boot  # 将打包压缩文件 etc.tar.bz2 释放到 /boot
                                                       # 目录下
```

4.3 任务实施

Linux 压缩与打包操作实例

1．将 /usr/lib64/libpinyin/data 目录下的 bigram.db 文件复制到 /root 目录下并改名为 testfile。

```
[root@RHEL7NO2 ~]# cp  /usr/lib64/libpinyin/data/bigram.db  /root/testfile
```

2．分别使用 3 个压缩与解压缩命令对该文件进行压缩与解压缩，比较压缩后的文件大小及压缩与解压缩的速度。

```
[root@RHEL7NO2 ~]# ll  testfile                              # 显示 testfile 文件详细信息
-rw-r--r--. 1 root root 25944064 9 月  27 09:49 testfile     # 原文件大小 25944064
[root@RHEL7NO2 ~]# gzip  testfile                            # 使用 gzip 压缩 testfile 文件
[root@RHEL7NO2 ~]# ll  testfile.gz                           # 显示 testfile.gz 压缩文件详细信息
-rw-r--r--. 1 root root 10201814 9 月  27 09:49 testfile.gz  # gz 压缩文件大小 10201814
[root@RHEL7NO2 ~]# gzip  testfile.gz  -d                     # 解压缩 testfile.gz
[root@RHEL7NO2 ~]# bzip2  testfile                           # 使用 bzip2 压缩 testfile 文件
[root@RHEL7NO2 ~]# ll  testfile.bz2                          # 显示 testfile.bz2 压缩文件详细信息
-rw-r--r--. 1 root root 7481843 9 月  27 09:49 testfile.bz2  # bz2 压缩文件大小 7481843
```

```
[root@RHEL7NO2 ~]# bzip2  -d  testfile.bz2                # 解压缩 testfile.gz
[root@RHEL7NO2 ~]# xz  testfile                           # 使用 xz 压缩 testfile 文件
[root@RHEL7NO2 ~]# ll  testfile.xz                        # 显示 testfile.xz 压缩文件详细信息
-rw-r--r--. 1 root root 5390280 9 月  27 09:49 testfile.xz # xz 压缩文件大小 5390280
[root@RHEL7NO2 ~]# unxz  testfile.xz                      # 解压缩 testfile.xz 文件
```

从压缩后的压缩文件大小来看，使用 gzip 压缩的文件最大，使用 xz 压缩的文件最小，也可以说 xz 的压缩率最高，gzip 的压缩率最低。从压缩与解压缩的速度来看，gzip 最快，bzip2 比 gzip 稍慢，xz 的压缩时间较长，解压缩速度较快。

3．将 /boot 目录打包并采用 bzip2 压缩方式进行压缩，生成的打包压缩文件存放在 /root 目录下。

```
[root@RHEL7NO2 ~]# tar  -cvjf  /root/boot.tar.bz2  /boot   # 将 /boot 目录打包压缩成打包压缩
                                                           # 文件 boot.tar.bz2，打包压缩文件位
                                                           # 于 /root 目录下，使用 bzip2 方式压缩
[root@RHEL7NO2 ~]# ll  boot.tar.bz2      # 显示当前目录下 boot.tar.bz2 文件详细信息
-rw-r--r--. 1 root root 86379494 9 月  30 09:48 boot.tar.bz2  # 显示结果
```

4．查看上述打包压缩文件中包含的内容。

```
[root@RHEL7NO2 ~]# tar  -tvjf  boot.tar.bz2        # 查看当前目录（/root）下打包压缩文件中包
                                                   # 含的文件详细信息
```

5．将上述打包压缩文件解压缩到 /home 目录下。

```
[root@RHEL7NO2 ~]# tar  -xvjf  boot.tar.bz2  -C  /home/
# 将当前目录（/boot) 下 boot.tar.bz2 文件解压缩到 /home 目录下，注意参数 C 是大写的
[root@RHEL7NO2 ~]# ll  -d  /home/boot/                  # 显示 /home/boot 目录文件详细信息
dr-xr-xr-x. 3 root root 4096 1 月  23 2017 /home/boot/  # 显示结果，解压缩正确
```

4.4 任务拓展

tar 命令是功能强大的打包、备份工具，除常用的功能外，下面列举了一些其他用法：

```
[root@RHEL7NO2 ~]# tar  -cvf  test.tar  *.cfg        # 将当前目录以 .cfg 结尾的文件添加到当前目
                                                     # 录下的 test.tar 打包文件中
[root@RHEL7NO2 ~]# tar  -f  test.tar  -r  a          # 将当前目录下文件 a 追加到当前目录下的打
                                                     # 包文件中
[root@RHEL7NO2 ~]# tar  --delete  a  -f  test.tar    # 从当前目录下 test.tar 打包文件中删除文件 a
[root@RHEL7NO2 ~]# tar  -uvf  test.tar  a            # 如果文件 a 比 test.tar 包中的文件 a 更新，则
                                                     # 将新的文件 a 追加至打包文件 test.tar 中，否
                                                     # 则不追加
[root@RHEL7NO2 ~]# tar  --exclude=grub2  -cvf  boot.tar  /boot
# 将目录 /boot 打包到当前目录下的 boot.tar 打包文件中，不打包 grub2 目录
[root@RHEL7NO2 ~]# tar  -cvf  boot.tar  /boot  -N  2017-05-01
# 将自 2017 年 5 月 1 日后 /boot 目录下更改过的文件打包到 boot.tar 文件中
[root@RHEL7NO2 ~] tar  -xvf  test.tar  -C  /home  --keep-newer-files
# 将当前目录下 test.tar 打包文件释放到 /home 目录下，如果目标目录下有相同的文件，则不要
# 替换比 test.tar 中更新的文件
```

4.5 练习题

一、单选题

1．下列属于解压缩命令的是（ ）。

A．ungzip　　B．unbzip2　　C．unxz　　D．untar

2．如果使用压缩命令对压缩文件进行解压缩需要使用参数（ ）。

A．-r　　B．-d　　C．-a　　D．-f

3．压缩速度最快的压缩命令是（ ）。

A．gzip　　B．bzip2　　C．xz　　D．rar

4．压缩率最高的压缩命令是（ ）。

A．gzip　　B．bzip2　　C．xz　　D．rar

5．下面命令中能够正确执行的是（ ）。

A．tar -cfjv boot.tar.gz /boot　　B．tar -xvjf boot.tar.gz

C．tar -xjf boot.tar.bz2　　D．tar -xfvj boot.tar.gz

二、多选题

1．下列命令属于文件压缩命令的是（ ）。

A．gzip　　B．bzip2　　C．xz　　D．rar

2．在使用 tar 命令时，下列（ ）参数不能同时使用。

A．-c 和 -x　　B．-x 和 -t　　C．-z 和 -j　　D．-j 和 -J

三、判断题

1．Linux 文件压缩命令可以用于压缩文件，但不能用于解压缩文件。（ ）

2．tar 命令既可以用于打包文件，也可以用于压缩文件。（ ）

3．可以使用 Linux 解压缩命令解压缩任意格式的压缩文件。（ ）

4．默认情况下 tar 命令将 .tar 文件解包到当前目录下，如果需要解包到其他位置，需要使用 -d 参数指明目标位置。（ ）

5．在使用 tar 时，-f 参数通常用于指定打包文件，该参数和其他参数同时使用时应放在最后，后面必须指明对应的文件。（ ）

任务 5
使用 vim 编辑文本文件

5.1 任务要求

1．使用 vim 在 /root 下创建一个名为 vimfile 的文档。

2．在该文件中录入以下内容：

```
hello world!
this is my first vim file.
I will study hard.
```

3．复制该文件中的第 2、3 行内容，并将所复制的内容粘贴在最后。

4．保存对 vimfile 文件的修改，不退出 vim。

5．删除第 1 行内容，退出但不存盘，然后重新使用 vim 打开 vimfile 文件。

6．将文件另存为 /home/vimbak，删除第 1 行后的所有行，保存文件并退出，比较 vimfile 和 vimbak 文件内容的不同。

5.2 相关知识

5.2.1 vim 简介

使用 vim 编辑文本文件

vim 是 Linux 系统下常用的文本编辑器。它是从 vi 编辑器发展而来的，相当于 vi 的增强版本。它不仅兼容 vi 的所有指令，而且还有一些自己的新特性。vim 与 Windows 的记事本功能相似，都用来编辑文本文件，不同的是 vim 不使用鼠标，而只使用键盘完成所有的文本编辑工作，因此 vim 有很多的快捷键功能需要通过一定的练习才能熟练使用，对于初学者来说，使用 vim 可能会有一些困难，一旦熟练掌握快捷键功能后，vim 将成为效率极高的文本编辑器。

5.2.2 vim 工作模式

要熟练掌握 vim 的使用，首先需要理解 vim 的三种工作模式：普通模式、插入模式、命令模式。

所谓模式，是指 vim 编辑器目前所处的一种状态。在不同的状态下，vim 能够完成的功能是不一样的。

- 普通模式：该模式下可以快速移动光标位置，能够执行对文本的快捷编辑，但是不能在文本中输入内容。
- 插入模式：该模式主要用于在文本中插入内容，是文本输入时最常使用的模式。
- 命令模式：该模式下没有对文本的编辑功能，只能执行一些常用命令，如存盘、退出等。

各模式之间的关系及切换方法如图 5-1 所示。

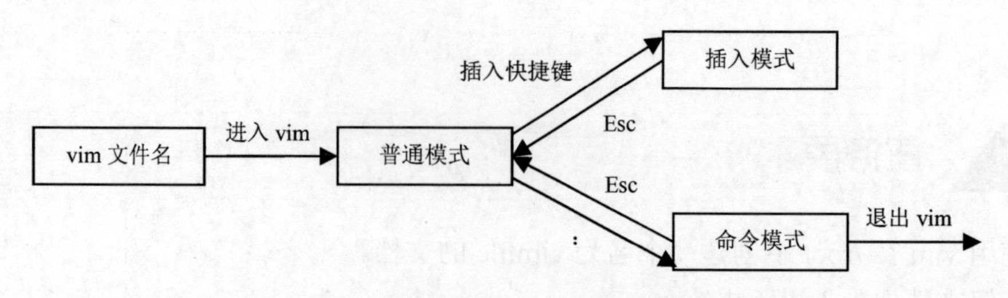

图 5-1 vim 模式切换

如果想要编辑 Linux 下的某个文件，只需要在命令行中输入 vim 文件名，即可进入 vim 文本编辑器环境。如果 vim 后面的文件已经存在，则使用 vim 打开该文件进行编辑；如果文件不存在，则使用 vim 新建一个空白文件；也可以只输入 vim 命令进入 vim 环境。例如，在命令行中输入 vim /etc/hostname 即可使用 vim 对 /etc/hostname 文件进行编辑。进入 vim 后，首先进入普通模式，如图 5-2 所示。

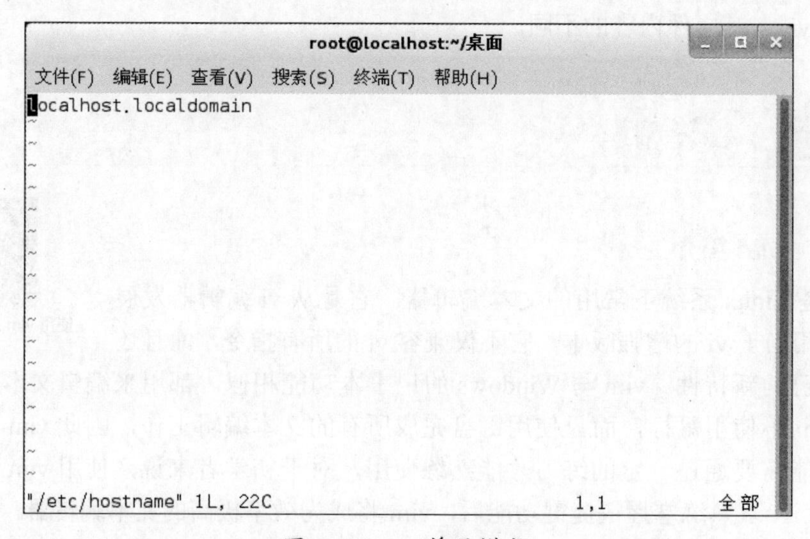

图 5-2 vim 普通模式

普通模式下，不能输入内容到文件，可以使用快捷键快速移动光标，也可以做一些快速编辑，如复制、粘贴、删除等。窗口下面显示当前信息，表示正在编辑的文件是 /etc/hostname，该文件有 1 行，共 22 个字符，光标处于第 1 行的第 1 个字符。

如果需要在文件中输入内容，或者要修改文件中的内容，通常需要从普通模式进入到插入模式，在普通模式下按插入快捷键，通常为 i，即可进入到插入模式，如图 5-3 所示。

窗口左下方显示“插入”表示目前处于插入模式。在插入模式中，只能对文件内容进行删除、增加及修改，没有其他功能。当修改完成后，如果需要保存文件修改，需要进入到命令模式。需要注意的是，插入模式并不能直接进入到命令模式，需要先按 Esc 键返回到普通模式下，在普通模式下按“：”键，即可进入到命令模式，如图 5-4 所示。

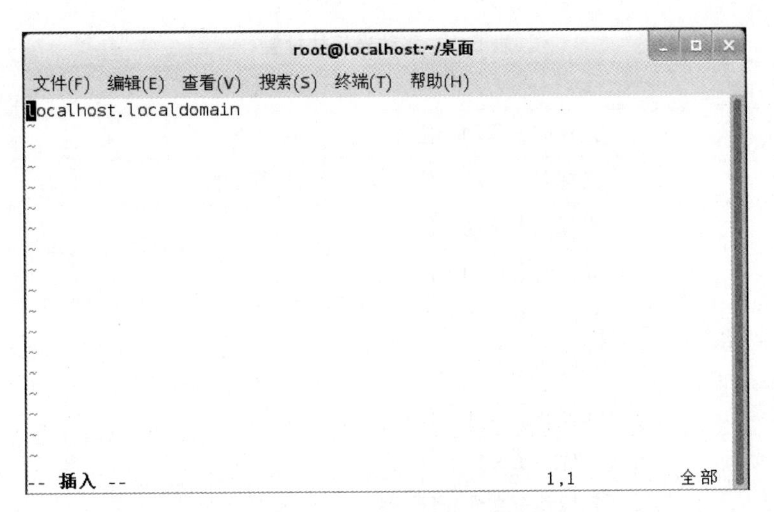

图 5-3 vim 插入模式

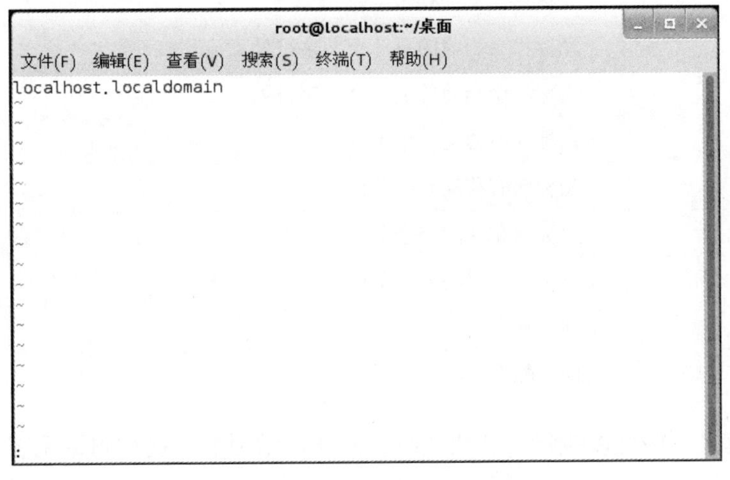

图 5-4 vim 命令模式

窗口的左下方显示为“:”，表示当前处于命令模式，输入的命令会显示在冒号后面，由于命令显示在窗口的末行，因此也叫末行模式。输入命令 w 表示将文件存盘。如果存盘后还需要对文件进行修改，又需要从命令模式回到插入模式，命令模式也不能直接切换到插入模式，需要在命令模式中按 Esc 键，返回到普通模式，再按 i 键进入到插入模式。如果需要退出 vim，需要在命令模式下输入 q。

5.2.3 vim 常用快捷键

vim 提供大量的快捷键来提高文件编辑效率，想要记住所有快捷键难度较大，通常根据个人使用习惯记住一些常用的快捷键就可以了。下面将列举一些常用的快捷键，方便在练习 vim 的使用过程中查询。

在普通模式下，可以使用快捷键进行快速移动，常用的快速移动快捷键见表 5-1。

表 5-1　移动光标快捷键

快捷键	说明
h	光标向左移动一位
j	光标向下移动一位（以回车为换行单位）
k	光标向上移动一位
l	光标向右移动一位
H	光标移至屏幕首行
L	光标移至屏幕末行
gg	光标移至文件首行
G	光标移至文件末行
ngg（nG）	光标移至文件 n 行
^	光标移至当前行首字符
$	光标移至当前行末字符
fx	光标移至当前的下一个 x 字符处
Fx	光标移至当前的上一个 x 字符处
w	光标向右移动一个单词
nw	光标向右移动 n 个单词
b	光标向左移动一个单词
nb	光标向左移动 n 个单词
Ctrl+F	向下翻页
Ctrl+B	向上翻页

在普通模式下还可以执行一些快捷编辑操作，常用的快捷编辑键见表 5-2。

表 5-2　快捷编辑键

快捷键	说明
x	删除光标当前字符
dd	删除光标当前行
ndd	删除从光标所在行后 n 行
d$	删除从光标至行尾所有字符
d^	删除从光标至行首所有字符（不包含当前字符）
J	删除换行符，可以将两行合并为一行
u	撤销上一步操作，按多次可撤销多步操作
Ctrl+R	恢复上一步撤销操作，按多次可以恢复多步操作
rx	将光标当前字符替换为 x

续表

快捷键	说明
yy	复制光标当前行
nyy	复制从光标所在行后 n 行
p	粘贴至当前行之后
P	粘贴至当前行之前

从普通模式进入到插入模式需要键入插入快捷键。常用插入快捷键及含义见表 5-3。

表 5-3　插入快捷键

快捷键	说明
a	在光标后插入文本
A	在光标所在行后插入文本
i	在光标前插入文本
I	在光标所在行前插入文本
o	在光标所在行下插入新行
O	在光标所在行上插入新行

进入到命令模式后，能够执行的常用命令见表 5-4。

表 5-4　常用命令

命令	说明
:q!	不保存退出
:wq	保存并退出
:w	保存不退出
:w file	另存到文件 file
:r file	从文件 file 中读入
:e file	编辑 file 文件
:/ word	从光标位置向下查找 word，输入 n 跳转到下一个匹配的关键词，输入 N 跳转到上一个匹配的关键词
:? word	从光标位置向上查找 word，输入 n 跳转到上一个匹配的关键词，输入 N 跳转到下一个匹配的关键词
:set nu	在文本前面显示行号
:set nonu	取消行号显示
:%s/word1/word2/g	将所有行的 word1 替换为 word2

使用 vim 编辑文本文件实例

5.3 任务实施

注意，在编辑操作过程中，如果出错，想撤销上一步操作可以在普通模式下使用小写 u 命令，其含义为撤销（undo）。

1．使用 vim 在 /root 下创建一个名为 vimfile 的文档。

```
[root@RHEL7NO2 ~]# vim  /root/vimfile  # 使用 vim 打开新文件 /root/vimfile，进入到 vim 环境中
                                       # 的普通模式
```

2．在该文件中录入以下内容：

```
hello world!
this is my first vim file.
I will study hard.
```

在普通模式中按 i 键，此时屏幕左下方状态显示为“-- 插入 --”，即进入到插入模式，在插入模式中输入上述 3 行内容。

3．复制该文件中的第 2、3 行内容，并将所复制的内容粘贴在最后。

按 Esc 键从插入模式退回到普通模式，将光标移动到第 2 行，输入快捷命令 2yy，表示复制从当前光标所在行开始的 2 行。然后将光标移动到第 3 行，输入快捷命令 p，表示将刚才复制的内容粘贴在当前行后面。

4．保存对 vimfile 文件的修改，不退出 vim。

在普通模式下输入冒号“:”即进入到命令模式，命令模式下输入的命令显示在屏幕最底端的冒号后面，输入命令 w，表示写入（write），即可将当前输入的内容写入到文件 vimfile 中，并将该文件保存在硬盘上。

5．删除第 1 行内容，退出但不存盘，然后重新使用 vim 打开 vimfile 文件。

在普通模式下，输入快捷移动命令“gg”，将光标移动到第一行，然后输入快捷命令 dd 表示删除光标所在行，输入“:”进入命令模式，输入 q! 命令，表示强制退出 vim 编辑，忽略所作的修改，即不存盘退出。

输入 vim /root/vimfile 重新打开 vimfile 文件，发现第 1 行并没有被删除，原因是我们删除第 1 行后使用的是不存盘退出，因此所作的修改并没有从内存写入到磁盘。

6．将文件另存为 /home/vimbak，删除第 1 行后的所有行，保存文件并退出，比较 vimfile 和 vimbak 文件内容的不同。

输入“:”进入到命令模式，输入命令 w /home/vimbak，即将当前内容写入到文件 /home/vimbak 中，该命令可以用于对当前内容进行备份。在普通模式下将光标移动到第 2 行，输入快捷命令 4dd 表示删除从当前行开始的 4 行。输入“:”进入命令模式，输入命令 wq，存盘退出。

```
[root@RHEL7NO2 ~]# cat  /root/vimfile         # 显示 /root/vimfile 文件内容
hello world!                                  # 该文件删除 4 行后只剩第 1 行
[root@RHEL7NO2 ~]# cat  /home/vimbak          # 显示 /home/vimbak 文件内容
hello world!                                  # 该文件保存了删除 4 行前的内容
this is my first vim file.
```

```
I will study hard.
this is my first vim file.
I will study hard.
```

5.4 任务拓展

使用 vim 修改网卡配置文件，要求将网卡设置为静态 IP 地址，IP 地址为 192.168. 学号后两位 .10，子网掩码为 255.255.255.0，默认网关为 192.168. 学号后两位 .254，首选 DNS 服务器为本机 IP 地址。以学号后两位为 20 为例修改网卡配置文件的步骤如下：

1．进入到网卡配置文件目录。

```
[root@RHEL7NO2 ~]# cd  /etc/sysconfig/network-scripts/
```

2．使用 vim 打开网卡配置文件。

```
[root@RHEL7NO2 network-scripts]# vim  ifcfg-eno16777736
HWADDR=00:0C:29:85:BD:E4                                  # 配置文件内容
TYPE=Ethernet
BOOTPROTO=dhcp
DEFROUTE=yes
PEERDNS=yes
PEERROUTES=yes
IPV4_FAILURE_FATAL=no
IPV6INIT=no
NAME=eno16777736
UUID=511b75bb-075a-4cfd-b4fb-b88f970df512
ONBOOT=yes
```

3．将 BOOTPROTO 的值改为 static，即将自动获取 IP 信息改为手动配置 IP 信息。

在普通模式下输入快捷命令 3gg，将光标移动到第 3 行，再输入命令 A 在光标所在行尾插入内容，删除 dhcp，输入 static。

4．在文件最后插入相关网络配置。

按 Esc 键从插入模式进入到普通模式，输入快捷命令 G 将光标移动至最后一行，输入命令 o 在当前行下插入内容，输入下列内容：

```
IPADDR=192.168.20.10                  # IP 地址
NETMASK=255.255.255.0                 # 子网掩码
GATEWAY=192.168.20.254                # 默认网关
DNS1=192.168.20.10                    # 首选 DNS 服务器地址
```

5．保存文件修改。

按 Esc 键从插入模式进入到普通模式，输入 ":" 进入到命令模式，输入命令 wq，保存修改并退出 vim。

6．重启网络服务并显示当前 IP 地址。

```
[root@RHEL7NO2 network-scripts]# systemctl  restart  network.service
[root@RHEL7NO2 ~]# ifconfig
eno16777736:flags=4163<UP,BROADCAST,RUNNING,MULTICAST>  mtu 1500
inet 192.168.20.10  netmask 255.255.255.0  broadcast 192.168.20.255
      inet6 fe80::20c:29ff:fe85:bde4  prefixlen 64  scopeid 0x20<link>
```

```
ether 00:0c:29:85:bd:e4  txqueuelen 1000 (Ethernet)
RX packets 11286  bytes 908860(887.5 KiB)
RX errors 0  dropped 0  overruns 0  frame 0
TX packets 7394  bytes 1538810(1.4 MiB)
TX errors 0  dropped 0 overruns 0  carrier 0  collisions 0
# 显示 IP 地址为 192.168.20.10 表示 IP 地址修改成功
```

5.5 练习题

一、单选题

1．vim 返回普通模式的快捷键是（　）。

A．Alt　　B．Del　　C．F1　　D．Esc

2．vim 能够输入文本的模式是（　）。

A．全局模式　　B．插入模式　　C．普通模式　　D．命令模式

3．vim 进入命令模式的快捷键是（　）。

A．cmd　　B．:　　C．c　　D．!

4．vim 中将光标移动到文件首行的快捷键是（　）。

A．h　　B．H　　C．G　　D．gg

5．vim 中将光标移动到当前行尾的快捷键是（　）。

A．&　　B．#　　C．$　　D．^

6．vim 中将光标移动到屏幕首行的快捷键是（　）。

A．h　　B．H　　C．G　　D．gg

7．vim 中删除光标所在行的快捷键是（　）。

A．d　　B．D　　C．dd　　D．DD

8．vim 中撤销上一步操作的快捷键是（　）。

A．e　　B．E　　C．u　　D．U

9．vim 中恢复上一步操作的快捷键是（　）。

A．r　　B．R　　C．Ctrl+R　　D．Alt+R

10．vim 中用于复制光标所在行的快捷键是（　）。

A．c　　B．C　　C．y　　D．yy

11．vim 中用于将复制内容粘贴到当前行之前的快捷键是（　）。

A．p　　B．P　　C．Ctrl+P　　D．Alt+P

二、多选题

1．下列模式中属于 vim 操作模式的有（　）。

A．全局模式　　B．插入模式　　C．普通模式　　D．命令模式

2．vim 中能够进行内容编辑的模式有（　）。

A．全局模式　　B．插入模式　　C．普通模式　　D．命令模式

3．vim 进入插入模式的快捷键有（　）。

A．a　　B．i　　C．o　　D．O

4．vim 中用于查找的快捷命令是（　）。

A．f　　B．/　　C．!　　D．?

三、判断题

1．vim 后面必须跟上要编辑的文件名才能正确打开 vim 环境，否则会提示找不到要编辑的文件。（　）

2．通过 vim 打开一个已存在的文件，已知该文件内有文本内容，打开后却显示空白，应当检查输入时文件名是否存在输入错误。（　）

3．vim 中有查找功能，但没有查找并替换功能。（　）

4．vim 默认不会显示行号，可以使用命令 :set nonu 来显示行号。（　）

5．使用命令 :q! 退出 vim 后，在 vim 中对文件所作的修改将不会保存到文件中。（　）

6．使用 vim 打开文件时，如出现“发现交换文件”提示时，说明该文件已经被另一进程打开。（　）

任务 6
Linux 软件管理

6.1 任务要求

1．使用 rpm 查看系统中是否安装 telnet 相关软件。

2．使用 rpm 安装 telnet 服务器端软件及客户端软件，并使用 telnet 远程登录到服务器进行管理。

3．使用 rpm 删除 telnet 服务器端软件及客户端软件。

4．配置 yum 本地安装源配置文件。

5．使用 yum 查看系统中是否安装 telnet 相关软件。

6．使用 yum 安装 telnet 服务器端软件及客户端软件，并使用 telnet 远程登录到服务器进行管理。

7．使用 yum 删除 telnet 服务器端软件及客户端软件。

6.2 相关知识

6.2.1 rpm 软件包管理

rpm 软件包管理

rpm 是 Red Hat package manager 的缩写，即红帽软件包工具。主要用于在红帽系列的 Linux 系统中进行软件包管理，包括查询安装包信息、安装软件包、删除软件包等。目前 rpm 软件包已经被应用到很多 GNU/Linux 发行版本中，包括 Red Hat Enterprise Linux、Fedora、openSUSE、CentOS、Mandriva Linux 等。

rpm 软件安装包文件的一般名称如下：

```
telnet-0.17-59.el7.x86_64.rpm
```

其中 telnet 表示安装包名称，即 telnet 客户端软件；0.17-59 是该软件的版本号；el7 表示系统平台为 RHEL7；x86_64 表示硬件平台为 64 位的 x86 系列处理器；rpm 表示文件类型为 rpm 安装包。

1．安装 rpm 包

要安装 rpm 包，首先需要有 rpm 格式的安装包文件，在安装镜像光盘中包含大量的 rpm 软件安装包。使用虚拟机安装完 RHEL7 系统后，进入 RHEL7 图形界面应当可以在桌面上看到光盘的图标，如图 6-1 所示。

在光盘图标上单击右键，在弹出的快捷菜单中选择“在终端中打开”，即使用终端打开光盘，并输入命令 pwd 查看当前工作目录，如图 6-2 所示。

可见在默认情况下光盘被挂载在了 /run/media/root/RHEL-7.0 Server.x86_64 目录下。如果桌面上没有光盘图标，请在“虚拟机”菜单中选择“设置”选项，如图 6-3 所示。

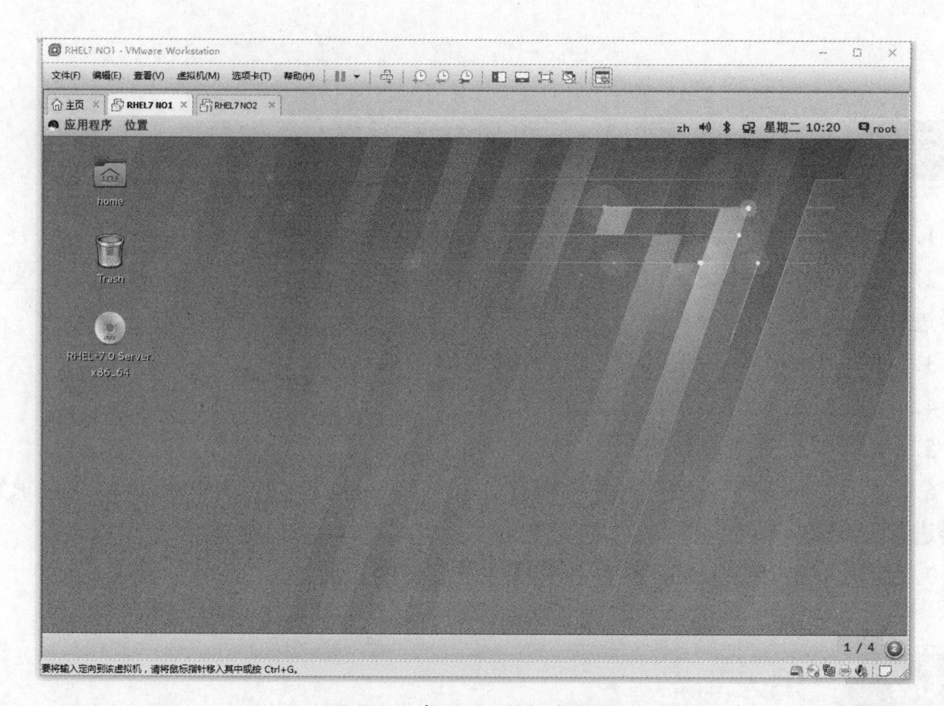

图 6-1　桌面上的光盘图标

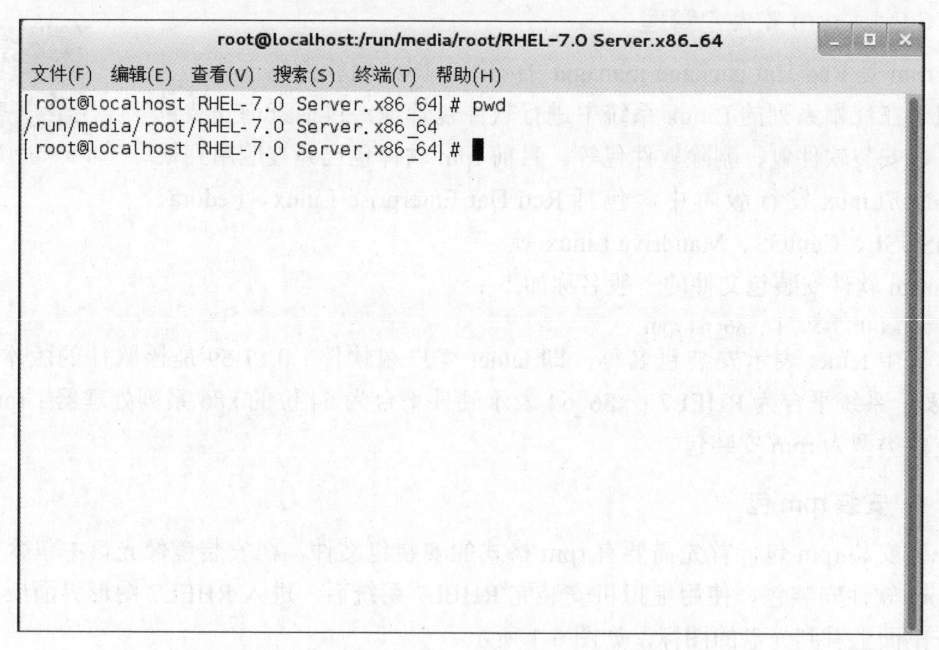

图 6-2　默认光盘挂载位置

在左边选中 CD/DVD，右边确保“设备状态”的“已连接”及“启动时连接”复选框均已选中，并确保“连接”中“使用 ISO 映像文件”中设置的 RHEL7 光盘映像文件位置正确，确保光盘映像文件正确。

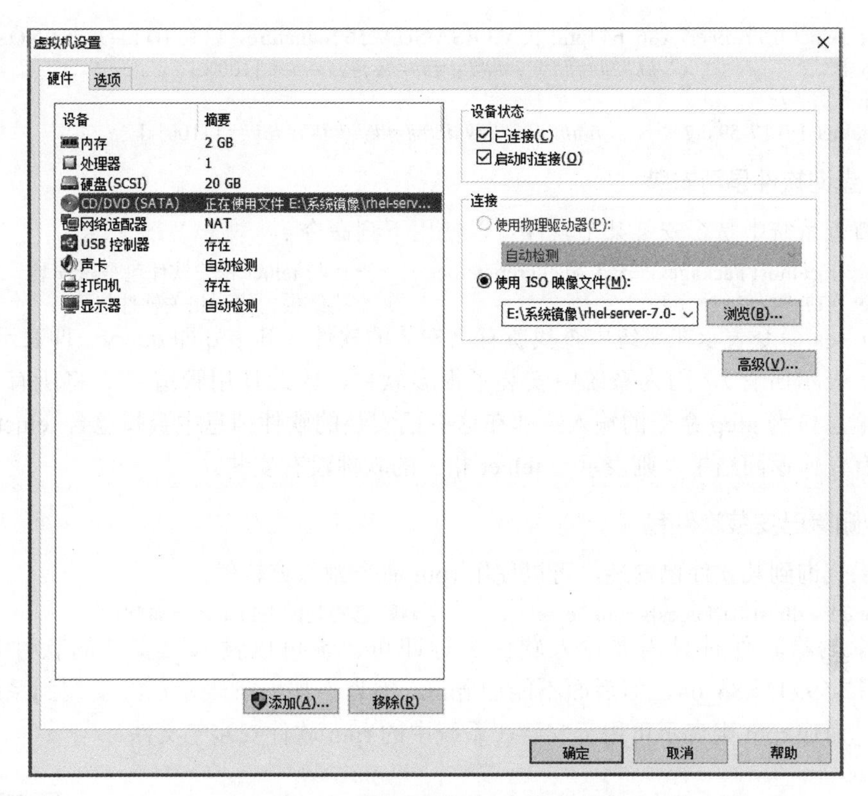

图 6-3 设置虚拟机连接光盘

如果默认光盘挂载位置不方便命令输入，可以使用命令将光盘挂载到一个方便操作的目录中，输入如下命令：

```
[root@localhost ~]# mount  /dev/cdrom  /mnt            # 将光盘挂载到 /mnt 目录下
mount:/dev/sr0 写保护，将以只读方式挂载                 # 命令结果，挂载目录只读
```

光盘挂载后，可以通过访问 /mnt 目录来访问光盘，光盘的 rpm 软件安装包存放在 Packages（注意 Linux 区分大小写）目录下，可以进入到该目录进行查看。

mount 命令挂载的分区在系统重启后将不再生效，如果希望系统重启后光盘挂载仍然有效可以修改配置文件 /etc/fstab。

```
[root@localhost ~]# vim  /etc/fstab                    # 编辑 /etc/fstab 文件，加入下面内容
/dev/cdrom    /mnt    iso9660   defaults   0           0
[root@localhost ~]# cd  /mnt/Packages/                 # 改变当前工作目录到 /mnt/Packages
[root@localhost Packages]# ll     telnet*              # 查看以 telnet 开始的安装包文件
-r--r--r--. 77 root root 64692 4 月   3 2014 telnet-0.17-59.el7.x86_64.rpm
-r--r--r--. 77 root root 40916 4 月   3 2014 telnet-server-0.17-59.el7.x86_64.rpm
```

查找到两个以 telnet 开始的安装包，其中 telnet-0.17-59.el7.x86_64.rpm 为 telnet 客户端 rpm 软件安装包，telnet-server-0.17-59.el7.x86_64.rpm 为 telnet 服务器端软件安装包。

找到 rpm 软件安装包后，就可以使用 rpm 命令进行软件包的安装了。

```
[root@localhost Packages]# rpm  -ivh  telnet-0.17-59.el7.x86_64.rpm
# 使用 rpm 命令安装 telnet 客户端软件包，其中参数 i 表示安装，v 表示显示详细信息，h 表示显
# 示 #（v 和 h 不是必需参数）。
```

命令结果如下所示。

```
警告 :telnet-0.17-59.el7.x86_64.rpm: 头 V3 RSA/SHA256 Signature，密钥 ID fd431d51:NOKEY
准备中 ...                    ################################# [100%]
正在升级 / 安装 ...
  1:telnet-1:0.17-59.el7          ################################# [100%]
```

2. 查询软件是否安装

要查询系统中是否安装某个软件可以使用下列命令：

```
[root@localhost Packages]# rpm  -qa | grep  telnet      # 查找与 telnet 相关软件包是否安装
telnet-0.17-59.el7.x86_64                               # 查找结果，找到相关软件包
```

rpm -qa 命令表示在系统中查找所有已安装的软件（其中 q 即 query，即表示查询；a 即 all，表示所有），因为系统中安装了很多软件，因此使用管道“|”将所有已安装软件的信息作为 grep 命令的输入，即在这些已安装的软件信息中查找包含 telnet 的行，如果没有任何返回结果，则表示与 telnet 相关的软件没有安装。

3. 删除已安装软件包

如果查询到某软件已安装，可以使用 rpm 命令删除该软件。

```
[root@localhost Packages]# rpm  -e  telnet        # 删除已安装的 telnet 客户端软件
```

注意删除软件时只需要输入软件名称即可，也可以输入已安装的软件包全称 telnet-0.17-59.el7.x86_64，但后面不能加 rpm。因为不加 rpm 表示已经安装到系统的软件名称，而加 rpm 则表示可用于安装在系统中的 rpm 软件安装包文件。

6.2.2 yum 软件包管理

yum 软件包管理

使用 rpm 命令进行软件安装时，最大的问题是 rpm 软件安装包之间的依赖关系，当安装一个 rpm 软件安装包时，系统可能会提示你该软件包依赖于其他的软件包，即你必须首先安装该软件所依赖的软件包才能安装本软件包。而该软件所依赖的软件包很有可能又依赖于其他软件包，这种依赖关系导致使用 rpm 进行软件安装变得非常麻烦。yum 是 rpm 的改进版，使用 yum 可以自动帮助寻找与要安装软件有依赖关系的所有安装包，并将所有相关安装包一次性安装，从而解决了 rpm 所面临的软件包依赖问题。要使用 yum 进行软件管理，必须配置 yum 的安装源。

1. 配置 yum 本地安装源

为方便配置 yum 本地安装源，首先将光盘挂载到容易访问的目录。

```
[root@localhost ~]# mount  /dev/cdrom  /mnt            # 将光盘挂载到 /mnt 目录
mount:/dev/sr0 写保护，将以只读方式挂载
```

然后新建一个自己的安装源配置文件：

```
[root@localhost ~]# cd  /etc/yum.repos.d/   # 进入到 yum 安装源配置文件目录 /etc/yum.repos.d/
[root@localhost yum.repos.d]# vim  my.repo          # 新建一个自己的安装源配置文件 my.repo，
                                                    # 注意该文件必须以 .repo 为后缀名
```

在该文件中输入以下内容：

```
[my]
name=my                          # 安装源名称
baseurl=file:///mnt              # 安装源路径为 /mnt，file:// 表示本地文件系统
enable=1                         # 启用该安装源
```

```
gpgcheck=0                          # 不进行安装源校验
```

保存并退出 vim。

yum 会根据配置文件的设置，到 /mnt 目录下查找软件安装包，因此必须确保光盘被正确挂载在 /mnt 目录下。

2．使用 yum 安装、查询及删除软件

（1）使用 yum 安装软件。

```
[root@localhost ~]# yum  install  telnet*    # 使用 yum 安装所有以 telnet 开始的 rpm 软件安装包
                                             # 并解决其依赖关系
```

yum 会检查要安装软件的依赖关系，并找出有依赖关系的所有安装包，然后给出是否安装的提示，输入 y 后所有软件将自动安装。如果希望系统默认自动安装，不需要用户手动确认，则需要在安装命令中加入 -y 参数，表示默认安装为 yes，即：

```
[root@localhost ~]# yum  install  telnet*    -y     # 使用 yum 安装所有以 telnet 开始的 rpm 软件
                                                    # 安装包，并解决其依赖关系，不需要手动确认
```

（2）使用 yum 查询软件是否安装。

```
[root@localhost ~]# yum  list | grep  telnet        # 查询与 telnet 相关的软件是否安装
telnet.x86_64              1:0.17-59.el7          @my
telnet-server.x86_64       1:0.17-59.el7          @my
```

查询到两个已安装软件，即 telnet 客户端和 telnet 服务器端，其中最后的 @my 表示由 my 安装源进行了安装，如果没有 @ 表示 my 安装源中有该软件，但还未安装。

（3）使用 yum 删除软件。

```
[root@localhost ~]# yum  remove  telnet*  -y        # 使用 yum 删除所有以 telnet 开始的已安装软
                                                    # 件包，不需要手动确认
```

6.3 任务实施

1．使用 rpm 查看系统中是否已安装 telnet 相关软件。

```
[root@RHEL7NO2 ~]# rpm -qa | grep telnet            # 查询与 telnet 相关的软件是否已安装，如果
                                                    # 没有返回任何结果，表示没有安装相关软件
```

2．使用 rpm 安装 telnet 服务器端软件及客户端软件，并使用 telnet 远程登录到服务器进行管理。

（1）使用 rpm 安装 telnet 服务器端软件及客户端软件。

```
[root@RHEL7NO2 ~]# mount  /dev/cdrom  /mnt          # 将光盘挂载到 /mnt 目录
mount:/dev/sr0 写保护，将以只读方式挂载              # 命令返回结果
[root@RHEL7NO2 ~]# cd  /mnt/Packages/               # 进入到光盘的 Packeges 目录，该目录下存放
                                                    # 了所有的 rpm 软件安装包
[root@RHEL7NO2 Packages]# rpm  -ivh  telnet*        # 安装所有以 telnet 开始的 rpm 软件安装包
警告 :telnet-0.17-59.el7.x86_64.rpm: 头 V3 RSA/SHA256 Signature，密钥 ID fd431d51:NOKEY
准备中 ...                  ################################# [100%]
正在升级 / 安装 ...
   1:telnet-server-1:0.17-59.el7      ################################# [ 50%]
   2:telnet-1:0.17-59.el7             ################################# [100%]
[root@RHEL7NO2 Packages]# rpm -qa | grep telnet  # 查询与 telnet 相关的软件是否安装
```

```
telnet-0.17-59.el7.x86_64
telnet-server-0.17-59.el7.x86_64
```

查询到两个已安装软件包，即 telnet 的客户端程序包和服务器端程序包。

（2）使用 telnet 客户端登录 telnet 服务器。

```
[root@RHEL7NO2 Packages]# systemctl start telnet.socket                    # 启动 telnet 服务器端
[root@RHEL7NO2 Packages]# ifconfig                                         # 查看本机 IP
eno16777736:flags=4163<UP,BROADCAST,RUNNING,MULTICAST>  mtu 1500
      inet 192.168.72.129  netmask 255.255.255.0  broadcast 192.168.72.255
      inet6 fe80::20c:29ff:fe85:bde4  prefixlen 64  scopeid 0x20<link>
      ether 00:0c:29:85:bd:e4  txqueuelen 1000 (Ethernet)
      RX packets 6470  bytes 543803(531.0 KiB)
      RX errors 0  dropped 0  overruns 0  frame 0
      TX packets 2447  bytes 284348(277.6 KiB)
      TX errors 0  dropped 0 overruns 0  carrier 0  collisions 0
[root@RHEL7NO2 Packages]# telnet 192.168.72.129           # 在本机使用 telnet 客户端连接 telnet
                                                          # 服务器端
Trying 192.168.72.129...
Connected to 192.168.72.129.
Escape character is '^]'.
Kernel 3.10.0-123.el7.x86_64 on an x86_64
RHEL7NO2 login:user1                                      # 输入用户名 user1
Password:                                                 # 输入密码
Last login:Sat Sep 30 13:06:00 from ::ffff:192.168.72.129
[user1@RHEL7NO2 ~]$                                       #user1 用户使用 telnet 登录成功
```

3．使用 rpm 删除 telnet 服务器端软件及客户端软件。

```
[root@RHEL7NO2 Packages]# rpm -evh telnet telnet-server    # 删除 telnet 和 telnet-server
准备中 ...                    ################################# [100%]
正在清理 / 删除 ...
  1:telnet-server-1:0.17-59.el7      ################################# [ 50%]
  2:telnet-1:0.17-59.el7            ################################# [100%]
[root@RHEL7NO2 Packages]# rpm -qa | grep telnet  # 查询包含 telnet 的已安装软件，没有查询到
                                                 # 与 telnet 相关的软件，确认软件已被删除
```

4．配置 yum 本地安装源配置文件。

```
[root@RHEL7NO2 ~]# vim  /etc/yum.repos.d/my.repo
# 使用 vim 在 /etc/yum.repos.d 目录下建立自己的 yum 本地安装源文件 #my.repo，并在该文件中
# 输入以下内容 (my.repo 安装源要正常工作，必须确保光盘已经挂载在 /mnt 目录下)：
[my]
name=my
baseurl=file:///mnt
enable=1
gpgcheck=0
```

5．使用 yum 查看系统中是否安装 telnet 相关的软件。

```
[root@RHEL7NO2 ~]# yum list | grep telnet           # 在所有软件中查询 telnet 相关软件
telnet.x86_64                1:0.17-59.el7          my
telnet-server.x86_64         1:0.17-59.el7          my
```

结果表示 my 安装源中有两个与 telnet 相关的软件，但未安装在系统中。

6．使用 yum 安装 telnet 服务器端软件及客户端软件，并使用 telnet 远程登录到服

务器进行管理。

```
[root@RHEL7NO2 ~]# yum  install  telnet*  -y            # 安装以 telnet 开始的软件包
[root@RHEL7NO2 ~]# yum list | grep telnet               # 查询显示，telnet 相关软件包已安装
telnet.x86_64                    1:0.17-59.el7             @my
telnet-server.x86_64             1:0.17-59.el7             @my
[root@RHEL7NO2 Packages]# systemctl start telnet.socket        # 启动 telnet 服务器端
[root@RHEL7NO2 Packages]# telnet 192.168.72.129                # 在本机使用 telnet 客户端连接 telnet
                                                               # 服务器端，并输入用户名密码完成
                                                               # 登录
```

7．使用 yum 删除 telnet 服务器端软件及客户端软件。

```
[root@RHEL7NO2 ~]# yum remove telnet*                   # 删除以 telnet 开始的软件包，也可以使用
                                                        # yum erase 命令删除软件包
```

6.4 任务拓展

除了使用 rpm 和 yum 进行软件安装外，还可以使用源码编译安装软件。下面使用源码安装的方法在 RHEL7 上安装 Apache，Apache 是使用较广的 Web 服务器软件之一。要使用源码安装 Apache，需要三个源码安装包，分别为 httpd-2.4.27.tar.gz、apr-util-1.5.4.tar.gz 和 apr-1.5.0.tar.gz，源码安装包可以在官网上下载。此外源码安装 Apache 还需要一些相关软件包的支持，如 gcc、pcre、pcre-devel 等。源码安装 Apache 的步骤如下：

1．使用 yum 安装相关支持软件包。

使用 yum 必须正确配置本地 yum 源，正确挂载光盘。

```
[root@RHEL7NO2 ~]# yum  install  gcc  pcre  pcre-devel  -y  # 使用 yum 安装 gcc、pcre、pcre-devel
                                                            # 软件包及其依赖软件包
```

2．将源码包解压到相应目录。

将源码包复制到 /root 目录，并解压到 /usr/src 目录下：

```
[root@RHEL7NO2 ~]# tar  -xzvf  httpd-2.4.27.tar.gz  -C  /usr/src/
# 将 httpd-2.4.27.tar.gz 解压到 /usr/src 目录
[root@RHEL7NO2 ~]# tar  -xzvf  apr-1.5.0.tar.gz  -C  /usr/src/
# 将 apr-1.5.0.tar.gz 解压到 /usr/src 目录
[root@RHEL7NO2 ~]# tar  -xzvf  apr-util-1.5.4.tar.gz  -C  /usr/src/
# 将 apr-util-1.5.4.tar.gz 解压到 /usr/src 目录
[root@RHEL7NO2 ~]# cd  /usr/src/                        # 进入目录 /usr/src/
[root@RHEL7NO2 src]# ll                                 # 查看目录下的文件详细信息
总用量 12
drwxr-xr-x. 28 1000  1000 4096 10 月  1 09:38 apr-1.5.0
drwxr-xr-x. 20 1000  1000 4096 10 月  1 09:43 apr-util-1.5.4
drwxr-xr-x.  2 root root     6 3 月  13 2014 debug
drwxr-xr-x. 12  501 games 4096 10 月  1 09:45 httpd-2.4.27
drwxr-xr-x.  2 root root     6 3 月  13 2014 kernels
# 能够看到解压缩生成的三个目录
```

3．安装 apr-1.5.0。

```
[root@RHEL7NO2 src]# cd  /usr/src/apr-1.5.0/            # 进入目录 /usr/src/apr-1.50/
[root@RHEL7NO2 apr-1.5.0]# ./configure                  # 运行配置脚本
```

```
[root@RHEL7NO2 apr-1.5.0]# make                    # 编译
[root@RHEL7NO2 apr-1.5.0]# make install            # 安装
```

4．安装 apr-util-1.5.4。

```
[root@RHEL7NO2 apr-1.5.0]# cd  /usr/src/apr-util-1.5.4/         # 进入目录 /usr/src/apr-util-1.5.4
[root@RHEL7NO2 apr-util-1.5.4]# ./configure  --with-apr=/usr/local/apr/
# 运行配置脚本，指定 apr 位置为 /usr/local/apr/ 目录
[root@RHEL7NO2 apr-util-1.5.4]# make && make install            # 编译并安装
```

5．安装 httpd-2.4.27

```
[root@RHEL7NO2 httpd-2.4.27]# cd /usr/src/httpd-2.4.27/         # 进入目录 /usr/src/httpd-2.4.27
[root@RHEL7NO2 httpd-2.4.27]# ./configure && make && make install    # 运行配置脚本、编译并
                                                                      # 安装
```

6．启动 apache 服务。

```
[root@RHEL7NO2 httpd-2.4.27]# /usr/local/apache2/bin/apachectl  start    # 启动服务
```

7．访问测试。

在 RHEL7 的图形界面中打开 Firefox 浏览器，输入 http://127.0.0.1 显示“It work!”，说明 Apache 服务器安装及启动成功。

6.5 练习题

一、单选题

1．rpm 命令使用（　）参数安装软件。

A．-i　　B．-v　　C．-h　　D．-q

2．rpm 命令使用（　）参数删除软件。

A．-d　　B．-e　　C．-r　　D．-h

3．rpm 命令使用（　）参数查询软件。

A．-a　　B．-f　　C．-s　　D．-q

4．yum 安装源配置文件所在目录是（　）。

A．/etc　　B．/yum

C．/etc/yum　　D．/etc/yum.repo.d

5．yum 安装源配置文件的后缀名必须是（　）。

A．.etc　　B．.src　　C．yum　　D．.repo

6．yum 的安装命令是（　）。

A．yum -i　　B．yum install

C．yum -a　　D．yum add

7．在使用 yum 进行软件安装时，如果希望 yum 直接安装不需要手动确认，可以使用参数（　）。

A．-d　　B．-y　　C．-ok　　D．-a

二、多选题

1．下面（ ）方式可以在 RHEL7 中安装软件。

A．使用 install 命令　　B．使用 yum 命令

C．使用源码编译安装　　D．使用 rpm 命令

2．能够删除软件包的 yum 命令有（ ）。

A．yum remove　　B．yum clean

C．yum delete　　D．yum erase

3．下面（ ）是源码安装的步骤。

A．./configure　　B．complie

C．make　　D．make install

4．下列（ ）源码包是源码安装 Apache 需要的。

A．httpd-2.4.27.tar.gz　　B．apache-2.4.27.tar.gz

C．apr-1.5.0.tar.gz　　D．apr-util-1.5.4.tar.gz

三、判断题

1．rpm 是 Linux 系统下的软件包管理工具，可以在所有 Linux 系统中安装 rpm 软件包。（ ）

2．RHEL7 系统光盘中包含大量的 rpm 软件安装包，这些 rpm 软件安装包在光盘的 Packages 目录下。（ ）

3．要使用 rpm 命令进行软件安装，必须有该软件的 rpm 安装包。（ ）

4．使用 rpm 命令进行软件安装，解决不了软件包的依赖关系。（ ）

5．要使用 yum 进行软件包管理，必须正确配置 yum 的安装源。（ ）

6．要配置 yum 安装源，只能对系统中已经存在的安装源配置文件进行修改，不能建立自己的安装源配置文件。（ ）

7．使用 yum 进行软件安装时，也必须有 rpm 软件安装包的支持。（ ）

8．任何 Linux 操作系统均可以使用源码安装的方式安装软件。（ ）

9．源码安装 Apache 时，源码包的安装没有安装顺序要求。（ ）

10．使用 yum list 命令可以显示所有已安装的软件包和未安装的软件包。（ ）

11．可以通过修改配置文件 /etc/fstab 使系统在启动时自动将光盘挂载在指定目录。（ ）

任务 7
Linux 用户与权限管理

7.1 任务要求

1．新建一个用户组 student，新建一个用户 stu1，用户所属基本组为 student，家目录为 /usr/local/stu1，并为该用户设置密码。

2. 使用默认参数新建 stu2 用户并设置密码，将 stu2 附加到 student 组中，查看文件 /etc/passwd、/etc/shadow、/etc/group 中关于 stu1、stu2 用户及 student 和 stu2 组的信息，将 stu2 从 student 组中删除。

3．查看 /etc/shadow 中 stu1 用户信息，锁定用户 stu1 用户，比较锁定前后 /etc/shadow 文件中 stu1 用户信息的变化，在字符控制台分别使用 stu1 和 stu2 登录，比较测试结果，解锁 stu1 用户。

4．创建目录 /right，查看该目录文件详细信息，切换到 stu1 用户，测试 stu1 用户是否能够在该目录下创建文件。再切换回 root 用户，修改 /ritght 目录文件权限，使得 stu1 用户能够在下面创建一个名为 stu1_file 的文件，内容为 echo this is stu1_file。

5．将目录 /right 的所属用户修改为 stu1，所属用户组修改为 student。

6．以数字方式修改文件 /right/stu1_file 的权限属性，要求所属用户及用户组权限为读、写、执行，其他用户只读。

7．不改变文件 /right/stu1_file 的权限属性，使 stu2 用户对该文件具有读、写、可执行权限，切换到 stu2，修改文件内容为 echo this is stu1_file modified by stu2，并执行该文件。

8．删除用户 stu1、stu2 及所有数据，删除用户组 student，删除目录 /right。

7.2 相关知识

7.2.1 用户与用户组

用户与用户组

1. UID 与 GID

Linux 是多用户多任务操作系统，允许多个用户同时登录 Linux 系统，使用系统资源。每个使用 Linux 资源的用户都有一个用户名，Linux 使用 UID（UserID）来识别该用户。root 为 Linux 系统管理员的用户名，UID 为 0，root 对 Linux 系统拥有完全权限，因此使用 root 用户登录时，所有操作应格外小心。

Linux 还使用用户组的概念来管理具有相同属性的用户。一个用户可以属于多个用户组，一个用户组可以包含多个用户。Linux 使用 GID（GroupID）来识别用户组，root 组的 GID 为 0。

2. 用户与用户组相关文件

（1）/etc/passwd。

/etc/passwd 文件存储与用户账户相关的信息，root 用户的账户信息在 passwd 文件中如下所示，其中冒号作为各部分的分隔符：

```
root:x:0:0:root:/root:/bin/bash
```

从左至右各部分含义如下：

- root：用户名。
- x：密码占位，实际密码存储在 /etc/shadow 中，passwd 文件中并没有密码。
- 第 1 个 0：用户的 UID，root 用户的 UID 为 0。
- 第 2 个 0：用户所属组 GID，root 用户属于 root 组，root 组的 GID 为 0。
- root：对该用户的说明，用于帮助理解该用户。
- /root：用户家目录（主目录），root 用户的家目录是 /root。
- /bin/bash：用户的 shell 程序，Linux 支持多种 shell 程序，通常可以登录用户均使用 /bin/bash 作为 shell 程序。

（2）/etc/shadow。

/etc/shadow 文件存储与用户密码相关的信息，root 用户的密码相关信息如下所示，其中冒号作为各部分的分隔符：

```
root:$6$ShyBnHXD6i8sTslU$ynTcqRosu47jpwqduyQptxLg7qakMeV8hu8U3IqmI
/PR81nc/9IylcllRM7aE7nwil1X.jm25VCpEWcMsd0H0.:16701:0:99999:7:::
```

从左至右各部分含义如下：

- root：用户名。
- 6ShyBnHXD6i8sTslU$ynTcqRosu47jpwqduyQptxLg7qakMeV8hu8U3IQmI/PR81nc/9IylcllRM7aE7nwil1X.jm25VCpEWcMsd0H0.：加密后的 root 用户密码。
- 16701：密码最近修改日期，该日期用距离 UNIX 时间 1970 年 1 月 1 日的天数来表示。
- 0：密码最短有效天数，表示密码至少使用多少天，0 表示无限制。
- 99999：密码最长有效天数，99999 表示永久有效。
- 7：密码失效前警告天数，即在密码还有 7 天失效时发出警告。

（3）/etc/group。

/etc/group/ 文件存储与用户组相关的信息，root 用户组的相关信息如下所示，其中冒号作为各部分的分隔符：

```
root:x:0:user1
```

从左至右各部分含义如下：

- root：用户组名。
- x：用户组密码，通常不使用。
- 0：组 ID（GID），root 用户组的 GID 为 0。
- user1：加入该组的普通用户，说明 user1 已加入到 root 用户组，拥有 root 组权限。

3. 用户与用户组相关命令

（1）增加用户命令 useradd。

useradd 命令用于在系统中增加用户，基本用法如下：

```
[root@server ~]# useradd  user                    # 在系统中增加用户 user
```

该命令将新增一个名为 user 的用户，同时也将新增一个名为 user 的用户组，该用户组中只有一个 user 用户，同时将自动创建 /home/user 目录作为该用户的主目录。该命令将自动在 /etc/passwd、/etc/shadow、/etc/group 等文件中写入与该用户和用户组相关的默认信息。

在创建用户时也可以使用参数指定该用户与账户相关的信息，主要参数如下：

- -c：指定该用户的说明信息，默认该说明信息为空。
- -d：指定该用户的主目录（家目录）。
- -e：指定用户账户过期日期。
- -g：指定用户基本用户组。
- -G：指定用户附加组。
- -s：指定用户登录后的 shell。
- -u：指定用户的 UID。

其用法如下：

```
[root@server ~]# useradd  user2  -c  testuser  -d  /user2  -e  2018-01-01  -g  root  -u  1100  -G user1
```

该命令新增用户 user2，用户说明为 testuser，主目录指定为 /user2，账户过期日期为 2018 年 1 月 1 日，基本组为 root 组，附加组为 user1 组，UID 为 1100。使用命令查看其账户信息：

```
[root@server ~]# grep  user2  /etc/passwd       # 查看 /etc/passwd 文件中 user2 账户信息
user2:x:1100:0:testuser:/user2:/bin/bash        # user2 用户账户信息
[root@server ~]# grep  user2  /etc/shadow       # 查看 /etc/shadow 文件中 user2 密码信息
user2:!!:17430:0:99999:7::17532:                # user2 密码信息，"!!"表示该用户还未设置
                                                # 密码，还不能够登录
[root@server ~]# grep  user2  /etc/group        # 查看 /etc/group 文件中 user2 的附加组信息
user1:x:1000:user2                              # user2 附加于用户组 user1
```

（2）修改用户账户命令 usermod。

如果在创建用户时没有指定用户账户的相关信息，在使用过程中也可以使用 usermod 命令对用户账户的相关信息进行修改。usermod 命令可以使用的参数和 useradd 基本相同，使用方法也相同，只是 -d 参数有一点不同，如下所示：

```
[root@server ~]# usermod  -d  /home/testuser  user2    # 修改 user2 家目录为 /home/testuser
```

使用 useradd 时 -d 参数指定的目录会自动创建，而使用 usermod 时不会自动创建目录，需要手动创建目录 /home/testuser。

（3）修改用户密码命令 passwd。

1）修改用户密码。

新建用户后，需要给用户设置密码，设置密码后的用户才能登录系统。

```
[root@server ~]# passwd  user2                  # 修改 user2 密码
```

输入该命令后，系统将提示输入密码，输入密码时系统不会有任何显示，密码需

要输入两次，两次密码相同修改密码才会成功。

2）锁定用户账户。

passwd 命令还可以用于锁定用户账户，用法如下：

```
[root@server ~]# passwd  -l  user2                    # 锁定 user2 账户
锁定用户 user2 的密码                                  # 命令执行结果
passwd: 操作成功
[root@server ~]# grep  user2  /etc/shadow             # 查看 user2 在 /etc/shadow 文件中的信息
user2:!!$6$5gqU87Oj$jfLHSTHpYNvpobTtZdU3Cj5FOnMWjpGm961hDcgQZa2hLs2FgVLzjPFGWg.
3agHpgp8xbd8Cz0zyY80NByJ2K1:17430:0:99999:7::17532:
```

密码前的“!!”符号表示密码锁定用户不能登录，如果需要解锁执行下面的命令。

3）解锁用户账户。

```
[root@server ~]# passwd  -u  user2                    # 解锁 user2
解锁用户 user2 的密码。                                # 命令执行结果
passwd: 操作成功
[root@server ~]# cat  /etc/shadow | grep  user2       # 查看 user2 在 /etc/shadow 文件中的信息
user2:$6$5gqU87Oj$jfLHSTHpYNvpobTtZdU3Cj5FOnMWjpGm961hDcgQZa2hLs2Fg
VLzjPFGWg.3agHpgp8xbd8Cz0zyY80NByJ2K1:17430:0:99999:7::17532:
```

密码前的“!!”符号消失，表示用户密码锁定解锁，用户可以登录。

（4）删除用户命令 userdel。

userdel 命令用于删除用户账户，基本用法如下：

```
[root@server ~]# userdel  user2                       # 删除用户 user2
[root@server ~]# userdel  -r      user2               # 删除用户 user2 及与 user2 相关的所有文档
```

（5）切换用户命令 su。

su 用于切换用户，基本用法如下：

```
[root@server ~]# su  user1              # 切换用户为 user1
[root@server ~]# su                     # 切换用户为 root，su 不加用户名默认为切换到 root
[root@server ~]# su - user1             # 使用 user1 的 shell 登录
```

在 su 命令中，没有“-”只是切换身份，如果要退出该身份，使用命令 exit；加“-”表示切换整个 shell 环境，可以理解为切换得更彻底一些，如果要退出登录环境可以使用命令 logout。

（6）与用户组相关命令。

常用的与用户组相关命令的基本用法如下：

```
[root@server ~]# groupadd  group1                     # 增加名为 group1 的用户组
[root@server ~]# gpasswd  -a  user1  group1           # 将用户 user1 加入到 group1 中
正在将用户“user1”加入到“group1”组中                  # 命令执行结果
[root@server ~]# gpasswd  -d  user1  group1           # 将用户 user1 从 group1 中删除
正在将用户“user1”从“group1”组中删除                  # 命令执行结果
[root@server ~]# groupdel  group1                     # 删除用户组 group1
```

7.2.2 文件与目录权限

1. 文件权限解析

文件权限

Linux 系统使用文件来管理整个系统，Linux 系统中不同用户、用户组对文件的访问权限是不同的，可以根据需要设置文件的访问权限

或设置文件的所属用户和用户组来调整不同用户对文件的访问权限。

下面通过创建一个空文件来观察文件的访问权限。

```
[root@server ~]# touch  a                          # 在当前目录创建空文件 a
[root@server ~]# ls  -l  a                         # 显示 a 文件详细信息
-rw-r--r--. 1 root root 0 9 月  21 19:17 a          # 命令结果，a 文件详细信息
```

通过创建一个目录来观察目录文件的访问权限。

```
[root@server ~]# mkdir  dir                        # 在当前目录下创建目录 dir
[root@server ~]# ls  -ld  dir                      # 显示目录文件详细信息
drwxr-xr-x. 2 root root 6 9 月  21 19:17 dir        # 命令结果，目录文件详细信息
```

在文件的详细信息中，包含不同用户对该文件的访问权限信息和该文件的所属用户、用户组信息，以目录文件 dir 的详细信息为例来分析其访问权限，如图 7-1 所示。

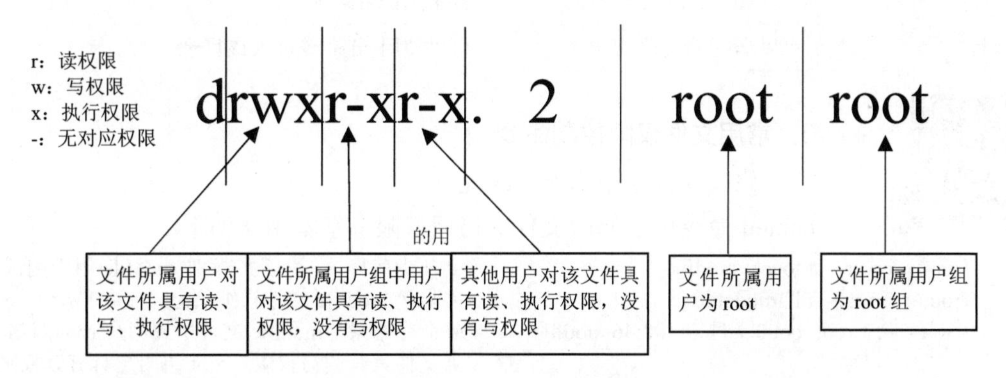

图 7-1　文件权限解析

文件权限属性信息共 10 位，其中第 1 位表示文件类型，普通文件为“-”，目录文件为 d 表示是一个目录。

后面 9 位符号表示文件的访问权限，由 3 部分组成，每部分 3 位，每个部分代表不同用户对该文件的访问权限。

第 1 部分代表文件所属用户对该文件的访问权限。

第 2 部分代表文件所属用户组中的用户对该文件的访问权限。

第 3 部分代表其他用户，即既不是文件所属用户也不是文件所属用户组中的用户对该文件的访问权限。

每部分文件权限共有 3 种，从左至右分别为 r 代表可读，w 代表可写，x 代表可执行，如果该位置对应权限为“-”，表示不具有该位置所对应的权限。

上述目录文件 dir 的访问权限可以总结为：dir 文件所属用户 root 对该文件具有读、写、执行权限；dir 文件所属用户组中的用户对该文件具有读、执行权限，其他用户对该文件具有读、执行权限。

普通文件 a 的访问权限可以总结为：a 文件所属用户 root 对该文件具有读和写权限；a 文件所属用户组用户对该文件具有读权限，其他用户对该文件具有读权限。

2. 普通文件与目录文件权限的含义

从上面的例子中可以看出，在默认情况下目录文件的访问权限与普通文件的访问

权限是不同的。由于其文件类型不同，其读、写、执行的含义也不相同，具体含义见表 7-1。

表 7-1　普通文件与目录文件权限含义的区别

权限＼文件类型	普通文件	目录文件
读	可以打开该文件，查看或显示文件内容	可以使用 ls 命令显示该目录文件列表
写	可以修改该文件内容，并将修改内容存盘	可以在该目录中新建文件或目录、删除文件或目录，修改文件或目录名称、移动复制文件或目录到该目录下
执行	可以运行该文件	可以使用 cd 命令进入该目录

修改权限命令

3．常用文件权限控制命令

（1）修改文件权限命令 chmod。

chmod 命令用于修改文件的访问权限，基本用法如下：

```
[root@server ~]# touch  modfile                  # 在当前目录下创建空文件 modfile 用于测试
[root@server ~]# ll  modefile                     # 显示 modfile 文件详细信息
-rw-r--r--. 1 root root 0 9 月  23 08:46 modfile  # 命令结果，modfile 文件所属用户 root 对该
                                                  # 文件具有读写权限，root 组用户具有读权限，
                                                  # 其他用户具有读权限
[root@server ~]# chmod  a+x  modfile              # 为所有用户增加执行权限
[root@server ~]# ll  modfile                      # 显示 modfile 文件详细信息
-rwxr-xr-x. 1 root root 0 9 月  23 08:46 modfile  # 命令结果，所有用户增加了执行权限
[root@server ~]# chmod  o=  modfile               # 将其他用户权限设置为没有任何权限
[root@server ~]# ll  modfile                      # 显示 modfile 文件详细信息
-rwxr-x---. 1 root root 0 9 月  23 08:46 modfile  # 命令结果，其他用户没有任何权限
[root@server ~]# chmod  u-w,g-x  modfile          # 去掉所属用户 root 的写权限，去掉所属用户
                                                  # 组 root 组用户的执行权限
[root@server ~]# ll  modfile                      # 显示 modfile 文件详细信息
-r-xr-----. 1 root root 0 9 月  23 08:46 modfile  # 命令结果，root 用户写权限被去掉，root 组
                                                  # 用户的执行权限被去掉
[root@server ~]# chmod  u+x,g=rx,o+r  modfile     # 增加 root 用户的执行权限，将 root 组用户
                                                  # 权限设置为读、执行，其他用户增加读权限
[root@server ~]# ll  modfile                      # 显示 modfile 文件详细信息
-rwxr-xr--. 1 root root 0 9 月  23 08:46 modfile  # root 用户权限为读、写、执行，root 组用户
                                                  # 为读、执行权限，其他用户权限为读
```

chmod 命令中使用的主要符号含义如下：

- 操作对象符号。

  u：修改文件所属用户的权限。

  g：修改文件所属用户组的权限。

  o：修改其他用户（除所属用户和所属用户组内用户外的其他用户）的权限。

  a：所有用户（包括文件所属用户、文件所属组用户及其他所有用户）。

- 操作符号。

  +：在原有的权限上增加某种权限。

  -：在原有的权限上减去某种权限。

  =：直接赋予某种权限，这将覆盖原有权限。

- 权限符号。

  r：读权限。

  w：写权限。

  x：执行权限。

chmod 命令也使用数字方式修改用户权限，数字与权限的对应关系如图 7-2 所示。

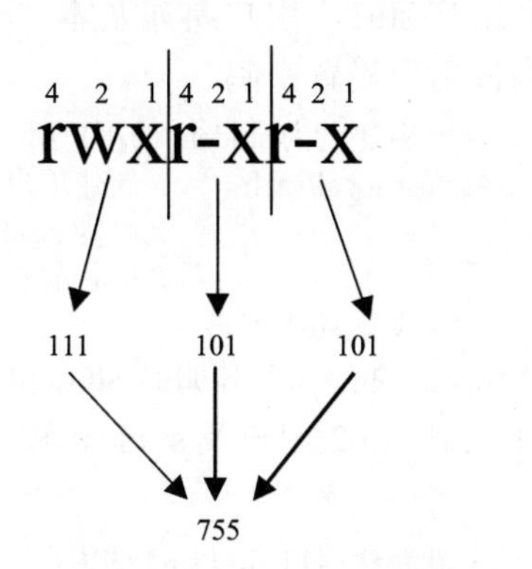

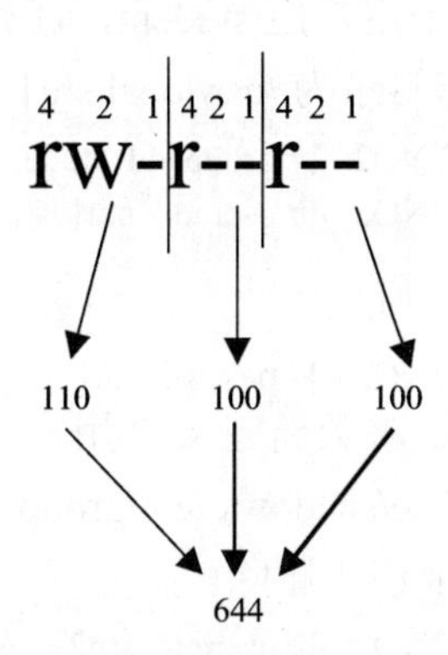

图 7-2 数字与权限的对应关系

将 9 位访问权限对应 9 位二进制数，如果有相应权限则对应二进制数值为 1，若无相应权限则对应二进制数值为 0。

将 9 位二进制数按不同用户的访问权限分为 3 组，并将每组二进制数转换为十进制形式。

3 位二进制数转十进制的方法：3 位二进制数的每一位都有单位，从高到低分别为：2^2、2^1、2^0，对应值为 4、2、1，其对应的十进制数为每一位的数值 × 该位的单位之和。

$(111)_2=1\times4+1\times2+1\times1=7$

$(101)_2=1\times4+0\times2+1\times1=5$

$(110)_2=1\times4+1\times2+0\times1=6$

$(100)_2=1\times4+0\times2+0\times1=4$

因此权限 rwxr-xr-x 对应的数字形式为 755，而权限 rw-r--r-- 对应的数字形式为 644。

也可以采用如下方式修改文件权限：

```
[root@server ~]# chmod  777  modfile                    # modefile 对所有用户开放全部权限
[root@server ~]# ll  modfile                            # 显示 modfile 详细信息
-rwxrwxrwx. 1 root root 0 9 月  23 08:46 modfile        # 命令结果，rwxrwxrwx 即 777
```

（2）改变文件所有者命令 chown。

chown 命令用于改变文件的所属用户和所属用户组，基本用法如下：

```
[root@server ~]chown  user1chownfile                 # 将文件 chownfile 所属用户改为 user1
[root@server ~]chown :group1 chownfile               # 将文件 chownfile 所属用户组改为 group1
[root@server ~]chown  user1:group1  chownfile        # 将文件 chownfile 所属用户改为 user1，同时
                                                     # 将所属用户组改为 group1
[root@server ~]chown  -R  user1:group1  chowndir/    # 将目录 chowndir 及其下所有子目录及文件的
                                                     # 所属用户改为 user1，所属用户组改为 group1
```

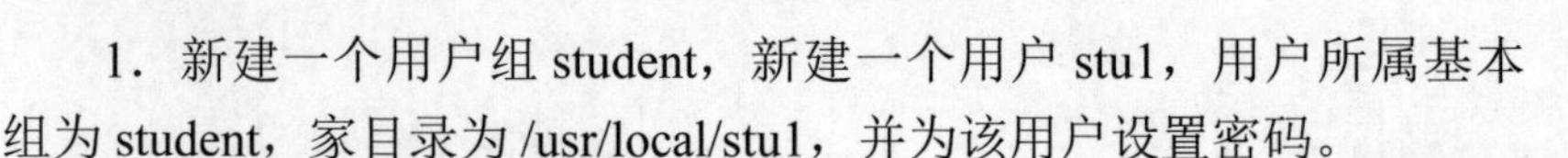

7.3 任务实施

Linux 用户与文件权限操作实例

1．新建一个用户组 student，新建一个用户 stu1，用户所属基本组为 student，家目录为 /usr/local/stu1，并为该用户设置密码。

```
[root@RHEL7NO2 ~]# groupadd  student                 # 新建名为 student 的用户组
[root@RHEL7NO2 ~]# useradd  stu1  -g  student  -d  /usr/local/stu1      # 新建用户 stu1，所属基本
                                                                         # 组为 student，家目录为
                                                                         # /usr/local/stu1
[root@RHEL7NO2 ~]# passwd  stu1                      # 设置 stu1 密码
```

2．使用默认参数新建 stu2 用户并设置密码，将 stu2 附加到 student 组中，查看文件 /etc/passwd、/etc/shadow、/etc/group 中关于 stu1、stu2 用户及 student 和 stu2 组的信息，将 stu2 从 student 组中删除。

```
[root@RHEL7NO2 ~]# useradd  stu2                     # 新建用户名为 stu2 的用户
[root@RHEL7NO2 ~]# passwd  stu2                      # 设置 stu2 密码
[root@RHEL7NO2 ~]# gpasswd  -a  stu2  student        # 将 stu2 加入到 student 组
[root@RHEL7NO2 ~]# grep  stu  /etc/passwd            # 在 passwd 文件中查找包含 stu 的行
stu1:x:1003:1003::/usr/local/stu1:/bin/bash
stu2:x:1004:1004::/home/stu2:/bin/bash
# 找到 stu1 和 stu2 的账户信息
[root@RHEL7NO2 ~]# grep  stu  /etc/shadow            # 在 shadow 文件中查找包含 stu 的行
stu1:$6$v/TIemGI$tD1am6KCovlL/IUyTbBmKPYVmSijzWeYk3dJ.iOF729dvVDC0eBfg
2jUcftcwRA8Lmvmgr//DU8dx875jdj9p0:17435:0:99999:7:::
stu2:$6$.r.BJs/C$tKayF8.0ne8.Cwi88doKKqiqT50bX5y9Q5udqTNnMoQ259pjq.AZWD
llixlfGDBCKH7jhbxICSiPx3KANMvAe/:17435:0:99999:7:::
# 找到 stu1 和 stu2 的密码信息
[root@RHEL7NO2 ~]# grep  stu  /etc/group             # 在 group 文件中查找包含 stu 的行
student:x:1003:stu2
stu2:x:1004:
# 找到 student 组和 stu2 组的组信息，看到 stu2 用户被加入到 student 组中
[root@RHEL7NO2 ~]# gpasswd  -d  stu2  student        # 将 stu2 从 student 组中删除
```

3．查看 /etc/shadow 中 stu1 用户的信息，锁定用户 stu1，比较锁定前后 /etc/shadow 中文件中 stu1 用户信息的变化，在字符控制台分别使用 stu1 和 stu2 登录，比较测试结果，解锁 stu1 用户。

```
[root@RHEL7NO2 ~]# grep  stu1  /etc/shadow           # 在 shadow 文件中查找包含 stu1 的行
stu1:$6$v/TIemGI$tD1am6KCovlL/IUyTbBmKPYVmSijzWeYk3dJ.iOF729dvVDC0eBfg
2jUcftcwRA8Lmvmgr//DU8dx875jdj9p0:17435:0:99999:7:::
[root@RHEL7NO2 ~]# passwd  -l  stu1                  # 锁定用户 stu1
```

```
[root@RHEL7NO2 ~]# grep  stu1  /etc/shadow          # 在 shadow 文件中查找包含 stu1 的行
stu1:!!$6$v/TIemGI$tD1am6KCovlL/IUyTbBmKPYVmSijzWeYk3dJ.
iOF729dvVDC0eBfg2jUcftcwRA8Lmvmgr//DU8dx875jdj9p0:17435:0:99999:7:::
# 在加密密码前面有“!!”符号，表示密码被锁定
```

按组合键 Ctrl+Alt+F2 切换到字符控制台，输入用户名 stu1 及密码不能登录系统，输入用户名 stu2 及密码可以登录系统，输入 logout 命令可以退出登录。按组合键 Alt+F1 可以切换回图形界面控制台。

```
[root@RHEL7NO2 ~]# passwd  -u  stu1                 # 解锁用户 stu1
```

4．创建目录 /right，查看该目录文件详细信息，切换到用户 stu1，测试 stu1 用户是否能够在该目录下创建文件。再切换回 root 用户，修改 /ritght 目录文件权限，使得 stu1 用户能够在下面创建一个名为 stu1_file 的文件，内容为 echo this is stu1_file。

```
[root@RHEL7NO2 ~]# mkdir  /right                    # 创建目录 /right
[root@RHEL7NO2 ~]# ll  -d  /right                   # 查看目录 /right 文件的详细信息
drwxr-xr-x. 2 root root 6 9 月  26 23:01 /right
[root@RHEL7NO2 ~]# su  stu1                         # 切换到 stu1
[stu1@RHEL7NO2 root]$ cd  /right/                   # 进入到目录 /right
[stu1@RHEL7NO2 right]$ touch  stu1_file             # 创建文件 stu1_file
touch: 无法创建 "stu1_file": 权限不够                # 对于目录 /right，stu1 用户属于其他用户，只
                                                    # 有读（显示该目录下的文件）和执行（进入到
                                                    # 该目录）权限，没有写权限，不能在该目录下
                                                    # 进行创建、删除、改名等操作
[stu1@RHEL7NO2 right]$ exit                         # 退出 stu1 账户
[root@RHEL7NO2 right]# chmod  o+w  /right           # 为其他用户增加对目录 /right 写的权限
[root@RHEL7NO2 right]$ ll  -d  /right/              # 查看目录 /right 详细信息
drwxr-xrwx. 2 root root 21 9 月  26 23:08 /right/   # 其他用户增加了写权限
[root@RHEL7NO2 right]# su  stu1                     # 切换到 stu1
[stu1@RHEL7NO2 right]$ vim  stu1_file               # 使用 vim 在 /right 目录中编辑新文件，内容
                                                    # 为 echo this is stu1_file，文件名为 stu1_file
```

5．将目录 /right 的所属用户修改为 stu1，所属用户组修改为 student。

```
[stu1@RHEL7NO2 right]$ exit                         # 退出 stu1 账户
[root@RHEL7NO2 right]# chown  stu1:student  /right/      # 将目录 /right 的所属用户修改为 stu1，
                                                         # 所属用户组修改为 student
[root@RHEL7NO2 right]# ll  -d  /right/              # 查看目录 /right 详细信息
drwxr-xrwx. 2 stu1 student 21 9 月  26 23:08 /right/ # 所属用户为 stu1，所属用户组为 student
```

6．以数字方式修改文件 /right/stu1_file 的权限属性，要求所属用户及用户组权限为读、写、执行，其他用户为读权限。

```
[root@RHEL7NO2 right]# chmod  774  stu1_file        # 修改目录 /right 权限，所属用户及用户组权
                                                    # 限为读、写、可执行，其他用户为读权限
[root@RHEL7NO2 right]# ll  stu1_file                # 查看 stu1_file 文件详细信息
-rwxrwxr--. 1 stu1 student 23 9 月  26 23:08 stu1_file  # stu_file 所属用户 stu1 权限为 rwx，所属用户
                                                    # 组 student 权限为 rwx，其他用户权限为 r
```

7．不改变文件 /right/stu1_file 的权限属性，使 stu2 用户对该文件具有读、写、执行权限，切换到 stu2，修改文件内容为 echo this is stu1_file modified by stu2 并执行该文件。

```
[root@RHEL7NO2 right]# gpasswd  -a  stu2  student # 将 stu2 加入到 student 组，由于 student 组是
                                                  # stu1_file 文件的所属用户组，对该文件具有
                                                  # rwx 权限，因此 stu2 对文件具有读、写、执
```

```
                                        # 行权限
[root@RHEL7NO2 right]# su  stu2         # 切换到 stu2
[stu2@RHEL7NO2 right]$ vim  stu1_file   # 使用 vim 编辑文件 stu1_file，并将其内容
                                        # 修改为 echo this is stu1_file modified by stu2
[stu2@RHEL7NO2 right]$ /right/stu1_file # 执行 stu1_file 文件
this is stu1_file modified by stu2      # 执行结果
[stu2@RHEL7NO2 right]$ exit             # 退出 stu2 账户
```

8．删除用户 stu1、stu2 及所有数据，删除用户组 student，删除目录 /right。

```
[root@RHEL7NO2 ~]# userdel  -r  stu1     # 删除用户 stu1 及其用户数据
[root@RHEL7NO2 ~]# userdel  -r  stu2     # 删除用户 stu2 及其用户数据
[root@RHEL7NO2 ~]# groupdel  student     # 删除用户组 student
[root@RHEL7NO2 ~]# rm  -rf  /right/      # 删除目录 /right
```

7.4 任务拓展

在 Linux 系统上建立目录 /software 供同学共享软件，在 /softwar 下建立目录 network 作为网络专业同学的共享目录，建立目录 security 作为安全专业同学的共享目录。所有同学有自己的独立账户及家目录，并为网络专业创建名为 network 的用户组，为安全专业创建名为 security 的用户组。网络专业的普通同学能够访问 /software/network 目录进行读操作，无写权限，网络专业管理员对该目录具有读写权限并能对 network 用户组进行管理，网络专业所有同学不能访问安全专业的共享目录 /software/security；同理，安全专业的普通同学能够访问 /software/security 目录进行读操作，无写权限，安全专业管理员对该目录具有读写权限并能对 security 用户组进行管理，安全专业所有同学不能访问网络专业的共享目录 /software/network。下面给出实现步骤。

1．创建共享目录。

```
[root@RHEL7NO2 ~]# mkdir  /software
[root@RHEL7NO2 ~]# cd  /software/
[root@RHEL7NO2 software]# mkdir  network  security
```

2．为网络专业和安全专业创建用户组。

```
[root@RHEL7NO2 software]# groupadd  network
[root@RHEL7NO2 software]# groupadd  security
```

3．创建网络专业和安全专业的管理员账户并设置密码。

```
[root@RHEL7NO2 software]# useradd  admin_network  -g  network
[root@RHEL7NO2 software]# useradd  admin_security  -g  security
[root@RHEL7NO2 software]# passwd  admin_network
[root@RHEL7NO2 software]# passwd  admin_security
```

4．创建普通同学账户。

```
[root@RHEL7NO2 software]# useradd  stu1_network
[root@RHEL7NO2 software]# useradd  stu1_security
[root@RHEL7NO2 software]# passwd  stu1_network
[root@RHEL7NO2 software]# passwd  stu1_security
```

5．设置网络专业和安全专业的管理员账户为相应组的管理员。

```
[root@RHEL7NO2 software]# gpasswd  -A  admin_network  network
```

```
[root@RHEL7NO2 software]# gpasswd -A admin_security security
```

6. 将普通同学加入到对应组中。

```
[root@RHEL7NO2 software]# gpasswd -a stu1_network network
[root@RHEL7NO2 software]# gpasswd -a stu1_security security
```

7. 修改共享目录的所属用户和用户组。

```
[root@RHEL7NO2 software]# chown admin_network:network /software/network
[root@RHEL7NO2 software]# chown admin_security:security /software/security
```

8. 修改共享目录的访问权限。

```
[root@RHEL7NO2 software]# chmod 750 /software/network/
[root@RHEL7NO2 software]# chmod 750 /software/security/
```

组管理员用户可以将其他普通用户加入到其所管理的组中，使其具有该组的权限，或将已加入其所管理的组中的普通用户从组中删除，从而使其失去该组的权限。

7.5 练习题

一、单选题

1. Linux 修改用户账户相关信息的命令是（ ）。

A. usermod　　B. userchange　　C. moduser　　D. changeuser

2. Linux 增加用户账户时，（ ）参数可用于指定用户家目录。

A. -c　　B. -d　　C. -e　　D. -g

3. 使用命令对账户进行锁定实际上是进行了（ ）操作。

A. 修改了 /etc/passwd 文件，将该账户注释掉了

B. 修改了 /etc/passwd 文件，将密码占位符注释掉了

C. 修改了 /etc/shadow 文件，在加密密码前增加了符号“!!”

D. 修改了 /etc/shadow 文件，在加密密码前增加了符号“#”

4. 要想彻底删除用户和该用户的所有文件及信息需要使用参数（ ）。

A. -a　　B. -f　　C. -r　　D. -all

5. 下面（ ）命令可以用于切换用户。

A. change　　B. switch　　C. su　　D. usermod

6. 在删除用户时出现 user is currently used by process 27438，可能的原因是（ ）。

A. 该用户不存在　　B. 命令输入错误

C. 权限不够　　D. 该用户已登录

7. 使用下面（ ）命令可以将用户 user1 加入到用户组 group1 中。

A. useradd -a user1 group1　　B. groupadd -a user1 group1

C. gpasswd -a user1 group1　　D. gshadow -a user1 group1

8. 如果要用 ls 命令查看目录下的所有文件，需要用户对该目录具有（ ）权限。

A. 读　　B. 写　　C. 执行　　D. 前面均不是

9. 如果要用 cd 命令切换到某目录下，需要用户对该目录具有（ ）权限。

A．读　　B．写　　C．执行　　D．前面均不是

10．如果要在目录下新建文件，需要用户对该目录具有（　）权限。

A．读　　B．写　　C．执行　　D．前面均不是

11．如果普通文件所属用户对该文件具有读写权限，文件所属用户组用户对该文件具有读权限，其他用户对该文件具有读权限，则其权限属性为（　）。

A．--rw-r--r-　　B．-rw-r--r--　　C．-r-wr--r--　　D．-wr--r--r-

12．如果目录文件所属用户对该目录文件具有读、写、执行权限，目录文件所属用户组用户对该文件具有读、执行权限，其他用户对该目录文件具有读、执行权限，则其权限属性为（　）。

A．dxrwxr-xr-　　B．drwxr-xr-x　　C．drxwrx-rx-　　D．dwrx-rx-rx

13．如果普通文件所属用户对该文件具有读、写权限，文件所属用户组用户对该文件具有读权限，其他用户对该文件具有读权限，则其权限属性用数字表示为（　）。

A．322　　B．644　　C．544　　D．622

14．如果目录文件所属用户对该目录文件具有读、写、执行权限，目录文件所属用户组用户对该文件具有读、执行权限，其他用户对该目录文件具有读、执行权限，则其权限属性用数字表示为（　）。

A．766　　B．755　　C．744　　D．733

15．修改文件访问权限的命令是（　）。

A．chmod　　B．chgrp　　C．chown　　C．chattr

二、多选题

1．下列（　）文件与用户账户相关。

A．/etc/passwd　　B．/etc/group

C．/etc/user　　D．/etc/shadow

2．/etc/passwd 文件中包含下面（　）用户信息。

A．UID　　B．GID

C．家目录　　D．用户的 shell 程序

3．/etc/shadow 文件中包含下面（　）密码信息。

A．用户名　　B．加密后的密码

C．密码最小长度　　D．密码修改日期

4．RHEL7 使用 useradd user1 命令增加用户账户后，Linux 将执行（　）操作。

A．自动为用户创建家目录 /home/user1

B．设置其登录 shell 为 /bin/bash

C．自动创建名为 user1 的用户组

D．自动设置其默认密码

5．文件的权限属性共有 10 位，包含以下（　）内容。

A．文件类型

B．文件所有者对文件的访问权限

C．文件所属用户组对文件的访问权限

D．其他用户对文件的访问权限

6．在文件的权限属性中，对文件的权限设置可以是（ ）。

A．r　　B．w　　C．x　　D．-

三、判断题

1．root 用户的 UID 和 GID 都是 0，因此用户的 UID 和 GID 都是相同的。 （ ）

2．用户密码存放在文件 /etc/passwd 中。 （ ）

3．使用 useradd 命令增加用户账户后，就可以使用该用户账户登录系统了。 （ ）

4．passwd 命令用于设置和修改账户密码，也可以用于锁定和解锁用户账户。 （ ）

5．可以通过修改文件的 /etc/group 将用户附加到用户组中。 （ ）

6．chown 既可以改变文件的所属用户，也能改变文件的所属用户组。 （ ）

7．在改变文件访问权限时，不能同时修改所属用户、所属用户组和其他用户对该文件的访问权限。 （ ）

8．在改变文件访问权限时，操作符“=”表示赋予权限，该操作将覆盖原有权限。 （ ）

任务 8
Linux 系统管理

8.1 任务要求

1．人性化显示根分区磁盘使用情况及分区类型，人性化显示 /boot 目录大小。

2．使用命令修改主机名，命名规则“姓名拼音”，修改主机名配置文件，使用与命令修改相同的主机名，修改本地名字解析文件，将该主机名解析为本机 IP。

3．查找本机所有与 22 号端口相关的连接。

4．查找本机所有与 sshd 相关的进程并结束 sshd 守护进程，测试是否还能使用 ssh 登录。

5．关闭防火墙，通过命令及修改配置文件方式关闭 SELinux 并重新启动系统。

6．查看重启后的主机名，使用 ping 命令测试主机名能否解析到本机 IP 地址、测试 ssh 连接、显示防火墙状态及 SELinux 状态。

8.2 相关知识

8.2.1 磁盘管理命令

Linux 系统管理命令（1）

1．df 命令

df 命令用于显示磁盘文件系统的使用情况，使用该命令能够清楚地显示各分区的总容量、已用容量、可用容量、可用容量占总容量的百分比、分区挂载点以及分区文件系统类型等，基本用法如下：

```
[root@localhost ~]# df -hT          # 显示各分区的使用情况，-h 表示使用较人性化的方法显示容量，
                                    # 即以 M、G 等人容易阅读的单位显示容量，-T 表示显示文件的
                                    # 系统类型，RHEL7 使用的标准文件类型为 xfs
文件系统     类型    容量    已用    可用    已用 %   挂载点
/dev/sda2    xfs     9.8G    4.3G    5.5G    44%      /
/dev/sda1    xfs     997M    123M    875M    13%      /boot
[root@localhost ~]# df -i                         # 显示各分区的 inode 信息
文件系统     Inode       已用（I）  可用（I）   已用（I）%   挂载点
/dev/sda2    10240000    108047     10131953    2%           /
/dev/sda1    1024000     328        1023672     1%           /boot
```

2．du 命令

du 命令用于计算文件或目录容量，基本用法如下：

```
[root@localhost ~]# du -h /boot # 显示 /boot 目录及其子目录容量信息，-h 表示使用较人性化的
                                # 方法显示容量，即以 M、G 等人容易阅读的单位显示容量
0          /boot/grub2/themes/system
0          /boot/grub2/themes
2.4M       /boot/grub2/i386-pc
3.3M       /boot/grub2/locale
```

```
2.5M          /boot/grub2/fonts
8.1M          /boot/grub2
91M           /boot
[root@localhost ~]# du -sh /boot          # 仅以人性化方式显示 /boot 目录总容量，-s 表示仅显示
                                          # 总容量
91M           /boot                       # 命令结果，/boot 容量大小 为 91MB
```

8.2.2 网络管理命令

1. hostname 命令

hostname 命令用于显示和设置系统主机名，基本用法如下：

```
[root@localhost ~]# hostname                    # 显示主机名
localhost.localdomain                           # 显示结果
[root@localhost ~]# hostname RHEL7NO1           # 修改主机名为 RHEL7NO1
[root@localhost ~]# hostname                    # 显示主机名
RHEL7NO1                                        # 显示结果
```

主机名配置文件为 /etc/hostname，RHEL7 在启动时通过读取该文件来决定系统的主机名，hostname 命令修改主机名会立即在内存中生效，但需要重新打开 shell 才能显示出来。该命令不会修改主机名配置文件，因此使用 hostname 修改的主机名将在系统重启后失效，如果希望系统重启后主机名保持修改，则需要修改 /etc/hostname 文件。

也可以使用命令同时修改内存和配置文件：

```
[root@localhost ~]hostnamectl set-hostname RHEL7NO2      # 同时将内存和配置文件中的主机名
                                                         # 改为 RHEL7NO2
[root@localhost ~]# hostname -i          # 显示主机名对应的 IP 地址
192.168.20.11                            # 查询结果
```

该命令会到 /etc/hosts 文件中查找主机名和 IP 地址的对应关系，然后显示出与主机名对应的 IP 地址，/etc/hosts 文件是本机的名字解析文件，它为本机提供一个名字与 IP 地址的对应关系。在 /etc/hosts 文件中加入本机 IP 地址与主机名对应关系：192.168.20.11 RHEL7NO1，即可使用 hostname -i 命令查询主机名对应的 IP 地址。

2. ifconfig 命令

ifconfig 命令用于显示和设置网络接口信息，基本用法如下：

```
[root@localhost ~]# ifconfig                    # 显示所有网卡信息
eno16777736:flags=4163<UP,BROADCAST,RUNNING,MULTICAST>  mtu 1500
 inet 192.168.20.11netmask 255.255.255.0broadcast 192.168.20.255
      inet6 fe80::20c:29ff:fe10:5e01  prefixlen 64  scopeid 0x20<link>
 ether 00:0c:29:10:5e:01  txqueuelen 1000 (Ethernet)
      RX packets 4531  bytes 412887(403.2 KiB)
      RX errors 0  dropped 0  overruns 0  frame 0
      TX packets 2360  bytes 368027(359.4 KiB)
      TX errors 0  dropped 0 overruns 0  carrier 0  collisions 0
lo:flags=73<UP,LOOPBACK,RUNNING>  mtu 65536
 inet 127.0.0.1netmask 255.0.0.0
      inet6 ::1  prefixlen 128  scopeid 0x10<host>
      loop  txqueuelen 0 (Local Loopback)
      RX packets 24  bytes 2444(2.3 KiB)
```

```
RX errors 0  dropped 0  overruns 0  frame 0
TX packets 24  bytes 2444(2.3 KiB)
TX errors 0  dropped 0 overruns 0  carrier 0  collisions 0
```

命令结果显示有两块网卡，其中 eno16777736 为本地有线网卡默认名称，IP 地址为 192.168.20.11，子网掩码为 255.255.255.0，广播地址为 192.168.20.255，MAC 地址为 00：0c：29：10：5e：01，还包含一些该网卡上的收发包信息。

第 2 块网卡名为 lo，它是虚拟机的自环网卡，IP 地址为 127.0.0.1，掩码为 255.0.0.0，该地址代表本机。

```
[root@localhost ~]# ifconfig  eno16777736  192.168.20.11  netmask  255.255.255.0
# 修改 IP 地址为 192.168.20.11，子网掩码为 255.255.255.0
```

该命令立即在内存中生效，但系统重启后使用 ifconfig 命令修改的 IP 地址不会生效。如果需要系统重启后仍然生效，则需要修改网卡 eno16777736 的配置文件 /etc/sysconfig/network-scripts/ifcfg-eno16777736，修改方法已在前面的 vim 部分中介绍了。

```
[root@localhost ~]# ifconfig  eno16777736  down     # 关闭网卡 eno16777736
[root@localhost ~]# ifconfig  eno16777736  up       # 开启网卡 eno16777736
```

3. netstat 命令

netstat 命令用于显示网络连接情况、路由表及网络数据统计等信息，基本用法如下：

```
[root@localhost ~]# netstat  -antup            # 以数字方式显示所有 TCP 和 UDP 连接，并显示进程
                                               # 名称及对应 ID 号
```

其中 a 表示显示所有连接，包括已连接和正在监听的连接，n 表示以数字方式显示 IP、端口号等，t 表示查看 TCP 连接，u 表示查看 UDP 连接，p 表示显示以进程名称及对应进程号。

通常服务程序会打开某个端口监听客户端连接，可以使用如下命令来查看服务器端程序是否正常启动，并在某个端口监听：

```
[root@localhost ~]# netstat  -antup  | grep  :22                      # 在所有连接中查找包含 :22 的行
tcp    0    0    0.0.0.0:22            0.0.0.0:*             LISTEN          1559/sshd
tcp    0    52   192.168.20.11:22      192.168.20.2:55099    ESTABLISHED     3878/sshd:root@pts
tcp6   0    0    :::22                 :::*                  LISTEN          1559/sshd
```

该结果显示了本机的 sshd 进程在本机的所有 IP 地址的 22 号端口进行监听，并且有 IP 地址为 192.168.20.2 的远程计算机通过 ssh 连接到本机。

8.2.3 进程管理命令

Linux 系统管理命令（2）

1. ps 命令

ps 命令用于查看当前进程信息，基本用法如下：

```
[root@localhost ~]# ps  -ef | grep  sshd       # 以全格式显示当前所有进程中包含 sshd 的行，其中 e
                                               # 表示查看所有进程，f 表示显示格式为全格式
UID     PID     PPID    C    STIME TTY     TIME CMD
root    1656    1       0    15:12  ?      00:00:00 /usr/sbin/sshd -D
root    3559    1656    0    15:13  ?      00:00:00 sshd:root@pts/0
root    3623    3564    0    15:14  pts/0  00:00:00 grep --color=auto sshd
```

2. kill 命令

kill 命令用于结束进程，基本用法如下：

```
[root@localhost ~]# kill  1656                        # 结束 PID 为 1656 的进程
```

由上面的 ps 命令可以看出 PID 1656 是 ssh 服务的守护进程，结束该进程相当于停止 ssh 服务。

8.2.4 systemctl 命令

systemctl 是 RHEL7 中用于系统控制及服务管理的命令，基本用法如下：

```
[root@localhost ~]# systemctl                                   # 列出所有单元
[root@localhost ~]# systemctl  list-unit-files                  # 列出所有已安装的单元文件
[root@localhost ~]# systemctl  status  sshd.service             # 显示 sshd 服务状态
[root@localhost ~]# systemctl  stop  sshd.service               # 停止 sshd 服务
[root@localhost ~]# systemctl  start  sshd.service              # 启动 sshd 服务
[root@localhost ~]# systemctl  restart  sshd.service            # 重启 sshd 服务
[root@localhost ~]# systemctl  enable  sshd.service             # 开机自动启动 sshd 服务
[root@localhost ~]# systemctl  isolate  multi-user.target       # 切换到字符界面
[root@localhost ~]# systemctl  isolate  graphical.target        # 切换到图形界面
[root@localhost ~]# systemctl  reboot                           # 重启系统
[root@localhost ~]# systemctl  poweroff                         # 关闭系统
```

8.2.5 防火墙命令

RHEL7 默认使用 firewall-cmd 命令来管理防火墙。防火墙的基本操作有：

```
[root@localhost ~]# systemctl  status  firewalld.service        # 显示防火墙状态
[root@localhost ~]# systemctl  stop  firewalld.service          # 关闭防火墙
[root@localhost ~]# systemctl  start  firewalld.service          # 启动防火墙
[root@localhost ~]# systemctl  restart  firewalld.service       # 重启防火墙
[root@localhost ~]# systemctl  enable  firewalld.service        # 开机自动启动防火墙
[root@localhost ~]#firewall-cmd  --get-services                 # 显示所有服务列表
[root@localhost ~]#firewall-cmd  --list-servcies                # 显示允许服务列表
[root@localhost ~]#firewall-cmd  --add-service=ssh --permanent    # 永久允许 ssh 服务通过
[root@localhost ~]#firewall-cmd  --remove-service=ssh           # 禁止 ssh 服务通过
[root@localhost ~]#firewall-cmd  -reload                        # 重新装载规则，不重启服务
```

8.2.6 关闭 SELinux

SELinux 是 Linux 系统的安全增强功能，在初学阶段可以关闭系统的 SELinux 功能。在 RHEL7 默认安装时是启用了 SELinux 功能的，可以使用下列命令来关闭 SELinux 功能：

```
[root@localhost ~]# getenforce              # 显示 SELinux 状态
Enforcing                                   # 命令结果，Enforcing 表示启用了 SELinux 功能
[root@localhost ~]# setenforce  0           # 关闭 SELinux 功能
```

也可以通过修改 SELinux 配置文件来关闭 SELinux，其配置文件为 /etc/selinux/ config，将该文件的 SELINUX=enforcing 行改为 SELINUX=permissive 或 SELINUX=disabled，系统重启后 SELinux 功能将关闭。

8.3 任务实施

1．人性化显示根分区磁盘使用情况及分区类型，人性化显示 /boot 目录大小。

```
[root@localhost ~]# df  -hT  /                      # 人性化显示根分区磁盘使用情况及分区类型
文件系统    类型     容量     已用     可用     已用 %   挂载点
/dev/sda2   xfs      9.8G     3.0G     6.8G     31%      /
# “/” 分区文件类型为 xfs，已使用 31%
[root@localhost ~]# du  -hs  /boot                  # 人性化显示 /boot 目录大小
91M          /boot                                  # 命令结果，/boot 共 91M
```

2．使用命令修改主机名，命名规则“姓名拼音”，修改主机名配置文件使用与命令修改相同的主机名，修改本地名字解析文件将该主机名解析为本机 IP。

```
[root@localhost ~]# hostname  zhangsan      # 主机名改为 zhangsan
[root@localhost ~]# vim  /etc/hostname      # 编辑主机名配置文件 /etc/hostname，将主机名也改为
                                            # zhangsan
[root@localhost ~]# vim  /etc/hosts         # 编辑本地名字解析文件，在文件中加入下行：
192.168.20.11   zhangsan                    # 其中 192.168.20.11 为本机 IP
```

重新打开命令窗口后，命令提示符中会显示新的主机名。

3．查找本机所有与 22 号端口相关的连接。

```
[root@localhost ~]# netstat  -antup  | grep  :22     # 在所有连接中查找包含 :22 的行
tcp   0   0    0.0.0.0:22           0.0.0.0:*            LISTEN         1559/sshd
tcp   0   52   192.168.20.11:22     192.168.20.2:55099   ESTABLISHED    3878/sshd:root@pts
tcp6  0   0    :::22                :::*                 LISTEN         1559/sshd
```

4．查找本机所有与 sshd 相关的进程并结束 sshd 守护进程，测试是否还能使用 ssh 登录。

```
[root@localhost ~]# ps  -ef | grep  sshd      # 以全格式显示当前所有进程中包含 sshd 的行
UID     PID     PPID    C     STIME TTY       TIME CMD
root    1656    1       0     15:12  ?        00:00:00 /usr/sbin/sshd -D
root    3559    1656    0     15:13  ?        00:00:00 sshd:root@pts/0
root    3623    3564    0     15:14  pts/0    00:00:00 grep --color=auto sshd
[root@localhost ~]# kill  1656                # 结束 PID 为 1656 的进程
[root@localhost ~] ssh  192.168.20.11         # 本机 ssh 连接
ssh:connect to host 192.168.20.11 port 22:Connection refused   # 连接被拒绝
```

5．关闭防火墙，通过命令及修改配置文件方式关闭 SELinux 并重新启动系统。

```
[root@localhost ~]# systemctl  stop  firewalld.service     # 关闭防火墙
[root@localhost ~]# setenforce  0                          # 命令关闭 SELinux
[root@localhost ~]# vim  /etc/selinux/config               # 编辑 SELinux 配置文件，设置 SELINUX
                                                           # = disabled
[root@localhost ~]# systemctl  reboot                      # 重启系统
```

6．查看重启后的主机名，使用 ping 命令测试主机名能否解析到本机 IP 地址、测试 ssh 连接，显示防火墙状态及 SELinux 状态。

```
[root@localhost ~]# hostname                  # 显示主机名
zhangsan                                      # 显示结果
[root@localhost ~]# ping  zhangsan            # ping 主机名
PING zhangsan(192.168.20.11) 56(84) bytes of data.
64 bytes from zhangsan(192.168.20.11):icmp_seq=1 ttl=64 time=0.084 ms
```

```
64 bytes from zhangsan(192.168.20.11):icmp_seq=2 ttl=64 time=0.079 ms
64 bytes from zhangsan(192.168.20.11):icmp_seq=3 ttl=64 time=0.085 ms
# 主机名被解析到本机 IP，IP 地址 ping 通
[root@localhost ~]# ssh 192.168.20.11                    # 本机 ssh 连接
root@192.168.20.11's password:                           # 连接成功
Last login:Mon Oct  9 20:28:14 2017 from 192.168.20.11
 [root@localhost ~]# systemctl  status  firewalld.service  # 显示防火墙状态
firewalld.service - firewalld - dynamic firewall daemon
  Loaded:loaded(/usr/lib/systemd/system/firewalld.service；enabled)
  Active:active(running) since 一 2017-10-09 20:32:02 CST；1s ago
 Main PID:7375(firewalld)
  CGroup:/system.slice/firewalld.service
       └── 7375 /usr/bin/python -Es /usr/sbin/firewalld --nofork --nopid
# 防火墙状态为开启
[root@localhost 桌面 ]# getenforce                       # 显示 SELinux 状态
Disabled                                                 # 命令结果，SELinux 关闭
```

8.4 任务拓展

8.4.1 LVM 逻辑卷管理

Linux 系统使用一段时间后，文件系统可能会越来越大，导致磁盘空间不足。采用传统的分区与挂载的磁盘管理方法，不能动态地调整分区大小。Linux 采用 LVM（Logical Volume Manager，逻辑卷管理器）来解决这一问题。

LVM 的主要思想是使用逻辑卷组来替代物理磁盘，在逻辑卷组中划分逻辑卷，然后将逻辑卷挂载到文件系统中，由于卷组与逻辑卷均是逻辑上的，因此可以动态改变卷组及逻辑卷的大小。

将物理磁盘分区转化为对应的物理卷，多个物理卷组成卷组。将新的物理磁盘分区转化为物理卷并加入到卷组中，就可以动态扩展卷组容量。同时只要卷组中还有未分配到逻辑卷中的空间，就可以用来动态扩展逻辑卷大小。LVM 原理如图 8-1 所示。

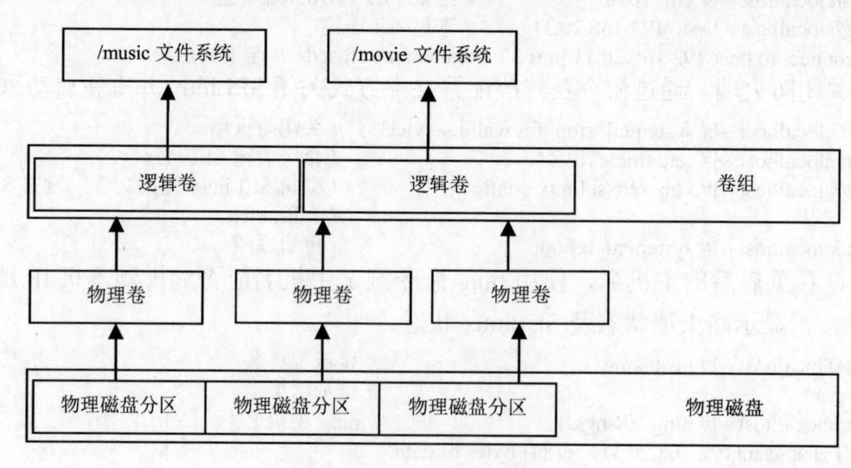

图 8-1 LVM 示意图

下面将磁盘上的剩余空间采用 LVM 的方式挂载到 /music 和 /movie 目录，并根据需要进行容量的扩展。

1．使用 fdisk 将磁盘剩余空间划为扩展分区 sda4，并在扩展分区中创建三个大小为 1G 的逻辑分区 sda5、sda6、sda7，将分区类型改为 LVM。

（1）使用 fdisk 程序管理磁盘 /dev/sda 分区，显示当前分区信息。

```
[root@RHEL7NO2 ~]# fdisk  /dev/sda                    # 对磁盘 /dev/sda 进行分区管理
命令 ( 输入 m 获取帮助 ):p                            # 显示分区表
 设备        Boot   Start      End        Blocks     Id   System
/dev/sda1    *      2048       2050047    1024000    83   Linux
/dev/sda2           2050048    22530047   10240000   83   Linux
/dev/sda3           22530048   26626047   2048000    82   Linux swap / Solaris
```

（2）创建扩展分区 /dev/sda4。

```
命令 ( 输入 m 获取帮助 ):n                            # 创建新分区
Partition type:
  p   primary(3 primary,0 extended,1 free)
  e   extended
Select(default e):e                                  # 类型为扩展分区
已选择分区 4
起始扇区 (26626048-41943039，默认为 26626048):
将使用默认值 26626048                                # 起始扇区为默认
Last 扇区，+ 扇区 or +size{K，M，G}(26626048-41943039，默认为 41943039):
将使用默认值 41943039                                # 结束扇区为默认
分区 4 已设置为 Extended 类型，大小设为 7.3 GiB             # 将剩余磁盘空间划入扩展分区
```

（3）创建逻辑分区 /dev/sda5，大小为 1GB。

```
命令 ( 输入 m 获取帮助 ):n                                  # 创建逻辑分区
All primary partitions are in use
添加逻辑分区 5
起始扇区 (26628096-41943039，默认为 26628096):              # 起始扇区为默认
将使用默认值 26628096
Last 扇区，+ 扇区 or +size{K,M,G}(26628096-41943039，默认为 41943039):+1G
分区 5 已设置为 Linux 类型，大小设为 1 GiB                  # 设置分区大小为 1G
```

（4）设置逻辑分区 /dev/sda5 类型为 LVM。

```
命令 ( 输入 m 获取帮助 ):t                            # 更改分区类型
分区号 (1-5，默认 5):5                                # 更改分区 sda5
Hex 代码 ( 输入 L 列出所有代码 ):8e                   #8e 代表 Linux LVM
已将分区 "Linux" 的类型更改为 "Linux LVM"
```

（5）重复上述步骤创建 sda6、sda7，大小均为 1GB，并更改类型为 Linux LVM，创建结束后显示分区表并保存更新分区信息。

```
命令 ( 输入 m 获取帮助 ):p                                  # 显示分区表
设备         Boot   Start      End        Blocks     Id   System
/dev/sda1    *      2048       2050047    1024000    83   Linux
/dev/sda2           2050048    22530047   10240000   83   Linux
/dev/sda3           22530048   26626047   2048000    82   Linux swap / Solaris
/dev/sda4           26626048   41943039   7658496    5    Extended
/dev/sda5           26628096   28725247   1048576    8e   Linux LVM
/dev/sda6           28727296   30824447   1048576    8e   Linux LVM
```

```
/dev/sda7            30826496     32923647    1048576    8e    Linux LVM
命令(输入 m 获取帮助):w                                   # 保存分区信息并退出 fdisk
[root@RHEL7NO2 ~]# partprobe  /dev/sda                    # 更新分区表
```

2．将分区 sda5、sda6、sda7 转化为物理卷。

```
[root@RHEL7NO2 ~]# pvcreate  /dev/sda{5,6,7}              # 创建物理卷
 Physical volume "/dev/sda5" successfully created
 Physical volume "/dev/sda6" successfully created
 Physical volume "/dev/sda7" successfully created
```

3．创建名为 my_vg 的卷组，并将物理卷加入到卷组中，然后显示卷组信息。

```
[root@RHEL7NO2 ~]# vgcreate  my_vg  /dev/sda{5,6,7}       # 创建名为 my_vg 的卷组
 Volume group "my_vg" successfully created
[root@RHEL7NO2 ~]# vgdisplay
 --- Volume group ---
 VG Name               my_vg
 System ID
 Format                lvm2
 Metadata Areas        3
 Metadata Sequence No  1
 VG Access             read/write
 VG Status             resizable
 MAX LV                0
 Cur LV                0
 Open LV               0
 Max PV                0
 Cur PV                3
 Act PV                3
 VG Size            2.99 GiB               # 卷组大小为 2.99GB
 PE Size            4.00 MiB               # 一个 PE 的大小为 4MB
 Total PE           765                    # 共有 765 个 PE
 Alloc PE / Size      0 / 0                # 已分配的 PE 数为 0，即整个卷组空闲
 Free  PE / Size      765 / 2.99 GiB       # 卷组剩余的 PE 数为 765，相当于 2.99GB
 VG UUID             GRBKEg-cVo8-jFRJ-mAXW-gfw9-mppp-LYGLkz
```

4．在卷组中分别创建名为 music 和 movie 的逻辑卷，并显示逻辑卷信息。

```
[root@RHEL7NO2 ~]# lvcreate  -n  music  -L  1.5G  my_vg   # 在卷组 my_vg 中创建 1.5GB 的名
                                                          # 为 music 的逻辑卷
 Logical volume "music" created
[root@RHEL7NO2 ~]# lvcreate  -n  movie  -L  0.5G  my_vg   # 在卷组 my_vg 中创建 0.5GB 的名为
                                                          # movie 的逻辑卷
 Logical volume "movie" created
[root@RHEL7NO2 ~]# lvdisplay                              # 显示逻辑卷信息
 --- Logical volume ---
 LV Path                /dev/my_vg/music                  # 逻辑卷设备文件路径
 LV Name                music                             # 逻辑卷名
 VG Name                my_vg                             # 逻辑卷所属卷组名
 LV UUID                mWOKsI-mwrN-GfY1-O6JN-N7NS-yjCt-o08YdB
 LV Write Access        read/write
 LV Creation host,time RHEL7NO2,2017-10-05 12:16:46 +0800
 LV Status              available
 # open                 0
```

```
LV Size                  1.50 GiB                       # 逻辑卷大小为 1.5GB
Current LE               384                            # 当前包含的 PE 数
Segments                 2
Allocation               inherit
Read ahead sectors       auto
- currently set to       8192
Block device             253:0
--- Logical volume ---
LV Path                  /dev/my_vg/movie               # 逻辑卷设备文件路径
LV Name                  movie                          # 逻辑卷名
VG Name                  my_vg                          # 逻辑卷所属卷组名
LV UUID                  9GgJvb-usax-YXJv-KRjm-MGNn-RqEP-gNO8oV
LV Write Access          read/write
LV Creation host,time RHEL7NO2,2017-10-05 12:21:34 +0800
LV Status                available
# open                   0
LV Size                  512.00 MiB                     # 逻辑卷大小为 512MB
Current LE               128                            # 当前包含的 PE 数
Segments                 1
Allocation               inherit
Read ahead sectors       auto
- currently set to       8192
Block device             253:1
```

5．格式化逻辑卷，创建文件目录，将逻辑卷挂载到对应文件目录，并显示各分区使用情况。

```
[root@RHEL7NO2 ~]# mkfs.xfs  /dev/my_vg/music          # 使用 xfs 文件系统格式化逻辑卷 music
[root@RHEL7NO2 ~]# mkfs.xfs  /dev/my_vg/movie          # 使用 xfs 文件系统格式化逻辑卷 movie
[root@RHEL7NO2 ~]# mkdir  /music  /movie               # 创建目录 /music 和 /movie
[root@RHEL7NO2 ~]# mount  /dev/my_vg/music  /music     # 挂载逻辑卷到目录
[root@RHEL7NO2 ~]# mount  /dev/my_vg/movie  /movie     # 挂载逻辑卷到目录
[root@RHEL7NO2 ~]# df  -h                              # 显示磁盘分区空闲情况
文件系统                     容量    已用    可用    已用 %   挂载点
/dev/sda2                    9.8G    3.4G    6.5G    34%      /
devtmpfs                     906M    0       906M    0%       /dev
tmpfs                        914M    140K    914M    1%       /dev/shm
tmpfs                        914M    9.0M    905M    1%       /run
tmpfs                        914M    0       914M    0%       /sys/fs/cgroup
/dev/sda1                    997M    123M    875M    13%      /boot
/dev/sr0                     3.5G    3.5G    0       100%     /mnt
/dev/mapper/my_vg-music      1.5G    33M     1.5G    3%       /music
/dev/mapper/my_vg-movie      509M    26M     483M    6%       /movie
```

最后两行显示的是新创建并挂载的 LVM 分区的空闲情况。

6．显示卷组信息，将卷组的剩余空间分配给逻辑卷 movie 以扩展 /movie 的空间。

```
[root@RHEL7NO2 ~]# vgdisplay                           # 显示卷组信息
 --- Volume group ---
 VG Name                 my_vg                          # 卷组名
 System ID
 Format                  lvm2
```

```
  Metadata Areas          3
  Metadata Sequence No  3
  VG Access               read/write
  VG Status               resizable
  MAX LV                  0
  Cur LV                  2                   # 当前卷组中有 2 个逻辑卷
  Open LV                 2                   # 打开的逻辑卷有 2 个
  Max PV                  0
  Cur PV                  3                   # 当前卷组由 3 个物理卷组成
  Act PV                  3                   # 活动物理卷有 3 个
  VG Size                 2.99 GiB            # 卷组的大小为 2.99GB
  PE Size                 4.00 MiB            # 一个 PE 的大小为 4MB
  Total PE                765                 # 共有 765 个 PE
  Alloc PE / Size         512 / 2.00 GiB      # 已分配 512 个 PE，即 2GB
  Free  PE / Size         253 / 1012.00 MiB # 还剩 253 个 PE，即 1012MB
  VG UUID                 GRBKEg-cVo8-jFRJ-mAXW-gfw9-mppp-LYGLkz
[root@RHEL7NO2 ~]# lvextend  -l  +253  /dev/my_vg/movie  # 将卷组中剩余的 253 个 PE 的空间
                                                          # 扩展到逻辑卷 movie 中
[root@RHEL7NO2 ~]# xfs_growfs  /dev/my_vg/movie           # 更新逻辑卷 movie 信息
[root@RHEL7NO2 ~]# df  -h                                 # 显示各分区空闲情况
文件系统                        容量    已用    可用     已用 %   挂载点
/dev/sda2                       9.8G    3.4G    6.5G     34%      /
devtmpfs                        906M    0       906M     0%       /dev
tmpfs                           914M    140K    914M     1%       /dev/shm
tmpfs                           914M    9.0M    905M     1%       /run
tmpfs                           914M    0       914M     0%       /sys/fs/cgroup
/dev/sda1                       997M    123M    875M     13%      /boot
/dev/sr0                        3.5G    3.5G    0        100%     /mnt
/dev/mapper/my_vg-music         1.5G    33M     1.5G     3%       /music
/dev/mapper/my_vg-movie         1.5G    27M     1.5G     2%       /movie
#/movie 分区容量增加到 1.5GB
```

7. 将硬盘上剩余的空间全部分配给 /movie。

（1）使用 fdisk 程序创建新的逻辑分区 sda8，将磁盘所有剩余空间分配给 sda8，设置分区类型为 LVM。

```
[root@RHEL7NO2 ~]# fdisk  /dev/sda                  # 使用 fdisk 管理 /dev/sda 分区
命令 ( 输入 m 获取帮助 ):n                           # 创建新的分区
All primary partitions are in use
添加逻辑分区 8                                       # 创建逻辑分区 8
起始扇区 (32925696-41943039，默认为 32925696):
将使用默认值 32925696                                # 开始扇区使用默认值
Last 扇区，+ 扇区 or +size{K,M,G}(32925696-41943039，默认为 41943039):
将使用默认值 41943039                                # 结束扇区使用默认值
分区 8 已设置为 Linux 类型，大小设为 4.3 GiB         #sda8 大小为 4.3GB
命令 ( 输入 m 获取帮助 ):t                           # 设置分区类型
分区号 (1-8，默认 8):
Hex 代码 ( 输入 L 列出所有代码 ):8e                  #8e 代表 LVM
已将分区 "Linux" 的类型更改为 "Linux LVM"
命令 ( 输入 m 获取帮助 ):w                           # 保存并退出 fdisk 程序
[root@RHEL7NO2 ~]# partprobe  /dev/sda              # 更新分区表
```

（2）将 sda8 转化为物理卷。

```
[root@RHEL7NO2 ~]# pvcreate  /dev/sda8
 Physical volume "/dev/sda8" successfully created
```

（3）将新的物理卷加入到卷组 my_vg 中。

```
[root@RHEL7NO2 ~]# vgextend  my_vg  /dev/sda8
 Volume group "my_vg" successfully extended
```

（4）查看卷组中剩余的 PE 数，卷组中剩余空间扩展到逻辑卷 movie 中。

```
[root@RHEL7NO2 ~]# vgdisplay
 --- Volume group ---
  VG Name               my_vg
  System ID
  Format                lvm2
  Metadata Areas        4
  Metadata Sequence No  5
  VG Access             read/write
  VG Status             resizable
  MAX LV                0
  Cur LV                2
  Open LV               2
  Max PV                0
  Cur PV                4                    # 当前卷组由 4 个物理卷组成
  Act PV                4
  VG Size               7.29 GiB
  PE Size               4.00 MiB
  Total PE              1865
  Alloc PE / Size       765 / 2.99 GiB
  Free  PE / Size       1100 / 4.30 GiB    # 剩余 1100 个 PE/4.3GB
  VG UUID               GRBKEg-cVo8-jFRJ-mAXW-gfw9-mppp-LYGLkz
[root@RHEL7NO2 ~]# lvextend  -l  +1100  /dev/my_vg/movie    # 将卷组中剩余的 1100 个 PE 的空
                                                             # 间扩展到逻辑卷 movie 中
  Extending logical volume movie to 5.79 GiB
  Logical volume movie successfully resized
[root@RHEL7NO2 ~]# xfs_growfs  /dev/my_vg/movie             # 更新逻辑卷 movie 信息
[root@RHEL7NO2 ~]# df  -h                                    # 显示各分区空闲情况
文件系统                  容量    已用    可用    已用 %   挂载点
/dev/sda2                 9.8G    3.4G    6.5G    34%      /
devtmpfs                  906M    0  906M         0%       /dev
tmpfs                     914M    232K    914M    1%       /dev/shm
tmpfs                     914M    9.1M    905M    1%       /run
tmpfs                     914M    0  914M         0%       /sys/fs/cgroup
/dev/sda1                 997M    123M    875M    13%      /boot
/dev/sr0                  3.5G    3.5G    0       100%     /mnt
/dev/mapper/my_vg-music   1.5G    33M     1.5G    3%       /music
/dev/mapper/my_vg-movie   5.8G    28M     5.8G    1%       /movie
```

/movie 分区扩展到 5.8GB。

8.4.2 RAID 冗余磁盘阵列

可以使用多块磁盘来组成磁盘阵列，以提高磁盘的访问速度和可靠性。通常使用的磁盘阵列有 RAID0 和 RAID5。

RAID0 是读写速度最快的磁盘阵列，它通过将数据同时写入不同磁盘来提高磁盘的读写速度，但 RAID0 的容错性较差，如果磁盘阵列中任一磁盘损坏，将导致其他磁盘所有数据不可用。

RAID5 是兼顾速度与容错功能的磁盘阵列，RAID5 也通过将数据同时写入不同磁盘来提高磁盘的读写速度，与 RAID0 不同的是，RAID5 还需要一块额外的校验磁盘，在写入数据的同时，在校验盘上写入检验数据，因此 RAID5 的磁盘写入速度要比 RAID0 慢。但 RAID5 磁盘阵列中，任意一块磁盘损坏，都可以通过其他数据盘和校验盘恢复出损坏磁盘的数据，因此其容错性能要高于 RAID0 磁盘阵列。

给出在 RHEL7 中实现 RAID0 和 RAID5 磁盘阵列功能的步骤。

1．在 VMware 的“虚拟机”→“设置”中为虚拟机添加两块大小为 10GB 的 SCSI 硬盘，然后使用 fdisk 程序将 sdb 划分为两个 2GB 大小的分区 sdb1 和 sdb2，将 sdc 划分三个 2GB 大小的分区 sdc1、sdc2 和 sdc3。

2．使用 sdb1 和 sdc1 构成 RAID0。

```
[root@localhost ~]# mdadm -C /dev/md0 -l 0 -n 2 /dev/sdb1 /dev/sdc1
# 创建名为 md0 的磁盘阵列，级别为 0，包含磁盘个数为 2，分别为 sdb1 和 sdc1
mdadm:Defaulting to version 1.2 metadata
mdadm:array /dev/md0 started.
```

3．使用 sdb2、sdc2 和 sdc3 构成 RAID5，其中 sdc3 作为校验盘。

```
[root@localhost ~]# mdadm -C /dev/md1 -l 5 -n 2 -x 1 /dev/sdb2 /dev/sdc2 /dev/sdc3
# 创建名为 md1 的磁盘阵列，级别为 5，数据盘个数为 2，分别为 sdb2 和 sdc2，校验盘个数为 1，
# 为 sdc3
mdadm:Defaulting to version 1.2 metadata
mdadm:array /dev/md1 started.
```

4．格式化磁盘阵列，并将其挂载到文件系统中。

```
[root@localhost ~]# mkfs.xfs /dev/md0              # 格式化 md0
[root@localhost ~]# mkfs.xfs /dev/md1              # 格式化 md1
[root@localhost ~]# mkdir /raid0                   # 创建目录 /raid0
[root@localhost ~]# mkdir /raid5                   # 创建目录 /raid5
[root@localhost ~]# mount /dev/md0 /raid0          # 将 md0 挂载到 /raid0
[root@localhost ~]# mount /dev/md1 /raid5          # 将 md1 挂载到 /raid5
```

5．性能测试。

（1）复制 1GB 数据到普通磁盘，复制速率为 82.7 MB/s。

```
[root@localhost ~]# time dd if=/dev/zero of=txt bs=1M count=1000
记录了 1000+0 的读入
记录了 1000+0 的写出
1048576000 字节 (1.0 GB) 已复制 ,12.6745 秒 ,82.7 MB/s
```

（2）复制 1GB 数据到 RAID0 磁盘阵列，复制速率为 1.2GB/s。

```
[root@localhost ~]# cd /raid0
[root@localhost raid0]# time dd if=/dev/zero of=txt bs=1M count=1000
记录了 1000+0 的读入
记录了 1000+0 的写出
1048576000 字节 (1.0 GB) 已复制 ,0.879868 秒 ,1.2 GB/s
```

（3）复制 1GB 数据到 RAID5 磁盘阵列，复制速率为 628MB/s。

```
[root@localhost raid0]# cd /raid5
[root@localhost raid5]# time  dd  if=/dev/zero  of=txt  bs=1M  count=1000
记录了 1000+0 的读入
记录了 1000+0 的写出
1048576000 字节 (1.0 GB) 已复制 ,1.67051 秒 ,628 MB/s
```

8.5 练习题

一、单选题

1．下面命令中用于显示各分区使用情况的是（　）。

A．ls　　B．ll　　C．du　　D．df

2．下面命令中用于统计目录下所有文件所占空间的是（　）。

A．ls　　B．ll　　C．du　　D．df

3．Linux 的主机名配置文件是（　）。

A．/etc/hosts　　B．/etc/name

C．/etc/hostname　　D．/etc/host.conf

4．RHEL7 系统的网卡配置文件所在目录为（　）。

A．/etc/network/network-scripts/　　B．/etc/config/network/

C．/etc/system/network/　　D．/etc/sysconfig/network-scripts/

5．下面命令中能够显示主机上所有网络连接状态的是（　）。

A．netstat　　B．ifconfig　　C．ping　　D．route

6．RHEL7 默认管理防火墙的命令是（　）。

A．systemctl　　B．iptables

C．firewalld　　D．firewall-cmd

7．能够动态调整分区大小的技术是（　）。

A．fdisk　　B．RAID0　　C．RAID5　　D．LVM

二、多选题

1．下面可以修改主机名的命令是（　）。

A．hostname　　B．host

C．name　　D．hostnamectl

2．ifconfig 命令具有（　）功能。

A．修改网卡配置文件　　B．显示网卡 IP 地址

C．设置网卡 IP 地址　　D．关闭、开启网卡

3．下面命令中与进程相关的命令是（　）。

A．netstat　　B．df　　C．kill　　D．ps

4．systemctl 命令可以完成（　）功能。

A．启动、重启、停止服务　　B．设置服务为开机启动

C．切换图形界面和字符界面　　D．重启、关闭系统

三、判断题

1．Linux 的所有命令只在内存中生效，由于没有修改配置文件，因此重启后命令配置将不再生效。（　）

2．Linux 系统使用命令 ipconfig 查看主机 IP 配置信息。（　）

3．/etc/hosts 文件是本机名字解析文件，只为本机提供名称和 IP 地址的对应关系。（　）

4．setenforce 0 可以关闭 SELinux，系统重启后 SELinux 将自动启动，可以通过修改 /etc/selinux/config 配置文件使系统重启后不自动启动 SELinux。（　）

5．数据写入 RAID0 的速度要比写入 RAID5 的速度快。（　）

任务 9
搭建 NFS 服务器

9.1 任务要求

1．在 NFS 服务器上查询 nfs-utils 和 rpcbind 程序是否安装，如果未安装，使用 yum 安装它们。

2．显示 nfs-server 和 rpcbind 服务的状态，将它们设置为开机自动启动，并启动这两个服务，再次显示 nfs-server 和 rpcbind 服务的状态，确认它们已启动。

3．在 NFS 服务器上创建目录用于共享，并修改配置文件为所有用户提供只读共享，如图 9-1 所示。

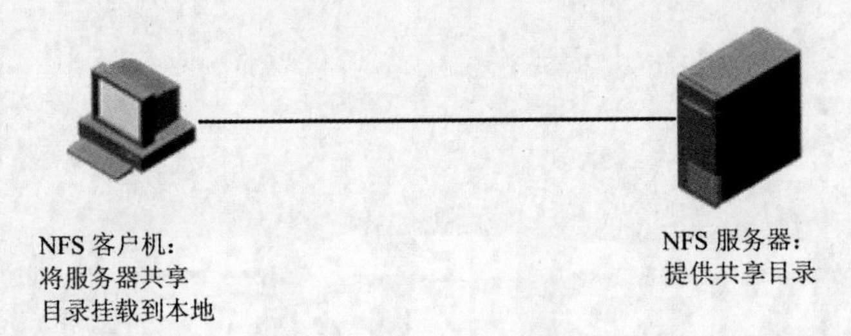

图 9-1　NFS 共享连接示意图

4．设置防火墙允许 nfs 和 rpc-bind 服务通过（或关闭防火墙）。

5．在 NFS 客户机上将 NFS 服务器的共享目录挂载到本地，并验证其只读访问功能。

6．在 NFS 服务器上修改配置文件，将 NFS 共享设置为读写共享、屏蔽 root 用户，验证其读写功能和屏蔽 root 用户功能。

7．在 NFS 服务器上修改配置文件，将 NFS 共享设置为读写共享、不屏蔽 root 用户，验证其不屏蔽 root 用户功能。

9.2 相关知识

9.2.1　NFS 基本概念

NFS（Network File System）即网络文件系统，使用 NFS 可实现网络中计算机之间文件资源的共享。在 NFS 服务器上安装 NFS 服务并提供可共享的目录；在 NFS 的客户端将共享目录挂载到本地目录后，就可以像访问本地目录一样访问 NFS 服务器上的共享目录。其功能与 Windows 中通过网上邻居实现文件夹共享类似。

9.2.2　NFS 需要安装的软件

要实现 NFS 共享需要安装 nfs-utils 和 rpcbind 软件包，并启动 nfs-server 和 rpcbind 服务。

默认情况下 RHEL7 已经安装 NFS 所需的相关软件包，可使用下列命令查询相关软件包是否安装：

```
[root@localhost ~]# rpm  -qa | grep  nfs-utils          # 查询 nfs-utils 软件包是否安装
nfs-utils-1.3.0-0.el7.x86_64                            # 查询结果，已安装
[root@localhost ~]# rpm  -qa | grep  rpcbind            # 查询 rpcbind 软件包是否安装
rpcbind-0.2.0-23.el7.x86_64                             # 查询结果，已安装
```

查询 nfs-server 服务状态，设置为开机自动启动，并启动该服务：

```
[root@localhost ~]# systemctl  status  nfs-server       # 查询 nfs-server 服务状态
nfs-server.service - NFS Server
  Loaded:loaded(/usr/lib/systemd/system/nfs-server.service ; disabled)
  Active:inactive(dead)              # 查询结果，nfs-server 服务未设置为开机启动，当前状态为未激活
[root@localhost ~]# systemctl  enable  nfs-server       # 将 nfs-server 设置为开机启动
ln -s '/usr/lib/systemd/system/nfs-server.service' '/etc/systemd/system/nfs.target.wants/nfs-server.service'
                                                        # 命令结果，已设置为开机启动
[root@localhost ~]# systemctl  start   nfs-server       # 启动 nfs-server 服务
[root@localhost ~]# systemctl  status  nfs-server       # 查询 nfs-server 服务状态
nfs-server.service - NFS Server
  Loaded:loaded(/usr/lib/systemd/system/nfs-server.service; enabled)
  Active:active(exited) since 一 2017-09-25 20:20:03 CST; 4s ago
```

查询结果第一行 enabled 表示该服务已设置为开机启动，第二行 active 表示该服务已启动。

默认情况下，rpcbind 服务为开机自动启动，该服务在开机时已自动启动。

9.2.3 NFS 配置文件

NFS 服务器通过读取 /etc/exports 配置文件来设定哪些客户端可以访问哪些 NFS 共享文件系统。该文件在未配置前是一个空文件，需要用户手动配置。其文件格式为：

```
共享路径    客户端主机（选项）
```

各部分含义如下：

- 共享路径：是 NFS 服务器上用于共享的目录。
- 客户端主机：是指可以使用该共享目录的客户机，可以设置为某主机 IP 地址，可以设置为某个网段，也可以使用“*”表示允许所有主机访问其共享目录。
- 选项：常用选项有 ro（只读）、rw（读写）、sync（同步写入）、async（异步写入）、root_squash（屏蔽远程 root）、no_root_squash（不屏蔽远程 root）。

/etc/exports 文件最简单的配置如下：

```
/share  *
```

其中 /share 表示要共享的目录，而“*”表示允许所有用户访问该共享目录，选项可以不写，表示使用默认选项 ro、sync、root_squash，即只读、同步、屏蔽 root。

修改完配置文件 /etc/exports 后，需要创建用于共享的目录：

```
[root@localhost ~]# mkdir  /share
```

然后使用下面的命令重新启动 nfs-server 服务，使该配置文件的修改生效：

```
[root@localhost ~]# systemctl  restart  nfs-server                  # 重启 nfs-server 服务
```

或不启动服务只重新装载配置文件：

```
[root@localhost ~]# exportfs  -ar                                   # 重新装载配置文件
```

9.2.4 客户端访问 NFS 服务器共享目录

客户端要访问 NFS 服务器的共享目录，必须保证客户端和 NFS 服务器网络通信正常，且防火墙允许 nfs 及 rpc-bind 服务（或关闭防火墙）。

```
[root@localhost ~]# firewall-cmd --add-service=nfs --permanent          # 防火墙允许 nfs
[root@localhost ~]# firewall-cmd --add-service=rpc-bind --permanent     # 防火墙允许 rpc-bind
[root@localhost ~]# firewall-cmd --reload          # 修改防火墙配置后需要重新装载才能在内存
                                                   # 中生效
```

为方便操作也可以使用下述命令直接关闭防火墙：

```
[root@localhost ~]# systemctl stop firewalld                    # 关闭防火墙
```

完成上述操作后，需要在客户端创建一个目录，以便将远程 NFS 共享目录挂载到本地目录，然后即可像访问本地目录一样访问远程 NFS 共享目录了。

```
[root@localhost ~]# mkdir /nfsshare                    # 创建客户端本地目录
[root@localhost ~]# mount 192.168.10.1:/share /nfsshare   # 将 NFS 服务器（IP 地址为 192.168.10.1）
                                                          # 上的 NFS 共享目录 /share 挂载到本地
                                                          # 目录 /nfsshare
```

9.3 任务实施

NFS 只读共享

1．在 NFS 服务器上查询 nfs-utils 和 rpcbind 程序是否安装，如果未安装，使用 yum 安装它们。

```
[root@localhost ~]# rpm -qa | grep nfs-utils            # 查询 nfs-utils 软件包是否安装
[root@localhost ~]# rpm -qa | grep rpcbind              # 查询 rpcbind 软件包是否安装
```

如果未安装，使用 yum 安装（需配置 yum 本地安装源）：

```
[root@localhost ~]# yum install nfs-utils rpcbind -y    # 安装 nfs、rpcbind 软件包
```

2．显示 nfs-server 和 rpcbind 服务的状态，将它们设置为开机自动启动，并启动这两个服务，再次显示 nfs-server 和 rpcbind 服务的状态，确认它们已启动。

```
[root@localhost ~]# systemctl status nfs-server                # 查询 nfs-server 服务状态
[root@localhost ~]# systemctl status rpcbind                   # 查询 rpcbind 服务状态
[root@localhost ~]# systemctl enable nfs-server rpcbind        # 将 nfs-server、rpcbind 服务设置为
                                                               # 开机启动
[root@localhost ~]# systemctl start nfs-server rpcbind         # 启动 nfs-server、rpcbind 服务
[root@localhost ~]# systemctl status nfs-server rpcbind        # 确认 nfs-server、rpcbind 服务状态
```

3．在 NFS 服务器上创建目录用于共享，并修改配置文件为所有用户提供只读共享。

```
[root@localhost ~]# mkdir /share                 # 创建 NFS 共享目录
[root@localhost ~]# vim /etc/exports             # 编辑 /etc/exports 文件
```

/etc/exports 文件中的内容为：

```
/share        *        # 表示允许所有客户访问 /share 共享，选项默认为只读和屏蔽 root
[root@localhost ~]# systemctl restart nfs-server       # 重启 nfs-server 服务，使修改的配置生效
[root@localhost ~]# showmount -e 192.168.72.136        # 显示本机上的共享目录，其中 192.168.72.136
                                                       # 为本机 IP 地址
Export list for 192.168.72.136:                        # 显示结果，说明配置生效
/share *
```

4．设置防火墙允许 nfs 和 rpc-bind 服务通过（或关闭防火墙）。

```
[root@localhost ~]# firewall-cmd --add-service=nfs --permanent          # 防火墙允许 nfs
```

```
[root@localhost ~]# firewall-cmd  --add-service=rpc-bind  --permanent   # 防火墙允许 rpc-bind
[root@localhost ~]# firewall-cmd  --reload  # 修改防火墙配置后需要重新装载才能在内存中生效
```

或直接关闭防火墙：

```
[root@localhost ~]# systemctl stop firewalld            # 关闭防火墙
```

5．在 NFS 客户机上将 NFS 服务器的共享目录挂载到本地，并验证其只读访问功能。

```
[root@RHEL7NO2 ~]# mkdir  /nfsshare                 # 创建本地挂载目录
[root@RHEL7NO2 ~]# mount  192.168.72.136:/share  /nfsshare/   # 将 192.168.72.136 上的共享目录
                                                              # /share 挂载到本地目录 /nfsshare
```

验证过程如下：

在服务器端共享目录中创建一个文件 nfsfile，命令如下：

```
[root@localhost ~]# cd /share                        #NFS 服务器进入到目录 /share 下
[root@localhost ~]# echo this is nfs-server file > nfsfile  # 在 share 下创建一个名为 nfsfile 的文件，
                                                      # 其内容为 this is nfs-server file
[root@RHEL7NO2 ~]# cd  /nfsshare/                    # 客户机进入到 /nfsshare 目录
[root@RHEL7NO2 nfsshare]# ls                         # 显示当前目录下的所有文件
nfsfile                                              # 能看到在服务器上创建的文件
[root@RHEL7NO2 nfsshare]# cat  nfsfile               # 显示该文件内容
this is nfs-server file                              # 命令结果，与服务器上的文件的相同
[root@RHEL7NO2 nfsshare]# cp  nfsfile  /root/        # 将该文件复制到 /root/ 目录下
[root@RHEL7NO2 nfsshare]# cat  /root/nfsfile         # 显示 /root/ 目录下 nfsfile 文件的内容
this is nfs-server file                              # 命令结果，与服务器上的文件相同，说明可
                                                     # 以将服务器文件复制到本地
 [root@RHEL7NO2 nfsshare]# rm  -f  nfsfile           # 删除 nfsfile 文件
rm：无法删除 "nfsfile"：只读文件系统                   # 命令结果，提示为只读文件，说明该共享为
                                                     # 只读共享
[root@RHEL7NO2 /]#umount  /nfsshare   # 取消远程挂载
```

6．在 NFS 服务器上修改配置文件，将 NFS 共享设置为读写共享、屏蔽 root 用户，验证其读写共享功能和屏蔽 root 用户功能。

NFS 读写共享及不屏蔽远程 root

配置 NFS 服务器，使其支持读写功能。

```
[root@localhost ~]# vim /etc/exports            # 编辑 /etc/exports 文件
```

/etc/exports 文件中的内容为：

```
/share          *(rw)     # 表示允许所有客户访问 /share 共享，选项为可读写，默认屏蔽 root
[root@localhost share]# exportfs  -ar              # 重新装载配置文件
[root@localhost share]# chmod  a+w  /share/        # 修改目录 /share 权限，允许所有用户拥有写权限
[root@RHEL7NO2 ~]# mount  192.168.72.136:/share  /nfsshare/
# 在客户机上将 192.168.72.136 上的共享目录 /share 挂载到本地目录 /nfsshare
```

在客户端验证 NFS 读写共享及屏蔽 root 用户功能，命令如下：

```
[root@RHEL7NO2 nfsshare]# echo  this is nfs-cleint file > clientfile
# 在客户机挂载目录下创建文件 clientfile，内容为 this is nfs-client file
[root@localhost share]# ll                         # 在 NFS 服务器上显示共享目录文件
总用量 8
-rw-r--r--. 1 nfsnobody nfsnobody 24 9 月  25 22:15 clientfile
-rw-r--r--. 1 root      root      24 9 月  25 21:58 nfsfile
# 客户机在共享目录下写入了文件 clientfile，说明共享目录具有了写权限，但文件所属用户及用
# 户组均为 nfsnobody，说明屏蔽了 root 权限
```

在服务器端查看客户端写入的文件：

```
[root@localhost share]# cat  clientfile           # 在服务器的共享目录下显示文件内容
this is nfs-cleint file                           # 与客户机写入内容一致
```

7．在 NFS 服务器上修改配置文件，将 NFS 共享设置为读写共享、不屏蔽 root 用户，验证其不屏蔽 root 用户功能。

配置 NFS 服务器，使其不屏蔽 root 用户：

```
[root@localhost ~]# vim /etc/exports          # 编辑 /etc/exports 文件
```

/etc/exports 文件中的内容为：

```
/share *(rw,no_root_squash)        # 表示允许所有客户访问 /share 共享，权限为可读写、不屏蔽 root
[root@localhost share]# exportfs -ar              # 重新装载配置文件
```

在客户端验证不屏蔽 root 用户功能，命令如下：

```
[root@RHEL7NO2 nfsshare]# touch rootfile     # 在客户机上的 /nfsshare 目录下创建空文件 rootfile
[root@localhost share]# ll                     # 在服务器上显示共享目录下的文件
总用量 8
-rw-r--r--. 1 nfsnobody nfsnobody 24 9 月 25 22:15 clientfile
-rw-r--r--. 1 root      root      24 9 月 25 21:58 nfsfile
-rw-r--r--. 1 root      root       0 9 月 25 22:30 rootfile
# 查找到客户创建的空文件 rootfile，该文件所属用户为 root，用户组为 root 组表示未屏蔽 root
# 权限
```

9.4 任务拓展

也可以使用 Windows 终端作为 NFS 客户机来访问 RHEL7 的 NFS 共享文件夹。真实机使用 Windows 10 操作系统，安装 NFS 客户端，虚拟机使用 RHEL7，安装 NFS 服务。在 NFS 服务器上提供目录 /rodir 作为只读共享目录，目录 /rwdir 作为读写目录，使用真实机来访问虚拟机 RHEL7 系统提供的 NFS 服务。下面给出实现步骤。

1．配置真实机和虚拟机的 IP 地址参数，使真实机和虚拟机能够正常通信。

2．在虚拟机的 RHEL7 系统中创建共享目录并修改目录权限属性。

```
[root@RHEL7NO2 ~]# mkdir /rodir /rwdir          # 创建共享目录 /rodir 和 /rwdir
[root@RHEL7NO2 ~]# chmod a+w /rwdir             # 增加所有用户对 /rwdir 目录的写权限
```

3．修改 NFS 配置文件 /etc/exports。

```
[root@RHEL7NO2 ~]# vim /etc/exports             # 编辑 /etc/exports，输入下列内容
/rodir *(ro)
/rwdir *(rw)
```

4．启动 NFS 服务，关闭防火墙。

```
[root@RHEL7NO2 ~]# systemctl start nfs-server
[root@RHEL7NO2 ~]# systemctl stop firewalld
```

5．Windows 终端安装 NFS 客户端。

打开“控制面板”→“程序和功能”→“启用或关闭 Windows 功能”，如图 9-2 所示。

图 9-2　安装 NFS 客户端

选中 NFS 服务下的 NFS 客户端，单击“确定”按钮，安装 NFS 客户端软件。

6．在 Windows 客户端挂载 NFS 服务器目录到本地驱动器。

打开 Windows 的命令窗口，执行下列命令：

```
C:\Users\Enz>showmount -e 192.168.20.10          # 显示 192.168.20.10 上的共享目录
导出列表在 192.168.20.10:                        # 命令结果
/rodir                  *
/rwdir                  *
C:\Users\Enz>mount 192.168.20.10:/rodir y:       # 将只读目录挂载到本地 Y: 盘
y: 现已成功连接到 192.168.20.10:/rodir
C:\Users\Enz>mount 192.168.20.10:/rwdir z:       # 将读写目录挂载到本地 Z: 盘
z: 现已成功连接到 192.168.20.10:/rwdir
```

7．进行读写测试

```
[root@RHEL7NO2 ~]# touch /rodir/rofile /rwdir/rwfile   # 在 RHEL 的 /rodir 目录下创建文件 rofile，
                                                       # 在 /rwdir 目录下创建文件 rwfile
```

在 Windows 客户端打开资源管理器，如图 9-3 所示。

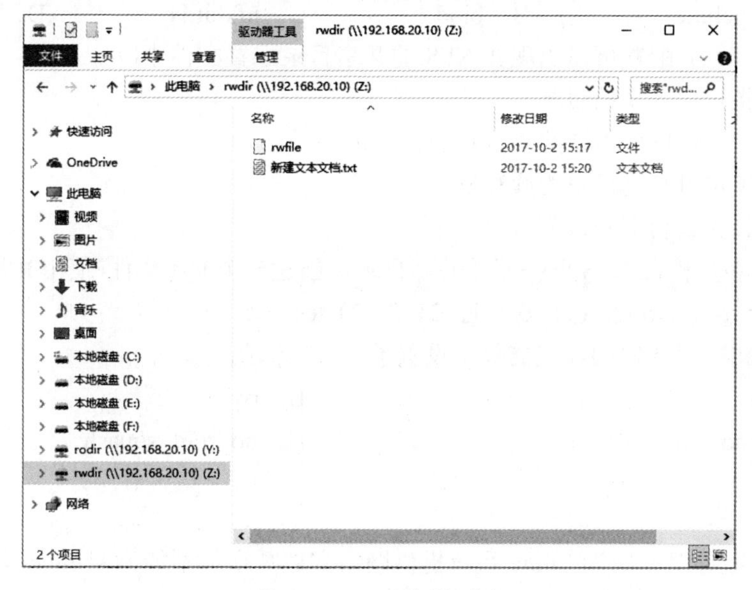

图 9-3　NFS 读写测试

可以看到挂载到本地 Y: 盘的只读共享目录 rodir 和挂载到本地 Z: 盘的读写共享目录 rwdir，在 Y: 盘和 Z: 盘上能够看到服务器上创建的文件，可以在 Z: 盘上创建文件，说明 Z: 盘具有写入功能。

9.5 练习题

一、单选题

1．下面（　）是 NFS 服务器配置共享目录的文件。

A．/etc/nfs.conf　　　　B．/etc/exports

C．/etc/share　　　　　D．/etc/dir.conf

2．使用下面（　）命令，可以在不重新启动 nfs-server 服务的情况下装载 NFS 共享目录配置，从而使修改的配置生效。

A．reload　　B．exportfs　　C．restart　　D．systemctl

3．下面将远程 NFS 共享目录挂载到本地目录的命令格式正确的是（　）。

A．mount 远程共享目录 本地目录

B．mount 本地目录 远程共享目录

C．mount 远程 IP: 远程共享目录 本地目录

D．mount 本地目录 远程 IP: 远程共享目录

二、多选题

1．要提供 NFS 服务需要安装（　）软件包。

A．rpcbind　　B．bind　　C．nfs-utils　　D．nfs-server

2．下面（　）配置可以出现在 NFS 的共享目录配置文件中。

A．指定要共享的目录

B．指定可以使用该共享目录的客户机

C．指定对共享目录的读写权限

D．设置是否屏蔽远程 root

3．NFS 客户机在 NFS 服务器的共享目录上创建一个 test 文件，使用 ll 显示结果为：

-rw-r--r--. 1 root root 0 9月 25 22:30 test

说明在 NFS 服务器的配置文件中设置了（　）选项。

A．ro　　B．rw

C．root_squash　　D．no_root_squash

三、判断题

1．NFS 服务器只能为 Linux 系统提供网络文件共享，不能为 Windows 系统提供网络文件共享。（　）

2．需要将共享目录挂载到本地文件系统才能访问共享目录。（　）

3．默认情况下 rpcbind 服务为开机自动启动，而 nfs-server 服务不会开机自动启动。（　）

4．只要将本地目录的权限设置为 777，然后将远程共享目录挂载到该目录，就可以实现对远程共享目录的读写操作。（　）

任务 10
DHCP 服务器安装与配置

10.1 任务要求

1．检查 DHCP 软件包是否安装，如果未安装使用 yum 安装。

2．配置服务器本机 IP 为静态 IP，地址为“192.168. 学号后两位 .1”，掩码为 255.255.255.0。

3．修改 DHCP 配置文件，动态分配的 IP 地址范围为“192.168. 学号后两位 .128”～“192.168. 学号后两位 .200”，DNS 服务器 IP 为“192.168. 学号后两位 .1”（即本机 IP），默认网关为“192.168. 学号后两位 .254”，默认租期为 1 天，并启动 DHCP 服务。

4．关闭 VMware 中虚拟网络提供的 DHCP 服务，将真实机对应虚拟网卡设置为自动获取，检测是否获得相关参数。如果能够自动获取，检测相关参数是否与服务器配置相符。

5．修改 DHCP 配置文件，为虚拟网卡分配固定 IP 地址，固定 IP 地址为“192.168. 学号后两位 .100”。

6．检测虚拟网卡是否获得指定 IP。

10.2 相关知识

10.2.1 DHCP 基础知识

DHCP（Dynamic Host Configuration Protocol，动态主机配置协议）的作用是为计算机提供动态的主机配置信息，主要包括：IP 地址、子网掩码、默认网关和 DNS 服务器地址。

DHCP 服务器需要安装相应的服务程序，普通计算机只需要将自己配置成自动获取，即可通过 DHCP 协议从服务器动态获取相关配置信息。

1．DHCP 客户首次自动获取配置信息

DHCP 协议工作原理如图 10-1 所示。

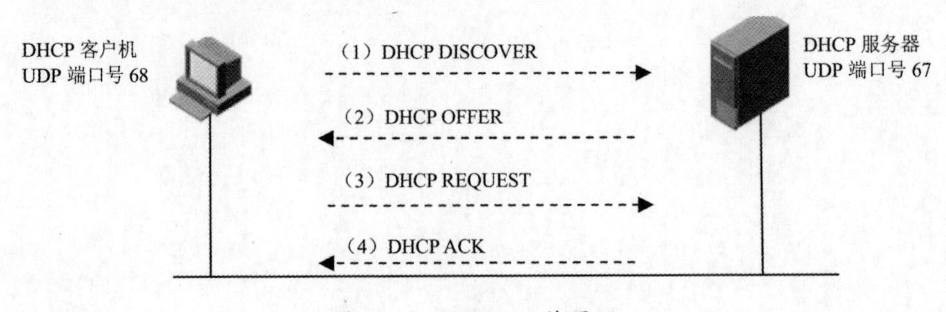

图 10-1　DHCP 工作原理

（1）发现 DHCP 服务器：如果一台计算机被配置为自动获取 IP 配置，当计算机启动时，将自动向网络广播一个 DHCP DISCOVER 数据包，该数据包用于寻找网络上的 DHCP 服务器，以便从 DHCP 服务器上获得 IP 配置。

（2）DHCP 服务器提供 IP 租约：网络上的 DHCP 服务器收到 DHCP DISCOVER 后，根据 DHCP 服务器的配置信息为 DHCP 客户提供 IP 配置信息，向客户机发送 DHCP OFFER 数据包。

（3）客户机接受租约：如果网络上有多台 DHCP 服务器，客户机可能会收到多个 DHCP OFFER 数据包，客户机一般只接受最先到达的 DHCP OFFER，然后向网络广播一个 DHCP REQUEST，以告诉网络上的所有 DHCP 服务器，它接受了哪一个 DHCP 服务器提供的配置信息。

（4）服务器确认租约：DHCP 服务器收到客户机的 DHCP REQUEST，向客户机发送 DHCK ACK，对客户接受的租约进行确认。

2. DHCP 客户机重新登录网络

DHCP 客户机成功获得配置信息后，重新登录网络时就不需要再发送 DHCP DISCOVER 报文了，而是直接发送包含前一次所分配的 IP 地址的 DHCP REQUEST 报文。当 DHCP 服务器收到这一信息后，它会尝试让 DHCP 客户机继续使用原来的 IP 地址，并发送 DHCP ACK 报文进行确认。

如果该 IP 地址无法再分配给原来的 DHCP 客户机使用，则 DHCP 服务器给 DHCP 客户机发送一个 DHCPNACK 报文，表示原配置信息未被确认，即不能再使用。DHCP 客户机收到此 DHCPNACK 报文后，将发送 DHCP DISCOVER 报文来重新寻找 DHCP 服务器，以获取新的配置信息。

3. 更新 IP 地址租约

DHCP 服务器以租借的形式为客户机动态分配 IP 地址，因此动态获取的 IP 地址都有租期，租期长短可以由 DHCP 服务器配置。

客户机会在租期过去 50% 的时候，直接向为其提供 IP 地址的 DHCP 服务器发送 DHCP REQUEST 报文。如果客户机接收到该服务器回应的 DHCP ACK 报文，客户机就根据报文中所提供的新的租期以及其他已经更新的 TCP/IP 参数更新自己的配置，IP 租期更新完成；如果没有收到该服务器的回复，则客户机继续使用现有的 IP 地址，因为当前租期还有 50%。

如果在租期过去 50% 的时候没有更新，则客户机将在租期过去 87.5% 的时候再次与为其提供 IP 地址的 DHCP 服务器联系。如果还不成功，到租约 100% 的时候，客户机必须放弃这个 IP 地址，重新申请。如果此时无 DHCP 可用，Windows 客户机会使用 169.254.0.0/16 中随机的一个地址，并且每隔 5 分钟再进行尝试。

4. DHCP 中继

由于 DHCP 协议采用广播方式进行工作，因此 DHCP 服务器通常只能为同一广播域的用户提供相关配置信息。如果希望一台 DHCP 服务器能够为其他网络的计算机提供动态主机配置，则需要在该网络的网关处配置 DHCP 中继功能，将收到的 DHCP 相关报文以单播的形式转发到 DHCP 服务器。

10.2.2 Linux 系统 DHCP 服务安装与配置

RHEL7 光盘中带有与 DHCP 服务相关的软件包，其主程序包名为 dhcp-4.2.5-27.el7.x86_64，该软件包包括 DHCP 服务及 DHCP 中继服务功能，安装该软件包后，经过相应配置即可提供 DHCP 服务和 DHCP 中继服务。

DHCP 软件包及配置文件

1. 提供 DHCP 服务的主要配置文件

DHCP 服务的主要配置文件为 /etc/dhcp/dhcpd.conf。安装完 dhcp-4.2.5-27.el7.x86_64 后，将自动创建该文件，内容如下：

```
#
# DHCP Server Configuration file.
#   see /usr/share/doc/dhcp*/dhcpd.conf.example
#   see dhcpd.conf(5) man page
#
```

默认情况下该文件只有一段注释说明，本文件为 DHCP 服务器配置文件，可以查看配置示例文件 /usr/share/doc/dhcp*/dhcpd.conf.example，或者使用 man 命令查看该配置文件手册。

```
[root@localhost ~]# vim  /usr/share/doc/dhcp*/dhcpd.conf.example      # 查看该示例文件
```

其中有一段内部子网的配置示例，可以参照该格式写自己的 DHCP 配置文件，示例说明如下：

```
# A slightly different configuration for an internal subnet.
subnet 10.5.5.0 netmask 255.255.255.224 {                          # 子网号及掩码
  range 10.5.5.26 10.5.5.30;                                       # 动态地址范围
  option domain-name-servers ns1.internal.example.org;             # 域名服务器
  option domain-name "internal.example.org";                       # 域名
  option routers 10.5.5.1;                                         # 默认网关
  option broadcast-address 10.5.5.31;                              # 广播地址
  default-lease-time 600;                                          # 默认租期，单位秒
  max-lease-time 7200;                                             # 最大租期，单位秒
}
```

还有一段为指定主机分配固定地址的示例，说明如下：

```
host fantasia {                                                    # 主机
  hardware ethernet 08:00:07:26:c0:a5;                             # 主机硬件地址
  fixed-address fantasia.fugue.com;                                # 该主机对应的固定地址
}
```

配置示例文件中使用了一些域名，如果不知道域名可以直接使用 IP 地址替代。配置文件修改后，需要重启 DHCP 服务使修改的配置生效，并设置防火墙允许访问 DHCP 服务。

2. DHCP 中继服务

安装 dhcp-4.2.5-27.el7.x86_64 的同时也安装了 DHCP 中继服务，中继服务文件位于 /usr/lib/systemd/system/dhcrelay.service，中继服务启动时需要指明目的 DHCP 地址，

否则服务启动不会成功。

修改该服务文件，在服务启动命令行最后输入 DHCP 服务器 IP 地址，如下：

```
[Service]
ExecStart=/usr/sbin/dhcrelay -d --no-pid    DHCP 服务器 IP 地址
```

服务文件修改后需要重新装载修改后的服务单元，使用如下命令：

```
[root@localhost ~]# systemctl --system daemon-reload
```

然后才能使用 systemctl 命令来启动 dhcrelay 服务：

```
[root@localhost ~]# systemctl start dhcrelay
```

DHCP 配置实例

10.3 任务实施

1．检查 DHCP 软件包是否安装，如果未安装使用 yum 安装。

```
[root@localhost ~]# rpm -qa | grep dhcp          # 查找已安装的 DHCP 相关软件包
dhcp-libs-4.2.5-27.el7.x86_64                     # 查找结果，DHCP 主程序包未安装
dhcp-common-4.2.5-27.el7.x86_64
```

要使用 yum 安装，必须保证 yum 本地安装源正确配置、安装光盘正确挂载。

```
[root@localhost ~]# yum install dhcp -y
[root@localhost ~]# rpm -qa | grep dhcp          # 再次查询
dhcp-libs-4.2.5-27.el7.x86_64
dhcp-common-4.2.5-27.el7.x86_64
dhcp-4.2.5-27.el7.x86_64                          # DHCP 主程序包已安装
```

2．配置服务器本机 IP 为静态 IP，地址为“192.168. 学号后两位 .1”，掩码为 255.255.255.0。

以学号后两位为 10 为例，IP 地址为 192.168.10.1，DNS 服务器地址为 192.168.10.1。

```
[root@localhost ~]# vim /etc/sysconfig/network-scripts/ifcfg-eno16777736    # 编辑网卡配置文件
BOOTPROTO=static                                  # 设置网卡为静态配置
IPADDR=192.168.10.1                               # 设置 IP 地址
NETMASK=255.255.255.0                             # 设置子网掩码
DNS1=192.168.10.1                                 # 设置本机首选 DNS 服务器地址
[root@localhost ~]# systemctl restart network     # 重启网络服务使配置生效
[root@localhost ~]# ifconfig                      # 查看 IP 地址
```

3．修改 DHCP 配置文件，动态分配的 IP 地址范围为“192.168. 学号后两位 .128”～“192.168. 学号后两位 .200”，DNS 服务器 IP 为“192.168. 学号后两位 .1”（即本机 IP），默认网关为“192.168. 学号后两位 .254”，默认租期为 1 天，并启动 DHCP 服务。

```
[root@localhost ~]# vim /etc/dhcp/dhcpd.conf      # 编辑 dhcp 服务配置文件，输入如下内容
subnet 192.168.10.0 netmask 255.255.255.0 {       # 子网号及掩码
 range 192.168.10.128 192.168.10.200;             # 动态分配 IP 地址范围
 option domain-name-servers 192.168.10.1;         # 域名服务器地址
 option routers 192.168.10.254;                   # 默认网关地址
 default-lease-time 86400;                        # 默认租期，单位秒
}
[root@localhost ~]# systemctl start dhcpd         # 启动 DHCP 服务
[root@localhost ~]# systemctl enable dhcpd        # 将 DHCP 服务设置为开机启动
```

防火墙允许 DHCP 访问：

```
[root@localhost ~]# firewall-cmd  --permanent  --add-service=dhcp   # 增加防火墙规则，允许访问
                                                                    # DHCP 服务
[root@localhost ~]# firewall-cmd  --reload  # 重新装载规则，使新增规则在内存中生效
```

或者关闭防火墙：

```
[root@localhost ~]#systemctl  stop  firewalld          # 停止 firewalld 服务
[root@localhost ~]#systemctl  disable  firewalld       # 将 firewalld 服务设置为开机不启动
```

4．关闭 VMware 中虚拟网络提供的 DHCP 服务，将真实机对应虚拟网卡设置为自动获取，检测是否获得相关参数。如果能够自动获取，检测相关参数是否与服务器配置相符。

打开 VMware 编辑菜单中的“虚拟网络编辑器”，由于虚拟机连接在 NAT 虚拟网络上，因此将该网络默认的 DHCP 服务关掉，如图 10-2 所示。

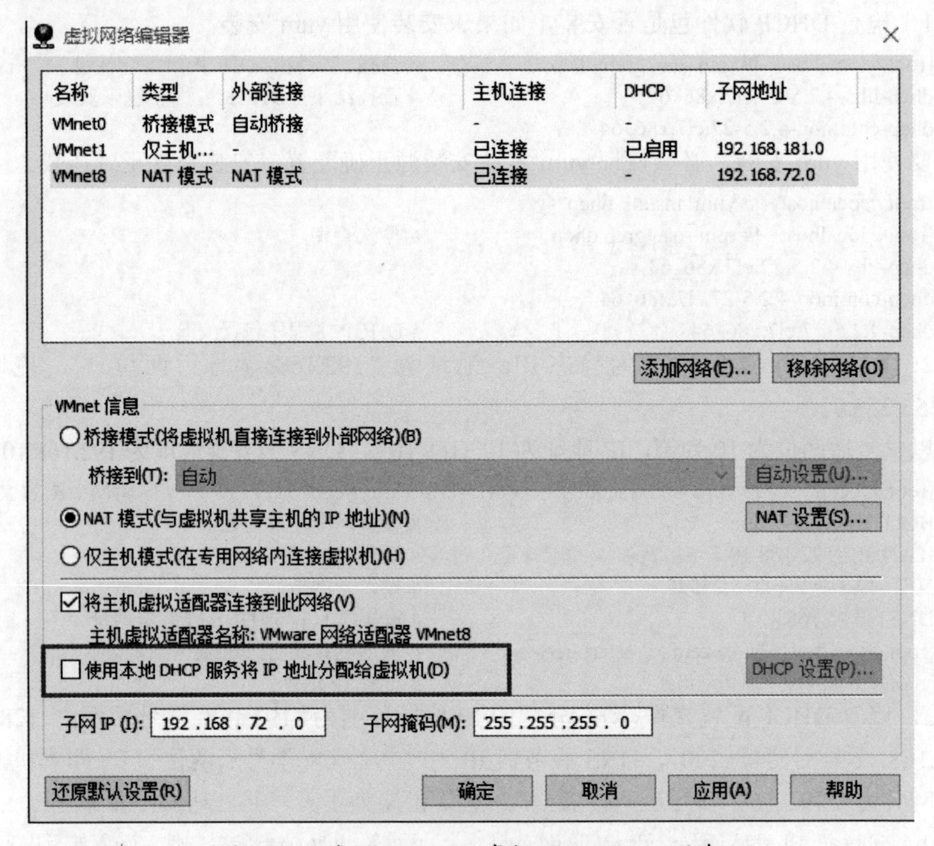

图 10-2　关闭 VMware 虚拟网络 DHCP 服务

将真实机对应的虚拟网卡设置为自动获取 IP 地址及 DNS 服务器地址，如图 10-3 所示。

查看该网卡的网络连接详细信息，如图 10-4 所示。

网卡从 DHCP 服务器上获取的 IP 地址、子网掩码、默认网关、DNS 服务器地址及租期均与 DHCP 服务器上的配置相符。

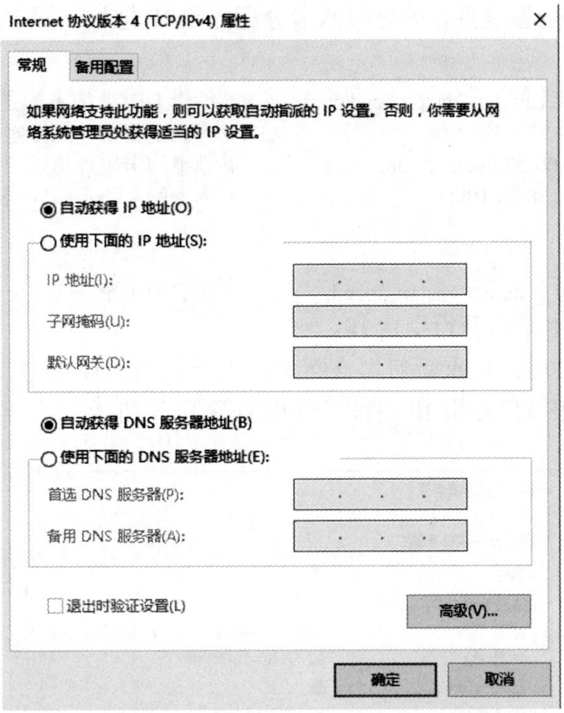

Internet 协议版本 4 (TCP/IPv4) 属性

常规　备用配置

如果网络支持此功能，则可以获取自动指派的 IP 设置。否则，你需要从网络系统管理员处获得适当的 IP 设置。

◉ 自动获得 IP 地址(O)

○ 使用下面的 IP 地址(S):

IP 地址(I):

子网掩码(U):

默认网关(D):

◉ 自动获得 DNS 服务器地址(B)

○ 使用下面的 DNS 服务器地址(E):

首选 DNS 服务器(P):

备用 DNS 服务器(A):

☐ 退出时验证设置(L)　　高级(V)...

确定　取消

图 10-3　设置真实机虚拟网卡为自动获取

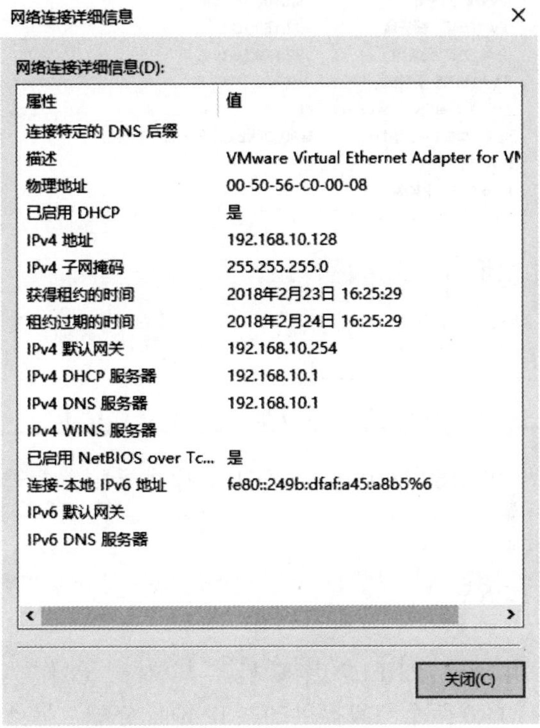

网络连接详细信息

网络连接详细信息(D):

属性	值
连接特定的 DNS 后缀	
描述	VMware Virtual Ethernet Adapter for VI
物理地址	00-50-56-C0-00-08
已启用 DHCP	是
IPv4 地址	192.168.10.128
IPv4 子网掩码	255.255.255.0
获得租约的时间	2018年2月23日 16:25:29
租约过期的时间	2018年2月24日 16:25:29
IPv4 默认网关	192.168.10.254
IPv4 DHCP 服务器	192.168.10.1
IPv4 DNS 服务器	192.168.10.1
IPv4 WINS 服务器	
已启用 NetBIOS over Tc...	是
连接-本地 IPv6 地址	fe80::249b:dfaf:a45:a8b5%6
IPv6 默认网关	
IPv6 DNS 服务器	

关闭(C)

图 10-4　查看真实机虚拟网卡自动获取结果

5．修改 DHCP 配置文件，为虚拟网卡分配固定 IP 地址，固定 IP 地址为“192.168.学号 .100”。

```
[root@localhost ~]# vim  /etc/dhcp/dhcpd.conf        # 编辑 DHCP 服务配置文件，输入如下内容
host  a {                                             # 为指定主机分配固定 IP 地址
  hardware ethernet 00:50:56:c0:00:08;                # 虚拟网卡硬件地址
  fixed-address 192.168.10.100;                       # 为该网卡指定的固定 IP 地址
}

[root@localhost ~]# systemctl restart dhcpd           # 重启 DHCP 服务
```

6．检测虚拟网卡是否获得指定 IP。

先将虚拟网卡禁用，再重新启用该网卡，由于该网卡设置为自动获取 IP 地址，因此将重新从 DHCP 服务器获取 IP 地址，结果如图 10-5 所示。

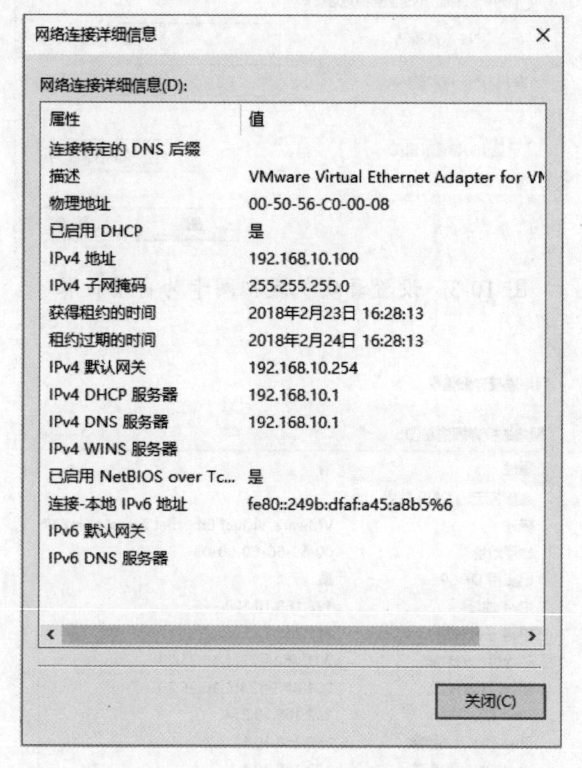

图 10-5　为主机分配固定 IP 获取结果

重新获得的地址为 192.168.10.100，与 DHCP 服务器配置相符。

10.4 任务拓展

本任务需要使用两台 RHEL7 虚拟机，其中一台作为 DHCP 服务器，为 192.168.10.0 和 192.168.11.0 两个网段提供动态 IP 地址分配；另外一台作为 DHCP 中继服务器，为 192.168.11.0 网络提供 DHCP 中继服务，网络拓扑结构如图 10-6 所示。

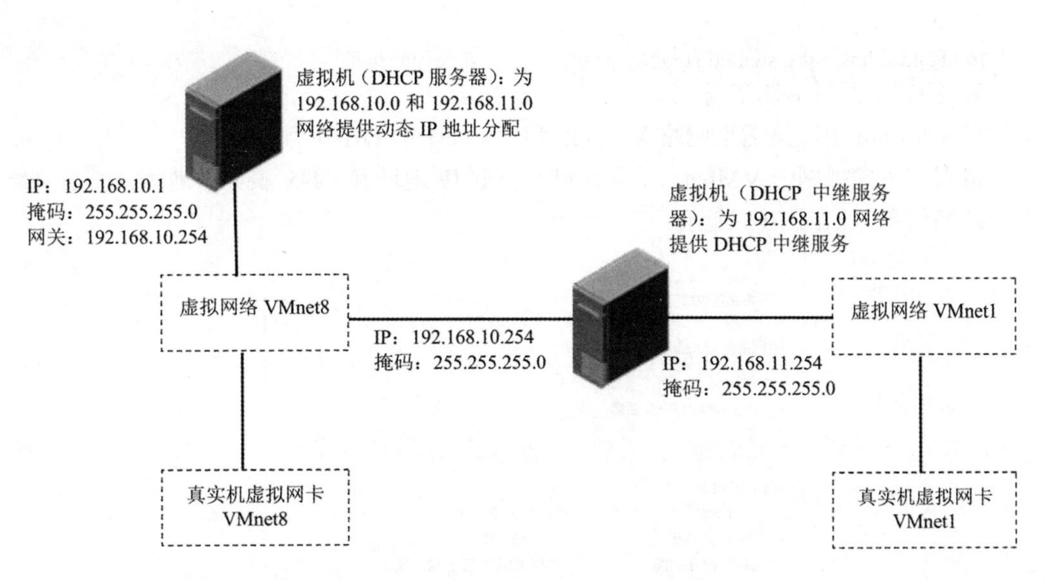

图 10-6　DHCP 中继拓扑结构图

下面给出具体步骤。

1．配置 DHCP 服务器静态 IP 地址。

```
[root@localhost ~]# vim /etc/sysconfig/network-scripts/ifcfg-eno16777736
# 编辑网卡配置文件，修改并增加如下内容，该网卡为 NAT 模式
BOOTPROTO=static
IPADDR=192.168.10.1
NETMASK=255.255.255.0
GATEWAY=192.168.10.254
[root@localhost ~]# systemctl  restart  network          # 重启网络服务使配置生效
```

2．在 DHCP 服务器上安装 DHCP 软件包。

使用 yum 安装，需要配置 yum 本地安装源，并确保光盘挂载在正确位置。

```
[root@localhost ~]# yum  install  dhcp                # 安装 DHCP 软件包
[root@localhost ~]# vim  /etc/dhcp/dhcpd.conf         # 编辑 DHCP 配置文件输入如下内容，分别为
                                                      # 两个网段提供动态 IP 地址分配

subnet 192.168.10.0 netmask 255.255.255.0 {           # 网段 192.168.10.0 配置信息
  range 192.168.10.128 192.168.10.200;
  option domain-name-servers 192.168.10.1;
  option routers 192.168.10.254;
  default-lease-time 86400;
}
subnet 192.168.11.0 netmask 255.255.255.0 {           # 网段 192.168.11.0 配置信息
  range 192.168.11.128 192.168.11.200;
  option domain-name-servers 192.168.10.1;
  option routers 192.168.11.254;
  default-lease-time 86400;
}

[root@localhost ~]#systemctl start dhcpd              # 启动 DHCP 服务
[root@localhost ~]# systemctl enable dhcpd            # 将 DHCP 服务设置为开机启动
```

```
[root@localhost ~]#systemctl stop firewalld            # 关闭防火墙
```

3．测试本网段 DHCP 服务。

在 VMware 中取消虚拟网络 VMnet8 和 VMnet1 的 DHCP 服务。

将真实机虚拟网卡 VMnet8 设置为自动获取 IP 地址和 DNS 服务器地址，查看网络连接详细信息，如图 10-7 所示。

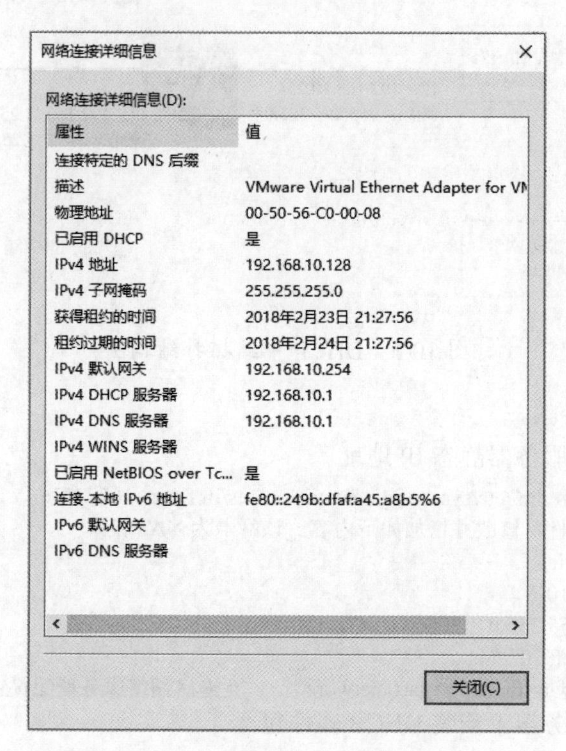

图 10-7 本网段自动获取结果

自动获取到正确 IP 地址及相关配置信息。

4．配置中继服务器 IP 地址。

中继服务器默认有一块 NAT 模式的网卡，需要在 VMware 的硬件配置中新增加一块网卡，并将该网卡设置为仅主机模式，用于连接 VMnet1 虚拟网络。两块网卡均配置为静态 IP 地址。

```
[root@localhost ~]# vim /etc/sysconfig/network-scripts/ifcfg-eno16777736
# 编辑 NAT 模式网卡配置文件，修改添加如下信息
BOOTPROTO=static
IPADDR=192.168.10.254
NETMASK=255.255.255.0
[root@localhost ~]# vim /etc/sysconfig/network-scripts/ifcfg-eno33554992
# 编辑仅主机模式网卡配置文件，修改添加如下信息
BOOTPROTO=static
IPADDR=192.168.11.254
NETMASK=255.255.255.0
[root@localhost ~]# systemctl  restart  network        # 重启网络服务使配置生效
```

5．安装并配置中继服务软件。

```
[root@localhost ~]# yum install dhcp                                # 安装 DHCP 软件包
[root@localhost ~]# vim /usr/lib/systemd/system/dhcrelay.service # 修改服务文件，修改内容如下
[Service]
ExecStart=/usr/sbin/dhcrelay -d --no-pid 192.168.10.1              # 启动中继代理服务时指定 DHCP
                                                                    # 服务器地址为 192.168.10.1

[root@localhost ~]# systemctl --system daemon-reload                # 重新装载所有服务单元
[root@localhost ~]# systemctl start dhcrelay                        # 启动 dhcrelay 服务
[root@localhost ~]# systemctl enable dhcrelay                       # 将 dhcrelay 服务设置为开机启动
[root@localhost ~]#systemctl stop firewalld                         # 关闭防火墙
```

6．开启中继服务器的 IP 转发功能。

```
[root@localhost ~]# vim /usr/lib/sysctl.d/00-system.conf           # 编辑系统控制配置文件，在最后添
                                                                    # 加如下内容
net.ipv4.ip_forward = 1                                             # 开启 IPv4 转发功能
[root@relay ~] # sysctl -p /usr/lib/sysctl.d/00-system.conf         # 使修改在内存中生效
```

7．DHCP 中继代理验证。

在真实机上将 VMnet1 虚拟网卡设置为自动获取 IP 地址和 DNS 服务器地址，查看网络连接详细信息，如图 10-8 所示。

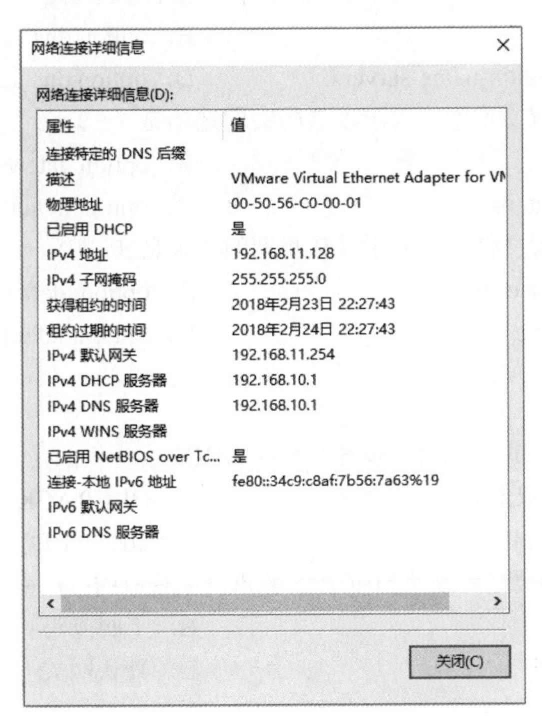

图 10-8　通过中继服务器自动获取结果

结果显示，虚拟网卡 VMnet1 通过 DHCP 中继服务器从另一个网络的 DHCP 服务器中获得了 IP 地址及其他配置信息，结果与 DHCP 服务器中的配置相符。

10.5 练习题

一、单选题

1．DHCP 服务器使用的 UDP 端口号为（ ）。

A．53　　B．67　　C．68　　D．69

2．DHCP 客户机使用的 UDP 端口号为（ ）。

A．53　　B．67　　C．68　　D．69

3．DHCP 的主配置文件是（ ）。

A．/etc/dhcpd.conf　　B．/etc/dhcp/dhcpd.conf

C．/etc/dhcpd.conf.example　　D．/etc/dhcp/dhcpd.conf.example

4．在 DHCP 配置文件中，表示地址池的选项是（ ）。

A．subnet　　B．netmask　　C．range　　D．pool

5．在 DHCP 配置文件中，表示 DNS 服务器地址的选项是（ ）。

A．dns　　B．option dns

C．option domain-name-servers　　D．option dns-server

6．在 DHCP 配置文件中，表示默认网关的选项是（ ）。

A．gateway　　B．option gateway

C．option routers　　D．option default-gateway

7．在 DHCP 配置文件中，表示默认租期的选项是（ ）。

A．default-lease-time　　B．option default-lease-time

C．default-time　　D．option default-time

二、多选题

1．下列报文中，属于 DHCP 服务器发往 DHCP 客户机的是（ ）。

A．DHCP DISCOVER　　B．DHCP ACK

C．DHCP OFFER　　D．DHCP REQUEST

2．下面（ ）参数是可以从 DHCP 服务器自动获取的。

A．IP 地址　　B．子网掩码

C．MAC 地址　　D．默认网关

三、判断题

1．如果网络上有多台 DHCP 服务器，客户机通常会比较 DHCP 服务器的优先级来决定接受哪个服务器提供的 IP 配置信息。（ ）

2．DHCP 服务器是以租用的方式提供 IP 配置信息，客户机要等到租期到期时才向服务器发起更新租约请求。（ ）

3．RHEL7 系统的网卡如果没有从 DHCP 服务器获取 IP 配置信息，将从 169.254.0.0/16 网段分配一个 IP 地址临时使用。（ ）

4．DHCP 主程序包既包含 DHCP 服务程序也包含 DHCP 中继服务程序。（ ）

5．默认情况下，刚安装完 DHCP 服务后，DHCP 主配置文件为空，即没有任何配置。（ ）

6．在 DHCP 配置文件中，默认租期的单位是天。（ ）

7．DHCP 中继代理与 DHCP 服务器之间采用广播的方式工作。（ ）

8．DHCP 服务器可以为特定 MAC 地址的主机分配固定 IP 地址。（ ）

任务 11
DNS 服务器安装与配置

11.1 任务要求

1．安装域名服务器相关软件包，并启动域名服务。

2．修改主配置文件，允许所有主机到本域名服务器进行解析。

3．创建正向解析区 cqvie.edu.cn。

4．创建正向解析区解析文件，本区域 NS 记录解析为 ns.cqvie.edu.cn，MX 记录解析为 mail.cqvie.edu.cn，A 记录 www.cqvie.edu.cn、ns.cqvie.edu.cn、mail.cqvie.edu.cn 均解析为本机 IP，CNAME 记录 ftp.cqvie.edu.cn 解析为 www.cqvie.edu.cn 的别名。

5．在真实机上用 nslookup 命令测试域名服务器解析结果。

6．创建反向解析区及解析文件，能够将域名服务器 IP 地址解析为 ns.cqvie.edu.cn，并在真实机上用 nslookup 命令测试解析结果。

11.2 相关知识

11.2.1 DNS 基础

1．DNS 名字空间

为方便用户访问 Internet 上的主机，Internet 提供了 DNS 服务。DNS 系统采用统一的、分层的方式为 Internet 上的主机进行命名，并通过 DNS 服务器来实现域名和 IP 地址之间的解析。

DNS 的名字空间如图 11-1 所示。

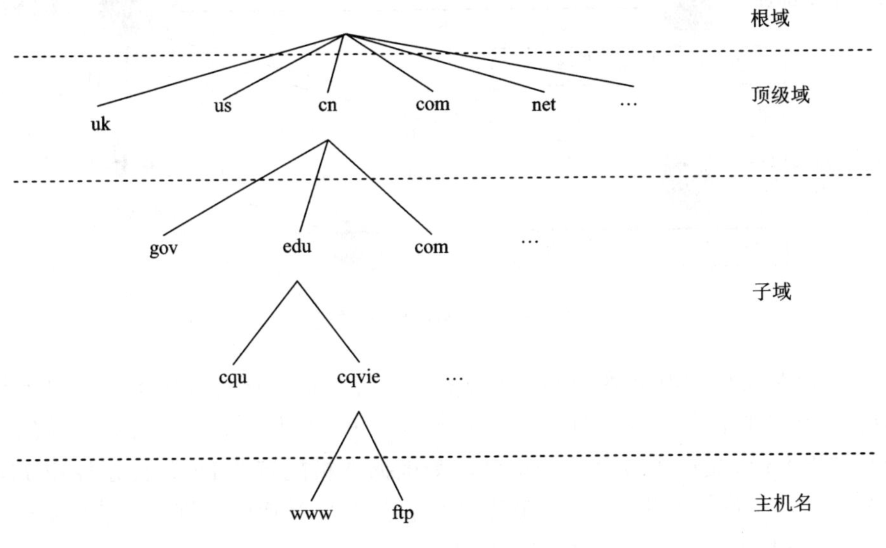

图 11-1 DNS 的名字空间

如某主机的域名为www.cqvie.edu.cn.，则其顶级域名为cn.，edu为cn.域下的子域，全称为edu.cn.，cqvie为edu域下的子域，全称为cqvie.edu.cn.，www为cqvie域下的某主机名，全称为www.cqvie.edu.cn.，也称为FQDN（Fully Qualified Domain Name，完全合格域名）。

2. DNS 解析

域名与IP地址之间的解析是由域名服务器完成的。通常把从域名到IP地址的解析称为正向解析，把从IP到域名的解析称为反向解析。

Internet上的域名解析不是由单一域名服务器实现的，而是由分布在各级区域的域名服务器共同完成的。域名服务器可以为该区域主机提供域名解析，也可以将下级子域委托给下级域名服务器解析。如根域名服务器通常只负责解析顶级域名服务器的地址，并将该域的域名解析委托给该顶级域名服务器，而区域cqvie.edu.cn的域名服务器通常只负责该区域内主机的域名解析。

主机接入Internet后，如果希望使用域名来访问Internet上的主机，则必须在本机配置DNS服务器的IP地址。在使用域名访问目的主机时，会先到DNS服务器去解析该域名所对应的IP，然后使用IP地址与目的主机通信。

DNS的解析过程如图11-2所示。

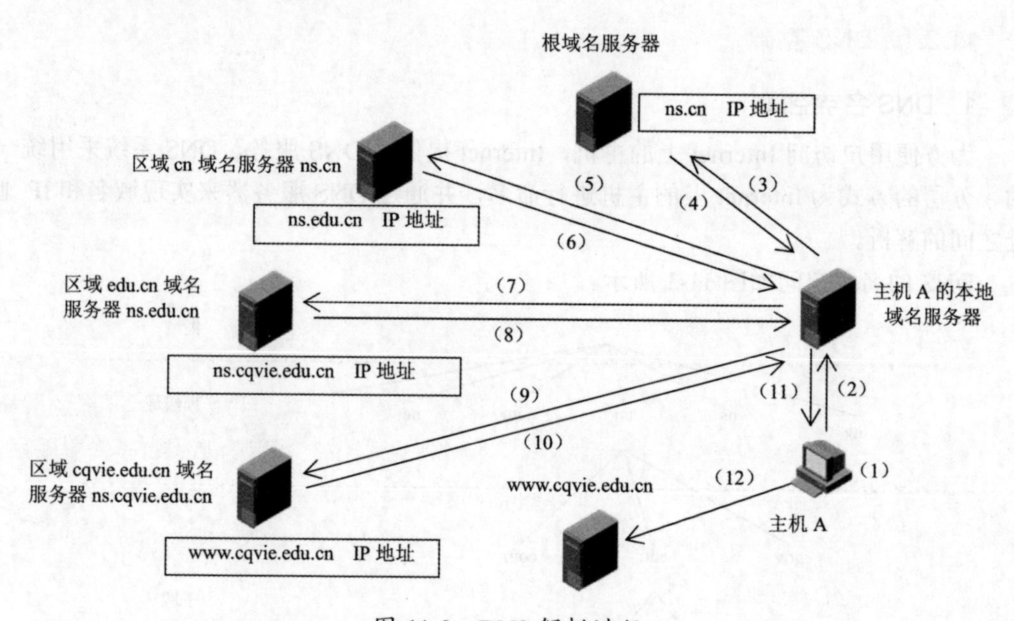

图 11-2 DNS 解析过程

（1）主机A要访问域名为www.cqvie.edu.cn的主机，在一般情况下主机A会首先检查本机hosts文件，如果该文件中有该域名与IP的对应关系，就直接得到解析结果。

（2）如果hosts文件中没有相关记录，则根据本机配置的DNS服务器IP到本地域名服务器中进行查询。通常该DNS服务器为主机A提供递归查询，即该服务器会为主机A提供解析结果，如果该DNS服务器为区域cqvie.edu.cn的授权域名服务器，即负责该区域下主机的域名解析，则可以直接向主机A返回权威应答。如果不是该区域的授权域名服务器，则查看缓存中是否有解析记录，如果有返回非权威应答。如果缓存中也没有解析记录，即本DNS无法解析，则查看是否设有转发域名服务器，如果有则将解析请求转发给转发域名服务器。

（3）如果没有设置转发域名服务器，解析请求将被发送到根域名服务器。

（4）根域名服务器提供迭代查询，即不负责返回查询结果，由于已将cn域的解析委托给cn域的域名服务器ns.cn，因此根域名服务器只返回ns.cn对应的IP地址。

（5）本地域名服务器向ns.cn发出解析请求。

（6）域名服务器ns.cn提供迭代查询，由于已将edu.cn域委托给服务器ns.edu.cn，因此返回ns.edu.cn对应的IP地址。

（7）本地域名服务器向ns.edu.cn发出解析请求。

（8）域名服务器ns.edu.cn提供迭代查询，由于已将cqvie.edu.cn域委托给服务器ns.cqvie.edu.cn，因此返回ns.cqvie.edu.cn对应的IP地址。

（9）本地域名服务器向ns.cqvie.edu.cn发出解析请求。

（10）域名服务器ns.cqvie.edu.cn是cqvie.ed.cn的授权域名服务器，将查询到www.cqvie.edu.cn和IP地址的对应关系，并向本地域名服务器提供权威应答。

（11）本地域名服务器将解析结果返回给主机，并将解析记录写入自己的缓存中。

（12）主机根据解析结果向目的IP发送数据包。

11.2.2 Linux系统DNS服务软件与配置文件

BIND是一款开放源码的DNS服务器软件，由美国加州大学Berkeley分校开发和维护，全名为Berkeley Internet Name Domain，是目前世界上使用最为广泛的DNS服务器软件。

DNS软件包与配置文件

RHEL7中提供DNS服务的软件包主要有2个：

- bind-9.9.4-14.el7.x86_64.rpm：DNS服务的主程序包。
- bind-chroot-9.9.4-14.el7.x86_64.rpm：为bind提供一个伪装的根目录以增强安全性，如仅安装bind主程序包，bind的配置文件位于/etc目录下，而区域的解析文件位于/var/named目录下。安装bind-chroot程序包并启动bind-chroot服务后，将产生一个伪装的根目录/var/named/chroot，bind的配置文件将位于/var/named/chroot/etc目录下，区域解析文件将位于/var/named/chroot/var/named目录下。

1. 安装DNS服务器

配置好yum本地安装源后可以使用下列命令安装并启动DNS服务：

```
[root@localhost ~]# yum install bind*
[root@localhost ~]# systemctl start named
[root@localhost ~]# systemctl start named-chroot
```

2. 配置文件介绍

（1）/var/named/chroot/etc/named.conf。

该文件为DNS 服务的主配置文件，其中常用的配置有：

```
listen-on port 53 { any; };          # 指定 DNS 服务监听端口为 53，监听地址为所有 IP
allow-query    { any; };             # 指定允许查询 DNS 服务器的客户端地址为所有 IP
```

默认情况下设置为只监听本机 127.0.0.1 上的 53 号端口和只允许本机进行 DNS 查询，如果要为其他主机提供 DNS 查询，需要修改上面的两个选项。

（2）/var/named/chroot/etc/named.rfc1912.zones。

该文件是 DNS 服务的区域配置文件，用于建立正向和反向解析区域。由于在主配置文件 named.conf 中使用命令 include "/etc/named.rfc1912.zones" 将该文件包含进了主配置文件，因此可以理解为这两个文件其实是一个配置文件，只不过为显得结构清晰一点，把关于区域的配置放在了文件 named.rfc1921.zones 中，实际上新增区域放在任何一个文件中效果是一样的。

在主配置文件 named.conf 中有根域的解析区配置，如下：

```
zone "." IN {              # 根区域
  type hint;               # 根区域类型为 hint
  file "named.ca";         # 根区域的解析文件为 named.ca
};
```

该配置用于寻找根域名服务器。

在文件 named.rfc1921.zones 中，会默认有一些 IPv4 和 IPv6 的本机解析区域，可以在该文件中新建正向和反向区域。

1）建立正向解析区 cqvie.edu.cn，如下：

```
zone "cqvie.edu.cn" IN {                       # 正向解析区 cqvie.edu.cn
  type master;                                 # 类型为主域名服务器
  file "cqvie.edu.cn.zone";                    # 指定正向解析区的解析文件名
  allow-transfer { 192.168.10.254; };          # 指定辅助域名服务器 IP 地址，允许区域传递
  allow-update { none; };                      # 不允许动态更新
};
```

如果有辅助域名服务器，需要在辅助域名服务器上创建对应的区域，如下：

```
zone "cqvie.edu.cn" IN {                       # 正向解析区
  type slave;                                  # 类型为辅助域名服务器
  file "slaves/cqvie.edu.cn.zone";             # 指定辅助域名服务器正向解析区的解析文件名
  masters { 192.168.10.1; };                   # 指定主域名服务器 IP 地址
};
```

2）建立反向解析区 10.168.192.in-addr.arpa，如下：

```
zone "10.168.192.in-addr.arpa" IN {            # 反向解析区，注意其命令规则
  type master;                                 # 类型为主域名服务器
  file "10.168.192.zone";                      # 指定反向解析区的解析文件名
  allow-transfer { 192.168.10.254; };          # 指定辅助域名服务器 IP 地址，允许区域传递
  allow-update { none; };                      # 不允许动态更新
};
```

如果有辅助域名服务器，需要在辅助域名服务器上创建对应的区域，如下：

```
zone "10.168.192.in-addr.arpa" IN {            # 反向解析区，注意其命令规则
  type slave;                                  # 类型为辅助域名服务器
  file "slaves/10.168.192.zone";               # 指定辅助域名服务器反向解析区的解析文件名
  masters { 192.168.10.1; };                   # 指定主域名服务器 IP 地址
};
```

辅助域名服务器，不需要单独创建区域解析文件。它会从主域名服务器同步区域解析文件，以保持主/辅域名服务器解析内容的一致性。当主域名服务器出现故障时，辅助域名服务器可替代主域名服务器提供域名解析。

（3）正向区域解析文件。

正向区域解析文件提供正向解析记录，文件存储在目录 /var/named/chroot/var/named 下面，文件名必须与正向解析区中所指定的解析文件名一致。因为在进行 DNS 解析时需要读取该文件内容，因此必须使 named 用户对该文件具有读权限。

正向区域 cqvie.edu.cn 的解析文件 cqvie.edu.cn.zone 的内容如下：

```
$TTL 3H
@ IN SOA ns.cqvie.edu.cn. root.cqvie.edu.cn.(
                                        0       ; serial
                                        1D      ; refresh
                                        1H      ; retry
                                        1W      ; expire
                                        3H )    ; minimum
    NS        ns.cqvie.edu.cn.
    NS        ns2.cqvie.edu.cn.
        MX    10          mail.cqvie.edu.cn.
ns      IN    A           192.168.10.1
ns2     IN    A           192.168.10.254
mail    IN    A           192.168.10.1
www     IN    A           192.168.10.1
ftp     IN    CNAME       www
```

配置文件中各行的含义如下：

```
$TTL 3H
```

生存时间为3小时，即该区域的解析记录在其他DNS服务器内的缓存时间为3小时，3小时后会自动删除该缓存记录。

```
@ IN SOA ns.cqvie.edu.cn. root.cqvie.edu.cn.(
                                        0       ; serial
                                        1D      ; refresh
                                        1H      ; retry
                                        1W      ; expire
                                        3H )    ; minimum
```

为该区域的起始授权（SOA）记录，其中：@ 代表该区域的区域名 cqvie.edu.cn；IN 表示标准 DNS 的 Internet 类；SOA 表示记录类型为起始授权记录；ns.cqive.edu.cn. 为主授权主机名；root.cqvie.edu.cn. 为管理员邮件地址，由于“@”在文件中具有特殊含义，因此用“.”代替邮件地址“@”；括号中 0 为序列号，每次修改区域记录时都会增加序列号的值，它是辅助授权 DNS 服务器更新数据的依据；1D（1Day）表示 1 天，为刷新时间，辅助授权 DNS 服务器根据此时间间隔周期性地检查主授权 DNS 服务器的序列号是否改变，若有改变则更新自己的区域记录；1H（1Hour）表示 1 小时，为重试时间，为当辅助授权 DNS 服务器因与主授权 DNS 无法连通而导致更新区域记录信息失败后要等待多长时间会再次请求刷新区域记录；1W（1Week）表示 1 星期，为过期时间，若辅助授权 DNS 服务器超过该时间仍无法与主授权 DNS 连通，则不再尝试，且辅助授权 DNS 服务器不再响应客户端要求域名解析的请求；3H（3Hour）表示 3 小时，为最小生存时间，同前面的 TTL 时间，即记录中未指定 TTL 时间时该记录在其他 DNS 服务器缓存中的生存时间。

```
        NS  ns.cqvie.edu.cn.
        NS  ns2.cqvie.edu.cn.
```

为该区域的 NS 记录，即名称服务器记录，为该区域指定了两个 NS 记录。NS 记录最前面记录名为空可以代表该区域，即 cqvie.edu.cn，与“@”的含义相同，因此也可在最前面输入“@”。ns.cqvie.edu.cn. 和 ns2.cqvie.edu.cn. 代表该区域的两个域名服务器。

注意：在解析文件中使用完全域名时，最后必须加“.”，代表根，如果没有加，系统会自动在后面加上该区域的区域名 cqvie.edu.cn，因此当最前面的记录名称为空时，系统默认代表区域名。

```
        MX  10  mail.cqvie.edu.cn.
```

为该区域的 MX 记录，即邮件交换记录，最前面记录名为空代表 cqvie.edu.cn；MX 表示记录类型为邮件交换记录；10 表示优先级，数字越小优先级越高；mail.cqvie.edu.cn. 表示电子邮件服务。

如果某邮件服务器要发送邮件到 root@cqvie.edu.cn，该邮件服务器必须到 DNS 服务器去解析 cqvie.edu.cn 区域的邮件交换记录，DNS 根据邮件交换记录找到目的邮件服务器 mail.cqvie.edu.cn 及其对应的 IP 地址，发送邮件服务器根据 IP 地址直接将邮件发送到目的邮件服务器。

```
        ns      IN      A       192.168.10.1
        ns2     IN      A       192.168.10.254
        mail    IN      A       192.168.10.1
        www     IN      A       192.168.10.1
```

为该区域的主机记录，第一部分为记录名，因为都没有使用完全域名，所以系统会自动在后面加上本区域域名来作为完全域名；IN 表示标准 DNS 的 Internet 类；A 表示 IPv4 主机记录，如果为 AAAA 表示 IPv6 主机记录；最后为主机对应的 IP 地址。

```
        ftp     IN      CNAME       www
```

为 CNAME 记录，即别名记录，均未使用完全域名，表示 ftp.cqvie.edu.cn 是 www.cqvie.edu.cn 的一个别名。

（4）反向区域解析文件。

反向区域解析文件提供反向解析记录，文件存储在目录 /var/named/chroot/var/named 下面，文件名必须与反向解析区中所指定的解析文件名一致。因为在进行 DNS 解析时需要读取该文件内容，因此必须使 named 用户对该文件具有读权限。

反向区域 10.168.192.in-addr.arpa 的解析文件 10.168.192.zone 的内容如下：

```
$TTL 3H
@  IN  SOA  ns.cqvie.edu.cn.  root.cqvie.edu.cn. (
                                        1       ; serial
                                        1D      ; refresh
                                        1H      ; retry
                                        1W      ; expire
                                        3H )    ; minimum
```

```
        NS          ns.cqvie.edu.cn.
        NS          ns2.cqvie.edu.cn.
1    IN         PTR         ns.cqvie.edu.cn.
254 IN          PTR         ns2.cqvie.edu.cn.
```

反向解析文件的 SOA 记录及 NS 记录与正向解析文件的含义相同。

```
1    IN         PTR         ns.cqvie.edu.cn.
254 IN          PTR         ns2.cqvie.edu.cn.
```

为 PTR 记录，即指针记录。表示 192.168.10.1 反向解析到 ns.cqvie.edu.cn，192.168.10.254 反向解析到 ns2.cqvie.edu.cn。

11.2.3 DNS 查询

DNS 服务器安装配置后，可以使用客户端命令查询 DNS 服务器的解析是否正确。

1. nslookup 命令

nslookup 有非交互式和交互式两种工作方式。

（1）非交互式工作方式。

即直接使用命令行进行查询。

```
[root@ns2 ~]# nslookup  www.cqvie.edu.cn   # 在默认 DNS 服务器查询 www.cqvie.edu.cn 对应的 IP

Server:                 192.168.10.1
Address:        192.168.10.1#53

Name:           www.cqvie.edu.cn
Address: 192.168.10.1

[root@ns2 ~]# nslookup  192.168.10.1  192.168.10.254        # 到 IP 为 192.168.10.254 的 DNS 服务器
                                                            # 去查询 192.168.10.1 对应的域名

Server:                 192.168.10.254
Address:        192.168.10.254#53

1.10.168.192.in-addr.arpa          name = ns.cqvie.edu.cn.
```

（2）交互式工作方式。

```
[root@ns2 ~]# nslookup                              # 进入 nslookup 交互
> server                                            # 查看当前的默认 DNS 服务器
Default server: 192.168.10.1
Address: 192.168.10.1#53
> server 192.168.10.254                             # 设置默认 DNS 服务器为 192.168.10.254
Default server: 192.168.10.254
Address: 192.168.10.254#53
> ftp.cqvie.edu.cn                                  # 查询域名 ftp.cqvie.edu.cn 的解析
Server:                 192.168.10.254
Address:        192.168.10.254#53

ftp.cqvie.edu.cn        canonical name = www.cqvie.edu.cn.
Name:           www.cqvie.edu.cn
Address: 192.168.10.1
> 192.168.10.254                                    # 查询 IP 地址 192.168.10.254 的解析
```

```
Server:         192.168.10.254
Address:        192.168.10.254#53

254.10.168.192.in-addr.arpa     name = ns2.cqvie.edu.cn.
> set type=mx                           # 设置查询类型为 MX，邮件交换记录
> cqvie.edu.cn                          # 查询区域 cqvie.edu.cn 的邮件交换记录
Server:         192.168.10.254
Address:        192.168.10.254#53

cqvie.edu.cn  mail exchanger = 10 mail.cqvie.edu.cn.
> set type=ns                           # 设置查询类型为 NS，名称服务器记录
> cqvie.edu.cn                          # 查询区域 cqvie.edu.cn 的 NS 记录
Server:         192.168.10.254
Address:        192.168.10.254#53

cqvie.edu.cn  nameserver = ns2.cqvie.edu.cn.
cqvie.edu.cn  nameserver = ns.cqvie.edu.cn.
>exit                                   # 退出 nslookup 交互
```

2. dig 命令

dig 命令是比 nslookup 功能更强大的 DNS 查询、调试命令，基本用法如下：

```
[root@ns2 ~]# dig  www.cqvie.edu.cn     # 在默认 DNS 服务器上查询 www.cqvie.edu.cn 的解析

; <<>> DiG 9.9.4-Red Hat-9.9.4-14.el7 <<>> www.cqvie.edu.cn
;; global options: +cmd
;; Got answer:
;; ->>HEADER<<- opcode: QUERY, status: NOERROR, id: 26555
;; flags: qr aa rd ra; QUERY: 1, ANSWER: 1, AUTHORITY: 2, ADDITIONAL: 3

;; OPT PSEUDOSECTION:
; EDNS: version: 0, flags:; udp: 4096
;; QUESTION SECTION:
;www.cqvie.edu.cn.          IN      A       # 查询区域显示要查询的内容

;; ANSWER SECTION:
www.cqvie.edu.cn.   10800   IN      A       192.168.10.1        # 应答区域显示查询结果

;; AUTHORITY SECTION:
cqvie.edu.cn.       10800   IN      NS      ns2.cqvie.edu.cn.   # 显示授权服务器信息
cqvie.edu.cn.       10800   IN      NS      ns.cqvie.edu.cn.

;; ADDITIONAL SECTION:
ns.cqvie.edu.cn.    10800   IN      A       192.168.10.1        # 显示附加信息
ns2.cqvie.edu.cn.   10800   IN      A       192.168.10.254

;; Query time: 0 msec
;; SERVER: 192.168.10.1#53(192.168.10.1)                # 默认 DNS 服务器
;; WHEN: 四 3 月 29 13:40:59 CST 2018
;; MSG SIZE  rcvd: 128
```

```
[root@ns2 ~]# dig  @192.168.10.254  cqvie.edu.cn  mx          # 在 DNS 服务器 192.168.10.254 上查询
                                                               # 区域 cqvie.edu.cn 的邮件交换记录

; <<>> DiG 9.9.4-Red Hat-9.9.4-14.el7 <<>> @192.168.10.254 cqvie.edu.cn mx
; (1 server found)
;; global options: +cmd
;; Got answer:
;; ->>HEADER<<- opcode: QUERY, status: NOERROR, id: 53582
;; flags: qr aa rd ra; QUERY: 1, ANSWER: 1, AUTHORITY: 2, ADDITIONAL: 4

;; OPT PSEUDOSECTION:
; EDNS: version: 0, flags:; udp: 4096
;; QUESTION SECTION:
;cqvie.edu.cn.                    IN     MX                              # 查询请求

;; ANSWER SECTION:
cqvie.edu.cn.          10800      IN     MX     10 mail.cqvie.edu.cn.    # 查询结果

;; AUTHORITY SECTION:
cqvie.edu.cn.          10800      IN     NS     ns.cqvie.edu.cn.         # 授权 DNS
cqvie.edu.cn.          10800      IN     NS     ns2.cqvie.edu.cn.

;; ADDITIONAL SECTION:
mail.cqvie.edu.cn.     10800      IN     A      192.168.10.1             # 附加信息
ns.cqvie.edu.cn.       10800      IN     A      192.168.10.1
ns2.cqvie.edu.cn.      10800      IN     A      192.168.10.254

;; Query time: 11 msec
;; SERVER: 192.168.10.254#53(192.168.10.254)                             # 服务器地址
;; WHEN: 四 3 月 29 13:58:47 CST 2018
;; MSG SIZE  rcvd: 145
```

11.3 任务实施

DNS 配置实例

1．安装域名服务器相关软件包并启动域名服务。

```
[root@localhost ~]# yum install bind*                  # 安装名称以 bind 开始的所有软件包
[root@localhost ~]# systemctl start named               # 启动域名服务
[root@localhost ~]# systemctl start named-chroot        # 启动 named-chroot 服务
```

2．修改主配置文件，允许所有主机到本域名服务器进行解析。

```
[root@localhost ~]# cd  /var/named/chroot/etc           # 进入目录 /var/named/chroot/etc
[root@localhost etc]# vim  named.conf     # 编辑域名服务主配置文件，修改下面两处内容
options {
     listen-on port 53 { any; };                    # 在本机所有 IP 地址上监听 DNS 查询
     listen-on-v6 port 53 { ::1; };
     directory       "/var/named";
     dump-file       "/var/named/data/cache_dump.db";
```

```
    statistics-file "/var/named/data/named_stats.txt";
    memstatistics-file "/var/named/data/named_mem_stats.txt";
    allow-query    { any; };                      # 允许所有主机查询本域名服务器
```

3．创建正向解析区 cqvie.edu.cn。

```
[root@localhost etc]# vim  named.rfc1912.zones       # 编辑区域配置文件，在该文件中增加正向解
                                                     # 析区，内容如下
zone  "cqvie.edu.cn"  IN {                           # 正向解析区域名 cqvie.edu.cn
    type  master;                                    # 类型为主域名服务器
    file  "cqvie.edu.cn.zone";                       # 区域解析文件名为 cqvie.edu.cn.zone
    allow-update  { none; };                         # 不允许更新
};
```

4．创建正向解析区解析文件，本区域 NS 记录解析为 ns.cqvie.edu.cn，MX 记录解析为 mail.cqvie.edu.cn，A 记录 www.cqvie.edu.cn、ns.cqvie.edu.cn、mail.cqvie.edu.cn 均解析为本机 IP，CNAME 记录 ftp.cqvie.edu.cn 解析为 www.cqvie.edu.cn 的别名。

```
[root@localhost etc]# cd  /var/named/chroot/var/named              # 进入解析文件存放目录
[root@localhost named]# cp  named.empty  cqvie.edu.cn.zone  -p
# 将空解析文件模板复制到区域解析文件，同时保留原文件属性
[root@localhost named]# vim  cqvie.edu.cn.zone
# 编辑该区域解析文件，根据要求增加相应解析记录，本机 IP 以 192.168.10.1 为例，修改内容如下
$TTL 3H
@       IN SOA  @ rname.invalid. (
                        0       ; serial
                        1D      ; refresh
                        1H      ; retry
                        1W      ; expire
                        3H )    ; minimum
NS      ns.cqvie.edu.cn.                       # NS 记录
        MX    10        mail.cqvie.edu.cn.     # MX 记录
ns      IN     A        192.168.10.1           # A 记录
mail    IN     A        192.168.10.1           # A 记录
www     IN     A        192.168.10.1           # A 记录
ftp     IN     CNAME    www                    # CNAME 记录

[root@localhost named]# systemctl restart named      # 修改配置后需重启域名服务
```

5．在真实机上用 nslookup 命令测试域名服务器解析结果。

真实机上测试应确保真实机上对应的虚拟网卡已在上一任务中正确获得相关配置，或者根据服务 IP 地址配置静态地址，如服务器 IP 地址为 192.168.10.1，掩码为 255.255.255.0，则真实机上虚拟网卡应配置 IP 地址为 192.168.10.x（x 为 1 ～ 254），掩码为 255.255.255.0，DNS 服务器地址为 192.168.10.1。

在真实机上进入到命令窗口输入下列命令进行 DNS 解析测试：

```
C:\Users\Enz>nslookup                          # 进入 nslookup 交互
默认服务器：UnKnown
Address:  192.168.10.1

> www.cqvie.edu.cn                             # 解析 www.cqvie.edu.cn
服务器：UnKnown
```

```
Address: 192.168.10.1

名称：  www.cqvie.edu.cn
Address: 192.168.10.1                        # 解析到对应 IP 地址

> ns.cqvie.edu.cn                            # 解析 ns.cqvie.edu.cn
服务器：UnKnown
Address: 192.168.10.1

名称：  ns.cqvie.edu.cn
Address: 192.168.10.1                        # 解析到对应 IP 地址

> mail.cqvie.edu.cn                          # 解析 mail.cqvie.edu.cn
服务器：UnKnown
Address: 192.168.10.1

名称：  mail.cqvie.edu.cn
Address: 192.168.10.1                        # 解析到对应 IP 地址

> ftp.cqvie.edu.cn                           # 解析 ftp.cqvie.edu.cn
服务器：UnKnown
Address: 192.168.10.1

名称：  www.cqvie.edu.cn
Address: 192.168.10.1
Aliases: ftp.cqvie.edu.cn                    # 解析为 www.cqvie.edu.cn 的别名及对应地址

> set type=ns                                # 设置查询类型为 NS 记录
> cqvie.edu.cn                               # 查询 cqive.edu.cn 区域的 NS 记录
服务器：UnKnown
Address: 192.168.10.1

cqvie.edu.cn    nameserver = ns.cqvie.edu.cn
ns.cqvie.edu.cn internet address = 192.168.10.1      # 查询到 NS 记录及其对应地址
> set type=mx                                        # 设置查询类型为 MX 记录
> cqvie.edu.cn                                       # 查询 cqvie.edu.cn 区域的 MX 记录
服务器：UnKnown
Address: 192.168.10.1

cqvie.edu.cn    MX preference = 10, mail exchanger = mail.cqvie.edu.cn
cqvie.edu.cn    nameserver = ns.cqvie.edu.cn
mail.cqvie.edu.cn     internet address = 192.168.10.1 # 查询到 MX 记录及对应地址
ns.cqvie.edu.cn internet address = 192.168.10.1
>exit                                                # 退出 nslookup 交互
```

6．创建反向解析区及解析文件，能够将域名服务器 IP 地址解析为 ns.cqvie.edu.cn，并在真实机上用 nslookup 命令测试解析结果。

```
[root@localhost named]# cd  /var/named/chroot/etc    # 进入配置文件目录
[root@localhost etc]# vim  named.rfc1912.zones        # 编辑区域配置文件，增加反向解析区，增加
                                                      # 内容如下
```

```
zone "10.168.192.in-addr.arpa" IN {                    # 反向解析区域名
      type master;                                     # 类型为主域名服务器
      file "10.168.192.zone";                          # 反向区域解析文件名
      allow-update { none; };                          # 不允许更新
};

[root@localhost etc]# cd /var/named/chroot/var/named           # 进入解析文件目录
[root@localhost named]# cp  named.empty  10.168.192.zone  -p
# 将空解析文件模板复制到反向区域解析文件，同时保留原文件属性
[root@localhost named]# vim  10.168.192.zone        # 编辑反向区域解析文件，增加 PTR 记录如下
$TTL 3H
@      IN SOA  @ rname.invalid. (
                         0       ; serial
                         1D      ; refresh
                         1H      ; retry
                         1W      ; expire
                         3H )    ; minimum
       NS     ns.cqvie.edu.cn.
1      IN     PTR     ns.cqvie.edu.cn.                 # PTR 记录

[root@localhost named]# systemctl restart named        # 重启域名服务
```

在真实机上测试反向解析结果：

```
C:\Users\Enz>nslookup                           # 进入 nslookup 交互
默认服务器：ns.cqvie.edu.cn
Address:  192.168.10.1

> 192.168.10.1                                  # 查询 192.168.10.1 域名
服务器：ns.cqvie.edu.cn
Address:  192.168.10.1

名称：  ns.cqvie.edu.cn
Address:  192.168.10.1                          # 查询到对应域名

> exit                                          # 退出 nslookup 交互
```

11.4 任务拓展

11.4.1 主 / 辅域名服务器配置

任务环境如图 11-3 所示，辅助域名服务器将从主域名服务器上同步所有配置信息，当主域名服务器出现故障时，辅助域名服务器可代替主域名服务器提供域名解析服务。

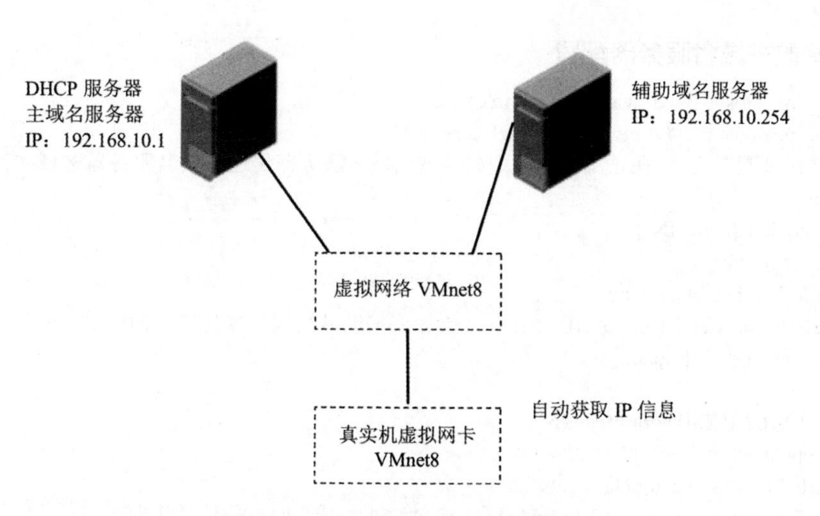

图 11-3　主 / 辅域名服务拓扑图

1. 修改 DHCP 服务器配置文件

修改 DHCP 服务器配置文件，使用客户机能够获取主 / 辅域名服务器 IP 地址。

```
[root@localhost ~]# vim    /etc/dhcp/dhcpd.conf   # 编辑 DHCP 服务配置文件，修改内容如下

option domain-name-servers 192.168.10.1,192.168.10.254;      # 辅助域名服务器 IP 地址

[root@localhost ~]# systemctl restart dhcpd                  # 重启 DHCP 服务
```

在真实机虚拟网卡上重新获取配置信息，如图 11-4 所示。

网络连接详细信息

网络连接详细信息(D):

属性	值
连接特定的 DNS 后缀	
描述	VMware Virtual Ethernet Adapter for VI
物理地址	00-50-56-C0-00-08
已启用 DHCP	是
IPv4 地址	192.168.10.128
IPv4 子网掩码	255.255.255.0
获得租约的时间	2018年2月27日 14:12:07
租约过期的时间	2018年2月28日 14:12:07
IPv4 默认网关	192.168.10.254
IPv4 DHCP 服务器	192.168.10.1
IPv4 DNS 服务器	192.168.10.1
	192.168.10.254
IPv4 WINS 服务器	
已启用 NetBIOS over Tc...	是
连接-本地 IPv6 地址	fe80::249b:dfaf:a45:a8b5%6
IPv6 默认网关	
IPv6 DNS 服务器	

关闭(C)

图 11-4　自动获取主 / 辅 DNS 服务器地址

2. 修改主域名服务器配置

```
[root@localhost ~]# cd  /var/named/chroot/etc
[root@localhost etc]# vim  named.rfc1912.zones
# 编辑区域配置文件，在正反向区域中允许辅助域名服务器传送主域名服务器区域文件配置内容，
# 如下
zone "cqvie.edu.cn" IN {
      type master;
      file "cqvie.edu.cn.zone";
      allow-transfer { 192.168.10.254; };      # 允许辅助域名服务器传送正向区域
      allow-update { none; };
};
zone "10.168.192.in-addr.arpa" IN {
      type master;
      file "10.168.192.zone";
      allow-transfer { 192.168.10.254; };      # 允许辅助域名服务器传送正向区域
      allow-update { none; };
};

[root@localhost etc]# cd  /var/named/chroot/var/named            # 进入区域文件目录
[root@localhost named]# vim  cqvie.edu.cn.zone                    # 编辑正向区域文件，增加辅助域名
                                                                  # 服务器记录

$TTL 3H
@       IN SOA  @ rname.invalid. (
                        0       ; serial
                        1D      ; refresh
                        1H      ; retry
                        1W      ; expire
                        3H )    ; minimum
        NS      ns.cqvie.edu.cn.
        NS      ns2.cqvie.edu.cn.                       # 配置该区域辅助域名服务器
        MX      10      mail.cqvie.edu.cn.
ns      IN      A       192.168.10.1
ns2     IN      A       192.168.10.254                  # 配置辅助域名服务器对应 IP 地址
mail    IN      A       192.168.10.1
www     IN      A       192.168.10.1
ftp     IN      CNAME   www

[root@localhost named]# vim 10.168.192.zone     # 编辑反向区域文件，增加辅助域名服务器记录
$TTL 3H
@       IN SOA  @ rname.invalid. (
                        0       ; serial
                        1D      ; refresh
                        1H      ; retry
                        1W      ; expire
                        3H )    ; minimum
        NS      ns.cqvie.edu.cn.
        NS      ns2.cqvie.edu.cn.                       # 配置该区域辅助域名服务器
1       IN      PTR     ns.cqvie.edu.cn.
```

```
254     IN     PTR       ns2.cqvie.edu.cn.                    # 辅助域名服务器反向解析

[root@localhost named]# systemctl restart named       # 重启域名服务
[root@localhost named]# setenforce  0                  # 关闭 SELinux
[root@localhost named]# systemctl stop firewalld      # 关闭防火墙
```

3. 安装配置辅助域名服务器

（1）配置辅助域名服务器 IP 地址为 192.168.10.254，并测试是否能 ping 通 192.168.10.1。

（2）关闭 SELinux 和防火墙。

```
[root@localhost ~]# setenforce  0                        # 关闭 SELinux
[root@localhost ~]# systemctl stop firewalld             # 关闭防火墙
```

（3）安装 bind 相关软件包并启动服务。

```
[root@localhost ~]#yum install bind* -y                  # 安装 bind 相关软件包
[root@localhost ~]#systemctl start named                 # 启动 named
[root@localhost ~]# systemctl start named-chroot         # 启动 named-chroot
```

（4）修改主配置文件 named.conf。

```
[root@localhost ~]# cd  /var/named/chroot/etc            # 进入配置文件目录
[root@localhost etc]# vim  named.conf                    # 编辑主配置文件，修改下面两行
listen-on port 53 { any; };
...
allow-query     { any; };
```

（5）修改区域配置文件 named.rfc1912.zones。

```
[root@localhost etc]# vim  named.rfc1912.zones           # 编辑区域配置文件，增加正向和反向解析区
                                                         # 输入如下内容
zone "cqvie.edu.cn" IN {                                 # 正向区域名
      type slave;                                        # 类型为辅助域名服务器
      file "slaves/cqvie.edu.cn.zone";                   # 正向解析文件位置及名称
      masters { 192.168.10.1; };                         # 主域名服务器地址
};
zone "10.168.192.in-addr.arpa" IN {                      # 反向区域名
      type slave;                                        # 类型为辅助域名服务器
      file "slaves/10.168.192.zone";                     # 反向解析文件位置及名称
      masters { 192.168.10.1; };                         # 主域名服务器地址
};
[root@localhost etc]#systemctl restart named             # 重启服务
[root@localhost etc]# cd  /var/named/chroot/var/named/slaves/ # 进入辅助域名服务器解析文件目录
[root@localhost slaves]# ll                  # 显示辅助域名服务器同步的解析文件
总用量 12
-rw-r--r--. 1 named named 281 2 月  27 15:18 10.168.192.zone
-rw-r--r--. 1 named named 473 2 月  27 15:16 cqvie.edu.cn.zone
```

4. 主 / 辅域名服务器功能测试

（1）在主域名服务器上停止域名服务。

```
[root@localhost named]# systemctl stop named
```

（2）用 nslookup 查询两个域名服务器解析。

```
C:\Users\Enz>nslookup  www.cqvie.edu.cn  192.168.10.1          # 在主域名服务器中查询
```

```
DNS request timed out.
    timeout was 2 seconds.
服务器：UnKnown
Address:  192.168.10.1

DNS request timed out.
    timeout was 2 seconds.
DNS request timed out.
    timeout was 2 seconds.
DNS request timed out.
    timeout was 2 seconds.
DNS request timed out.
    timeout was 2 seconds.
*** 请求 UnKnown 超时                                    # 查询超时

C:\Users\Enz>nslookup  www.cqvie.edu.cn  192.168.10.254    # 在辅助域名服务器中查询
服务器：ns2.cqvie.edu.cn
Address:  192.168.10.254

名称：  www.cqvie.edu.cn
Address:  192.168.10.1                                   # 查询到正确 IP 地址

C:\Users\Enz>ping     www.cqvie.edu.cn                   # 主机连通性测试
正在 Ping www.cqvie.edu.cn [192.168.10.1] 具有 32 字节的数据：
来自 192.168.10.1 的回复：字节 =32 时间 <1ms TTL=64
来自 192.168.10.1 的回复：字节 =32 时间 <1ms TTL=64
来自 192.168.10.1 的回复：字节 =32 时间 <1ms TTL=64
来自 192.168.10.1 的回复：字节 =32 时间 <1ms TTL=64
192.168.10.1 的 Ping 统计信息：
    数据包：已发送 = 4，已接收 = 4，丢失 = 0 (0% 丢失 ),
往返行程的估计时间 ( 以毫秒为单位 );
    最短 = 0ms, 最长 = 0ms, 平均 = 0ms
```

11.4.2　子域委派配置

任务环境如图 11-5 所示，父域 edu.cn 的域名服务器将子域 cqvie.edu.cn 的解析委派给了子域域名服务器，如果到 edu.cn 的域名服务器查询 www.cqvie.edu.cn 的解析，该域名服务器并不能给出权威应答，而是到其子域的域名服务器中去查询，并将查询结果以非权威应答方式返回给查询者，并将查询结果保存在自己的缓存中。

1．安装、配置父域服务器

（1）配置服务器 IP 地址为 192.168.10.10，关闭 SELinux 和防火墙，确保各虚拟机通信正常。

（2）在父域服务器上安装 bind 相关软件，并启动 named 和 named-chroot 服务。

（3）修改主配置文件 named.conf，修改内容如下：

```
[root@localhost ~]# vim  /var/named/chroot/etc/named.conf
listen-on port 53 { any; };
allow-query     { any; };
```

```
dnssec-enable no;                                    # 关闭 DNS 加密功能
dnssec-validation no;
dnssec-lookaside no;
```

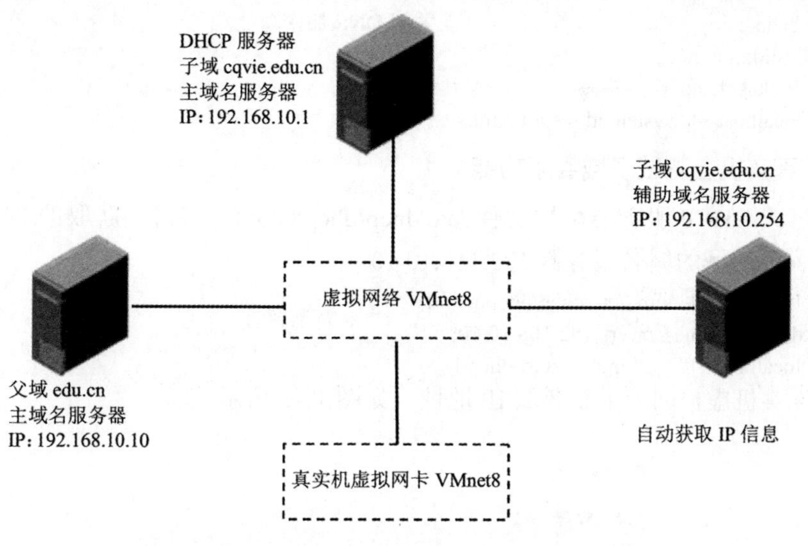

图 11-5　子域委派拓扑结构图

（4）修改区域配置文件，增加区域 edu.cn，修改内容如下：

```
[root@localhost ~]# vim  /var/named/chroot/etc/named.rfc1912.zones
zone "edu.cn" IN {
      type master;
      file "edu.cn.zone";
      allow-update { none; };
};
```

（5）创建区域解析文件，并将子域委派给子域名服务器。

```
[root@localhost ~]# cd  /var/named/chroot/var/named
[root@localhost ~]# cp  named.empty  edu.cn.zone  -p
[root@localhost ~]# vim  edu.cn.zone
$TTL 3H
@       IN SOA  @ rname.invalid. (
                                0       ; serial
                                1D      ; refresh
                                1H      ; retry
                                1W      ; expire
                                3H )    ; minimum
                NS      ns.edu.cn.                # 本区域域名服务器
cqvie.edu.cn.   NS      ns.cqvie.edu.cn.          # 子域主域名服务器
cqvie.edu.cn.   NS      ns2.cqvie.edu.cn.         # 子域辅助域名服务器
ns                      IN    A       192.168.10.10         # 本区域域名服务器地址
ns.cqvie.edu.cn.        IN    A       192.168.10.1     # 子域主域名服务器地址
ns2.cqvie.edu.cn.       IN    A       192.168.10.254   # 子域辅助域名服务器地址

[root@localhost ~]# systemctl restart named
```

2. 子域主 / 辅域名服务配置

子域主 / 辅域名服务配置与上一任务基本相同，均只需要修改 named.conf 文件，如下：

```
[root@localhost ~]# vim  /var/named/chroot/etc/named.conf
dnssec-enable no;                                    # 关闭 DNS 加密功能
dnssec-validation no;
dnssec-lookaside no;
[root@localhost ~]# systemctl restart named
```

3. 在真实机上测试子域委派功能

（1）修改 DHCP 服务器配置文件 /etc/dhcp/dhcpd.conf，将自动获取的 DNS 服务器地址指向 edu.cn 域的域名服务器 192.168.10.10。

```
[root@localhost ~]# vim  /etc/dhcp/dhcpd.conf
option domain-name-servers 192.168.10.10;
[root@localhost ~]# systemctl restart dhcpd
```

（2）真实机虚拟网卡重新获取 IP 地址，如图 11-6 所示。

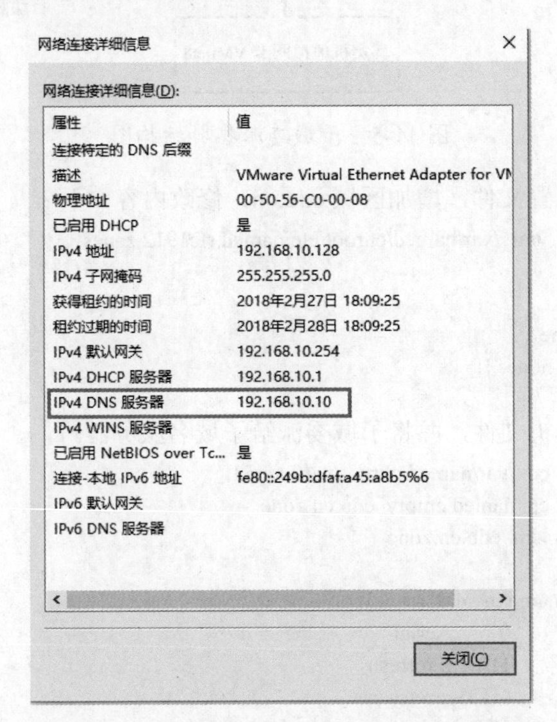

图 11-6　DNS 服务器为父域域名服务器

（3）在真实机上进行解析测试。

```
C:\Users\Enz>nslookup  www.cqvie.edu.cn              # 到 edu.cn 域解析 www.cqvie.edu.cn
服务器：UnKnown
Address:  192.168.10.10
非权威应答：
名称：   www.cqvie.edu.cn
Address:  192.168.10.1                # 得到非权威应答，父域的域名服务器不能直接解析，而是到子域
                                      # 的域名服务器上获得权威应答后将查询结果返回给查询者
```

11.4.3 智能域名服务器配置

任务环境如图 11-7 所示，网段 192.168.10.0 的用户到 DNS 服务器查询 www.cqvie.edu.cn 主机的地址被解析为 192.168.10.1，而 192.168.11.0 网段的用户到 DNS 服务器查询 www.cqvie.edu.cn 主机的地址被解析为 192.168.11.254，即 DNS 能够根据不同的用户将同一域名解析为不同的地址。

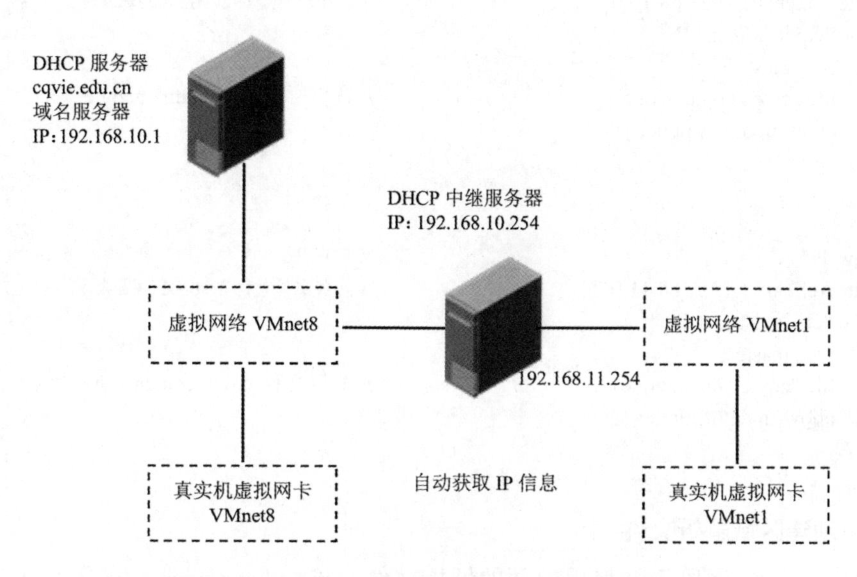

图 11-7　智能 DNS 拓扑结构图

1. 配置 DHCP 服务器、DHCP 中继服务器

配置步骤与前面 DHCP 中继服务配置相同，使得真实机虚拟网卡 VMnet8 获得如下配置：

```
IPv4 地址    ............: 192.168.10.128
子网掩码     ............: 255.255.255.0
默认网关     ............: 192.168.10.254
DNS 服务器 ............: 192.168.10.1
```

真实机虚拟网卡 VMnet1 获得如下配置：

```
IPv4 地址    ............: 192.168.11.128
子网掩码     ............: 255.255.255.0
默认网关     ............: 192.168.11.254
DNS 服务器   .... .......: 192.168.10.1
```

2. 修改域名服务器配置文件

（1）修改主配置文件 named.conf。

使用视图 view 来实现智能 DNS，要求所有的区域配置必须放置在 view 内，因此可以删除一些任务不需要的区域如“.”区域和其他本机区域。

```
[root@ns ~]# vim  /var/named/chroot/etc/named.conf  # 编辑 named.conf，注释掉根区域
/*zone "." IN {
      type hint;
```

```
        file "named.ca";
};*/
```

（2）修改区域配置文件 named.rfc1912.zones。

```
[root@ns ~]# vim  /var/named/chroot/etc/named.rfc1912.zones
# 编辑 named.rfc1912.zones，清除所有配置，输入以下内容
view "a" {                                          # 视图 a
match-clients { 192.168.10.0/24; };                 # 匹配网段 192.168.10.0/24
zone "cqvie.edu.cn" IN {
      type master;
      file "cqvie.edu.cn.zone";                     # 解析文件 cqvie.edu.cn.zone
      allow-update { none; };
};
};

view "b" {                                          # 视图 b
match-clients { 192.168.11.0/24; };                 # 匹配网段 192.168.11.0/24
zone "cqvie.edu.cn" IN {
      type master;
      file "cqvie.edu.cn.zone1";                    # 解析文件 cqvie.edu.cn.zone1
      allow-update { none; };
};
};
```

3．创建区域解析文件

192.168.10.0 网段仍然使用前面的解析文件 cqvie.edu.cn.zone，需要为 192.168.11.0 网段创建新解析文件 cqvie.edu.cn.zone1。

```
[root@ns ~]# cd  /var/named/chroot/var/named
[root@ns ~]# cp  cqvie.edu.cn.zone  cqvie.edu.cn.zone1 -p
[root@ns ~]# vim  cqvie.edu.cn.zone1        # 编辑解析文件，修改如下行
www     IN     A     192.168.11.254         # 将 www 解析为 192.168.11.254
[root@ns ~]# systemctl restart named
```

4．测试解析结果

（1）在真实机上将 VMnet1 禁用，使用 VMnet8 进行解析。

```
C:\Users\Enz>nslookup www.cqvie.edu.cn
服务器：ns.cqvie.edu.cn
Address:  192.168.10.1

名称：  www.cqvie.edu.cn
Address:  192.168.10.1                              # 解析地址正确
```

（2）在真实机上将 VMnet8 禁用，使用 VMnet1 进行解析。

```
C:\Users\Enz>nslookup www.cqvie.edu.cn
服务器：ns.cqvie.edu.cn
Address:  192.168.10.1

名称：  www.cqvie.edu.cn
Address:  192.168.11.254                            # 解析地址正确
```

11.5 练习题

一、单选题

1．Linux 系统本机解析的名字解析文件是（　）。

A．/etc/hosts　　B．/etc/name

C．/etc/resolv　　D．/etc/localhost

2．DNS 服务器默认提供 DNS 解析的监听端口为（　）。

A．53　　B．67　　C．68　　D．80

3．使用 yum 安装 bind、bind-chroot 程序并启动相关服务后，其配置文件默认所在目录为（　）。

A．/etc　　B．/chroot/etc

C．/etc/var/named　　D．/var/named/chroot/etc

4．使用 yum 安装 bind、bind-chroot 程序并启动相关服务后，其区域解析文件默认所在目录为（　）。

A．/var/named　　B．/chroot/var/named

C．/var/named/chroot/var/named　　D．/var/named/chroot

5．在区域解析文件中符号"@"代表（　）。

A．本机 IP　　B．主机名　　C．本区域　　D．邮件地址

6．区域解析文件中用于指定解析记录在其他 DNS 服务器内缓存时间的是（　）。

A．生存时间 TTL　　B．刷新时间 refresh

C．重试时间 retry　　D．过期时间 expire

二、多选题

1．使用 yum 安装 bind 后，下列文件中（　）是 bind 的配置文件。

A．bind.conf　　B．dns.conf

C．named.conf　　D．named.rfc1912.zones

2．在 DNS 的区域配置中合法的区域类型有（　）。

A．arpa　　B．master

C．hint　　D．slave

3．可以使用（　）命令来查询 DNS 服务器的解析是否正确。

A．dig　　B．ifconfig

C．ps　　D．nslookup

4．在区域解析文件中，下列（　）是合法的记录类型。

A．MX　　B．NS　　C．PTR　　D．A

三、判断题

1．DNS 是一个分布式域名解析系统，Internet 的域名解析是由分布在各区域的域名服务器共同完成的。（ ）

2．根域名服务器是 DNS 系统的最高级域名服务器，它可以提供 Internet 上所有域名的解析。（ ）

3．DNS 递归查询是指 DNS 服务器会直接为 DNS 查询客户提供域名解析结果，这个结果可能是成功解析的结果，也可能是不成功解析的结果。（ ）

4．根域名服务器通常提供 DNS 迭代查询服务。（ ）

5．在用 bind 作为 Linux 的 DNS 服务程序时，必须安装 bind-chroot 软件包。（ ）

6．使用 yum 安装的 DNS 服务器在默认情况下只在本机 127.0.0.1 监听 DNS 解析请求，并只为本机提供解析服务，如果需要为其他计算机提供 DNS 解析服务，需要修改相应配置文件。（ ）

7．新增的解析区域应当放在解析区域的配置文件中，不能放在 DNS 主配置文件中。（ ）

8．由递归查询返回的解析结果一定是权威应答。（ ）

9．必须保证 named 用户对区域解析文件拥有读权限。（ ）

10．一个区域中可以允许有多台主域名服务器和多台辅助域名服务器。（ ）

11．在配置解析文件中，使用完全域名时必须在域名的最后加上“.”，代表根。（ ）

12．邮件交换记录的优先级数字越大优先级越高。（ ）

13．辅助域名服务器提供的解析结果为非权威应答。（ ）

14．增加 view 功能后，所有区域配置必须放在 view 中。（ ）

15．辅助域名服务器需要建立与主域名服务器相同的区域，并指明相应的区域解析文件，必须创建相应的空解析文件，才能从主域名服务器同步到相应解析记录。（ ）

任务 12
WWW 服务器安装与配置

12.1 任务要求

1．安装 Apache 并启动服务，在网站主目录下添加首页文件 index.html，内容为“this is 姓名拼音 's homepage”，并使用真实机访问 WWW 服务，能看到首页文件中的内容。

2．设置禁止服务器本机 IP 访问主页，并测试本机不能访问首页，而真实机可以访问。

3．设置当访问网站主目录时需要输入用户名和密码，要求用户名为自己姓名拼音，并测试。

4．设置虚拟目录“/ 姓名拼音”，指向真实目录，真实目录为 /virtualdir，并在 /virtualdir 下建首页文件 index.html，内容为“this is 姓名拼音 's virtualdir”，并测试虚拟目录效果。

5．设置用户主页，主页内容为“this is 姓名拼音 's userdir”，在真实机上测试用户主页。

6．设置虚拟主机，使用 www.cqvie.edu.cn 访问原来首页，使用 www.virtualhost1.com 访问，显示内容为“this is 姓名拼音 's virtualhost1”，使用 www.virtualhost2.com 访问，显示内容为“this is 姓名拼音 's virtualhost2”，在真实机上使用不同域名访问，测试虚拟主机结果。

7．安装 php，在主目录下创建 index.php，其内容为显示 php 信息，并测试。

12.2 相关知识

12.2.1 WWW 服务基础

WWW 服务是目前 Internet 上应用最为广泛的服务，客户机使用浏览器访问 WWW 服务器进行网络浏览的流程如图 12-1 所示。

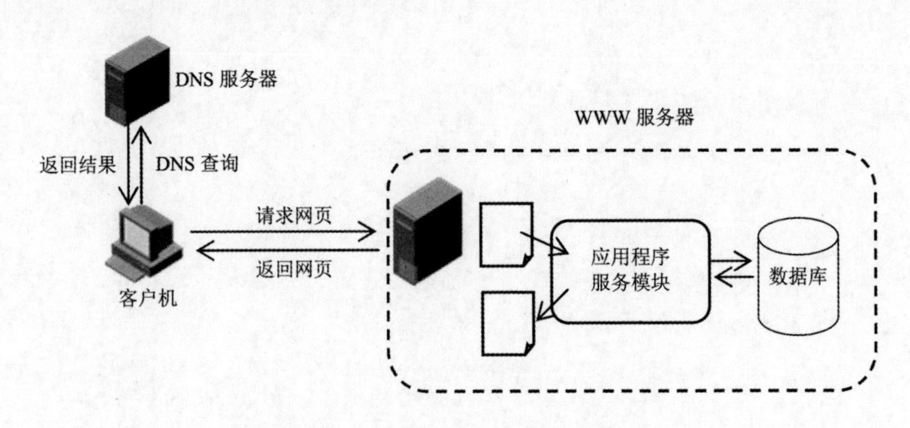

图 12-1 访问 WWW 服务器流程

用户在浏览器中输入 www.cqvie.edu.cn 访问该网站主页，由于使用域名访问，因此首先到 DNS 服务器解析 www.cqvie.edu.cn 对应的 IP 地址。解析到 IP 地址后，使用该 IP 地址通过 HTTP 协议访问 WWW 服务器，请求该网站服务器的主页。如果是静态 HTML 网页，则 WWW 服务器通过 HTTP 协议将网页直接返回给客户机；如果是动态网页，如包含 php 代码的网页，将由 php 在服务器端运行该代码，通常会连接数据库以获取或存储数据，php 代码执行的结果仍然以 HTML 网页的形式返回给客户机。客户机的浏览器会解释 HTML 标记，并按照指定的效果呈现出来。返回的网页中还可能包括一些在客户端执行的程序，如 Javascript 代码，将由客户端浏览器解释执行。

12.2.2 Linux 系统 WWW 服务软件与配置文件

Apache 是最著名的 Web 服务器软件。它可以运行在几乎所有的计算机平台上，由于其跨平台和高安全性的特点被广泛使用，是最流行的 Web 服务器端软件之一。

RHEL7 安装光盘上自带 Apache 安装包，配置好 yum 本地安装源后可以使用 yum 直接安装。

```
[root@ns2 ~]# yum  install  httpd*  -y        # 安装以 http 开始的程序，不需要手动确认
[root@ns2 ~]# systemctl  start  httpd         # 启动 http 服务
```

安装 Apache 后主要使用的目录如下：

- 配置文件目录 /etc/httpd：该目录包含 Apache 服务器的全部配置文件，Apache 服务器提供的功能主要通过修改配置文件实现。该目录下有三个子目录，分别是 /etc/httpd/conf、/etc/httpd/conf.d 和 /etc/httpd/conf.modules.d，其中 conf 目录为主配置文件目录，该目录下的文件 /etc/httpd/conf/httpd.conf 为 Apache 主配置文件；另外两个目录为子配置目录，由于在主配置文件中使用 Include 语句将子配置目录下的 *.conf 文件包含进主配置文件，因此在子配置目录中所有以 .conf 结束的文件都将被视为 Apache 的配置文件。
- 网站主页默认目录 /var/www/html：该目录为默认情况下 Apache 服务器主页存放目录，即用户访问 Apache 服务器提供的 WWW 服务时，实际是请求该目录下的网页文件。可以通过修改主配置文件改变网站主页的默认目录。
- 日志目录 /var/log/httpd：该目录用于存放 Apache 服务器的访问日志和错误日志。

1. 去掉 Apache 的测试页面

在 RHEL7 虚拟机上打开 Firefox 浏览器，输入地址 127.0.0.1，访问到如图 12-2 所示的页面，说明 Apache 服务器安装、启动工作正常。

该网页是 Apache 的一个测试网页，用于测试 Apache 服务器是否正常工作。它并不是一个位于网站主目录的网页文件，而是通过配置文件 /etc/httpd/conf.d/welcome.conf 来实现的，如果希望关闭该功能，只需将该配置文件名称改为不是以 .conf 结尾的文件，让该文件不被包含进主配置文件中，再重启 httpd 服务即可。

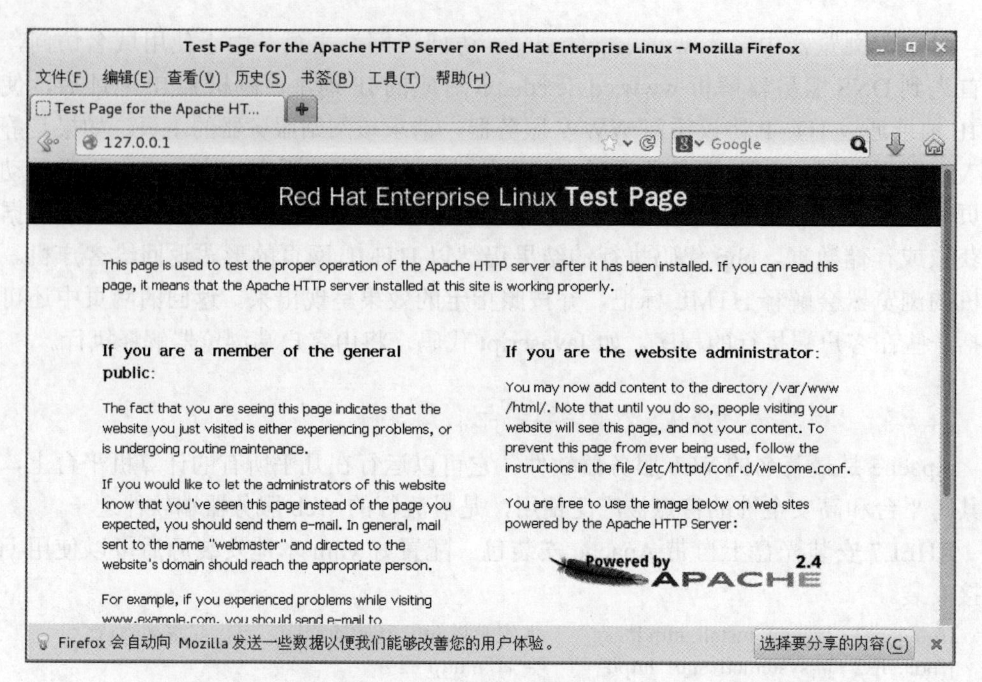

图 12-2 初次访问 Apache

```
[root@ns2 ~]# cd  /etc/httpd/conf.d                      # 进入子配置目录
[root@ns2 conf.d]# mv  welcome.conf  welcome.conf.bak    # 更改文件名
[root@ns2 conf.d]# systemctl  restart  httpd             # 重启 httpd 服务
```

再使用 Firefox 浏览器访问地址 127.0.0.1，得到如图 12-3 所示的结果。

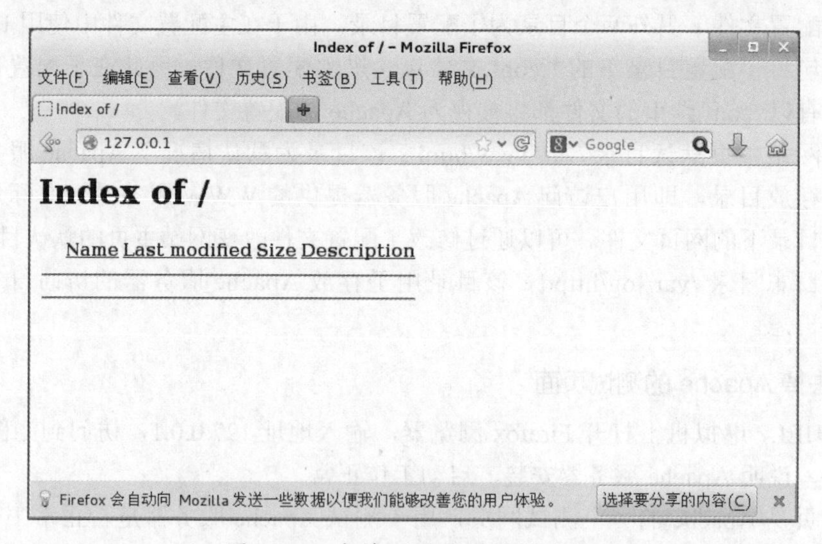

图 12-3 去掉测试页面访问结果

由于并没有在网站默认主页目录下放置主页文件，因此 Apache 没有显示出任何内容，只显示出网站主目录下的文件列表为空，表示没有任何网页文件。通常情况下，网站是不允许普通用户列出网站上的文件列表的，可以通过修改主配置文件禁止用户显示文件列表。

2. Apache 主配置文件 /etc/httpd/conf/httpd.conf

配置文件中最前面为“#”的均为注释，用于对下面的配置进行解释说明。主配置文件的主要内容及含义如下：

```
ServerRoot "/etc/httpd"                    # 工作目录
Listen 80                                  # 在所有 IP 地址的 80 号端口监听
Include conf.modules.d/*.conf              # 包含子配置文件目录下的所有 .conf 文件
User apache                                # Aapche 服务的用户名为 apache
Group apache                               # Aapche 服务的用户组名为 apache

ServerAdmin root@localhost                 # 管理员邮箱
DocumentRoot "/var/www/html"               # 网站主目录

<Directory "/var/www/html">                # 设置目录 /var/www/html 的访问控制
  Options Indexes FollowSymLinks           # Indexes 表示当该目录没有默认网页文档时会直接列出
                                           # 该目录下所有文件的列表，FollowSymLinks 表示允许
                                           # 符号链接文件
  AllowOverride None                       # 表示不使用 .htaccess 文件
  Require all granted                      # 允许所有用户访问该目录
</Directory>

<IfModule dir_module>
  DirectoryIndex index.html                # 目录下默认网页文件名为 index.html
</IfModule>
```

3. 为 Apache 服务器增加功能

（1）允许、禁止 IP 访问网站目录。

在默认情况下网站主目录 /var/www/html 允许所有用户访问，如果希望允许部分主机访问网站主目录，则配置如下：

```
<Directory "/var/www/html>"
  <RequireAll>
    Require ip 192.168.10 192.168.1.1   # 允许 192.168.10 网段和 IP 地址为 192.168.1.1 的主机
                                        # 访问，其余 IP 默认被拒绝
</RequireAll>
</Directory>
```

如果希望部分主机不能访问网站主目录，则配置如下：

```
<Directory "/var/www/html">
  <RequireAll>
    Require notip 192.168.11    # 不允许 192.168.11 网段用户访问
    Require all granted
</RequireAll>
</Directory>
```

（2）需要用户经过认证才能访问网站，即需要输入合法的用户名和密码才能访问网站。

1）在主配置文件的主目录下配置用户认证。

```
<Directory "/var/www/html">
 AuthName "rz"                    # 认证名为 rz，该名称可以自己定义
 AuthType  Basic                  # 认证类型为基本认证
 AuthUserFile "/htuser"           # 指定用于存放用户名密码的文件为 /htuser，该文件需要在后面
                                  # 使用命令创建
</Directory>
```

2）在主目录的访问控制中加入要求使用合法用户的配置。

```
<Directory "/var/www/html">
 <RequireAll>
  Require  valid-user             # 经过认证的合法用户才能访问网站主目录
  Require  all  granted
  </RequireAll>
</Directory>
```

修改完主配置文件后需要重启 httpd 服务。

3）创建认证用户文件。

```
[root@ns2 ~]# htpasswd  -c  /htuser  a     # "-c" 表示创建认证用户文件，后面跟的文件名必须
                                           # 与前面定义认证时指定的文件名及存储位置一致，a
                                           # 表示要创建的用户名
```

按提示输入用户密码并确认后，即在 /htuser 文件中创建了用户 a，如果需要再创建另一个合法用户 b，则使下面的命令：

```
[root@ns2 ~]# htpasswd  /htuser  b         # 由于前面已经创建了认证用户文件，不需要再使用
                                           # "-c"，直接在认证用户文件中添加用户 b，这样 a 和 b
                                           # 均为可访问网站的合法用户
```

在网站主目录中放入主页文件，默认文件名为 index.html，打开浏览器访问网站，会提示输入用户名和密码，输入正确的用户名和密码后，即可访问到网站主页。

（3）为网站设置虚拟目录。

用户通过浏览器访问 WWW 服务器，只能访问其主目录下的文件及目录，不能访问到 Linux 系统的其他文件和目录。虚拟目录不是真实存在于网站主目录下的目录，而是在 Apache 的主配置文件中设置的别名。即为一个真实目录在 Apache 主目录下定义一个别名，用户访问的是这个别名，就像访问主目录下的目录一样，但它不是一个真实存在的目录，而是另外一个真实位置的别名。别名在主配置文件中的配置如下：

```
Alias  /b  "/t"
#/b 是虚拟目录，在配置文件中没有加双引号的目录为相对目录，即相对于 Apache 网站的主目
# 录下的目录 b；而"/t"是真实目录，有双号的目录为绝对目录，即 Linux 系统中"根下面的 t
# 目录"。当使用浏览器访问网站主目录下的 b 目录时，实际上 /var/www/html 下并不存在 b 目录，
# 它只是 /t 目录的别名，因此实际访问的是 /t 目录下面的网页
<Directory  "/t">                  # 设置真实目录的访问权限
  Require  all  granted            # 允许全部访问
</Directory>
```

修改主配置文件后需要重启 httpd 服务。

创建 /t 目录，并在目录下放入网页文件 index.html，即可在浏览器中输入 URL 地址 http://127.0.0.1/b/，访问该网页。

（4）允许 Linux 系统用户访问自己的用户主页。

在 Linux 系统中，每个用户都可以有一个自己的用户主页，用户主页放在用户家

目录下，用户可以修改主页内容。Apache默认情况下关闭了用户主页功能，通过修改子配置文件/etc/httpd/conf.d/userdir.conf可以打开用户主页功能。修改内容如下：

1）将UserDir disabled行注释掉，表示打开用户主页功能。

2）将#UserDir public_html行前面的注释去掉，表示设置用户主页的目录为用户家目录下的public_html。

修改配置文件后需要重启httpd服务。

如果系统中已有用户user1，家目录为/home/user1/，在该目录下创建目录public_html作为用户主页的主目录，并在该目录下创建用户主页文件index.html。

由于/home/user1/目录的默认权限为700，即只有user1用户对该目录有完全权限，其他所有用户对该目录无任何权限，这将导致Apache服务无法进入到该用户家目录，从而无法读取目录下的网页文件，因此需要对/home/user1/目录增加执行权限，使得Apache用户可以进入到user1用户家目录，将/home/user1/的访问权限设置为711即可。

在浏览器中输入http://127.0.0.1/~user1/即可访问到user1的用户主页。

（5）用Apache实现虚拟主机。

可以在一台Apache服务器上用虚拟主机来提供多个网站服务，根据用户访问网站时输入的不同网站域名将返回不同的网站首页。虽然是访问的同一台真实的Apache服务器，但对于用户来说，像是访问了几个不同的网站主机，因此称为虚拟主机。

虚拟主机的配置可以增加在主配置文件中，也可以单独增加一个子配置文件，基本格式如下：

```
<VirtualHost *:80>                          # 定义虚拟主机，在所有IP地址的80号端口监听
 DocumentRoot /virtualhost                  # 为虚拟主机定义自己网站主目录
 ServerName www.virtualhost.com             # 设置虚拟主机域名
 <Directory "/virtualhost">
  Require all granted                       # 设置虚拟主机目录权限为允许所有用户访问
 </Directory>
</VirtualHost>
```

修改配置文件后需要重启httpd服务。

虚拟主机可以使用原主配置文件中所有的配置，如果虚拟主机中做了新配置则覆盖原主配置文件中的配置。如果虚拟主机中未重新配置则使用原主配置文件中的配置。

基于域名的虚拟主机使用域名访问网站，因此必须要有域名解析系统的支持，可以在DNS服务器上配置相关区域的域名解析，也可以直接修改访问网站的客户端hosts文件，在该文件中增加域名与IP地址的对应关系。

创建虚拟主机的网站主目录/virtualhost，并在该目录下创建该网站默认主页index.html文件，在浏览器中输入http://www.virtualhost.com即可访问到新建的虚拟主机。

可以使用上面的配置在一台Apache服务器上创建多个虚拟主机，并为不同的虚拟主机设置不同的域名及网站主目录，且放置不同的网站主页，即可在一台服务器上为用户提供多个网站服务。

（6）允许Apache支持php。

如果需要 Apache 服务器支持 php，需要安装 php 相关软件。使用 yum 安装 php 相关软件。

```
[root@ns2 ~]# yum  install  php*  -y
```

安装程序会自动修改 Apache 相关配置文件，使 Apache 支持 php，由于安装 php 将修改 Apache 的配置文件，因此需要重新启动 httpd 服务才能生效。

为查看 Apache 是否正确支持 php，在网站主目录中新建文件 index.php，内容为：

```
<?php  phpinfo();  ?>
```

然后在浏览器中输入 http://127.0.0.1/index.php，如果能够看到 php 配置信息，说明 Apache 已成功支持 php。

WWW 服务安装与基本配置

12.3 任务实施

1．安装 Apache 并启动服务，在网站主目录下添加首页文件 index.html，内容为“this is 姓名拼音 's homepage”，并使用真实机访问 WWW 服务，能看到首页文件中的内容，姓名拼音以 teacher 为例。

```
[root@ns ~]# yum  install  httpd*  -y
[root@ns ~]# systemctl start httpd
[root@ns ~]# systemctl enable httpd
[root@ns ~]# systemctl stop firewalld
[root@ns ~]# setenforce 0
```

在真实机上打开浏览器并输入 www.cqvie.edu.cn，访问到如图 12-4 所示的页面，表示 Apache 服务器工作正常。

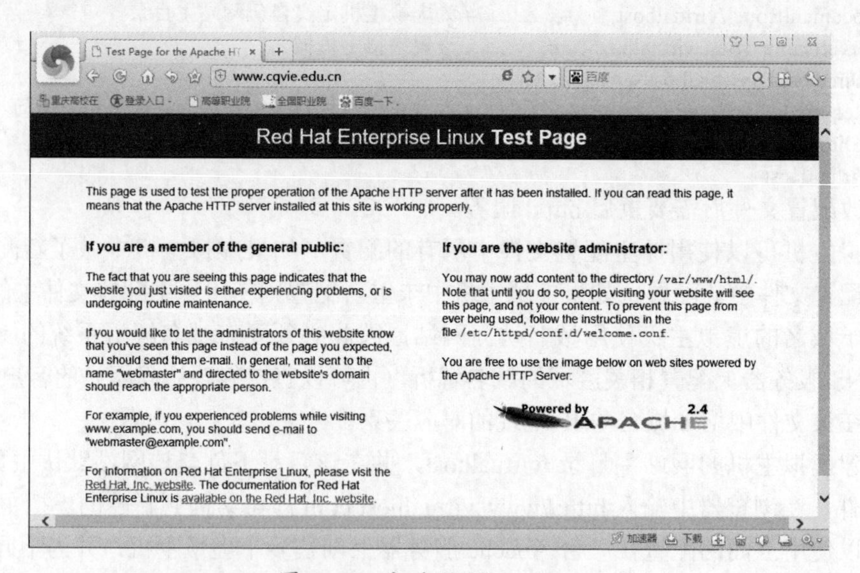

图 12-4　初次访问 Apache

```
[root@ns ~]# echo "this is teacher's homepage"> /var/www/html/index.html
# 在网站主目录下创建主页文件 index.html
```

真实机上再次访问 www.cqvie.edu.cn，显示自己创建的主页如图 12-5 所示。

图 12-5　自己创建的主页

2．设置禁止服务器本机 IP 访问主页，并测试本机不能访问首页，而真实机可以访问。

控制用户访问网站

编辑 Apache 主配置文件，修改内容如下：

```
[root@ns ~]# vim  /etc/httpd/conf/httpd.conf
<Directory  "/var/www/html">
<RequireAll>
Require not ip 192.168.10.1                 # 不允许 192.168.10.1 访问网站主目录
Require  all  granted                       # 其他地址允许访问网站主目录
</RequireAll>
</Directory>

[root@ns ~]# cd  /etc/httpd/conf.d          # 进入配置文件目录
[root@ns conf.d]# mv  welcome.conf  welcome.conf.bak     # 将 welcome.conf 更名为 welcome.
                                                          # conf.bak 以取消 Apache 出错时默认
                                                          # 显示欢迎页面功能

[root@ns conf.d]# systemctl restart httpd
```

在服务器本机使用 Firefox 浏览器访问 www.cqvie.edu.cn，显示结果如图 12-6 所示。

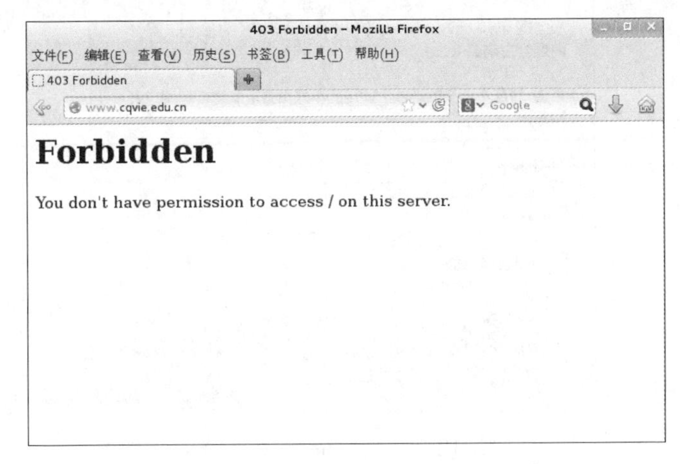

图 12-6　禁止本机访问 WWW 服务

表示本机没有访问 WWW 服务器的权限而被禁止，而在真实机上仍然能够正确访问 WWW 服务器上自己的主页。

3．设置当访问网站主目录时需要输入用户名和密码，要求用户名为自己姓名拼音，并测试。

```
[root@ns ~]# vim  /etc/httpd/conf/httpd.conf            # 编辑 Apache 主配置文件，修改内容如下
<Directory  "/var/www/html">
 <RequireAll>
 Require  valid-user                          # 需要合法用户才能访问网站主目录
  Require not ip 192.168.10.1
  Require  all  granted
 </RequireAll>

 AuthName  "test"                            # 认证名为 test
 AuthType   Basic                            # 认证类型为基本认证
 AuthUserFile  "/valid-user"                 #/valid-user 文件用于存放合法的用户名和密码

</Directory>

[root@ns ~]# systemctl restart httpd
[root@ns ~]# htpasswd  -c  /valid-user  teacher         # 创建能够访问 Apache 的用户文件 /valid-user,
                                                        # 并增加用户 teacher

New password:
Re-type new password:
Adding password for user teacher                        # 用户增加成功

[root@ns conf.d]# cat  /valid-user                      # 显示用户文件内容
teacher:$apr1$fckSFEnv$h3l/9RC4LvfEpgBHQc.jM1           # 用户名和加密密码
```

在真实机上访问 www.cqvie.edu.cn，显示结果如图 12-7 所示。

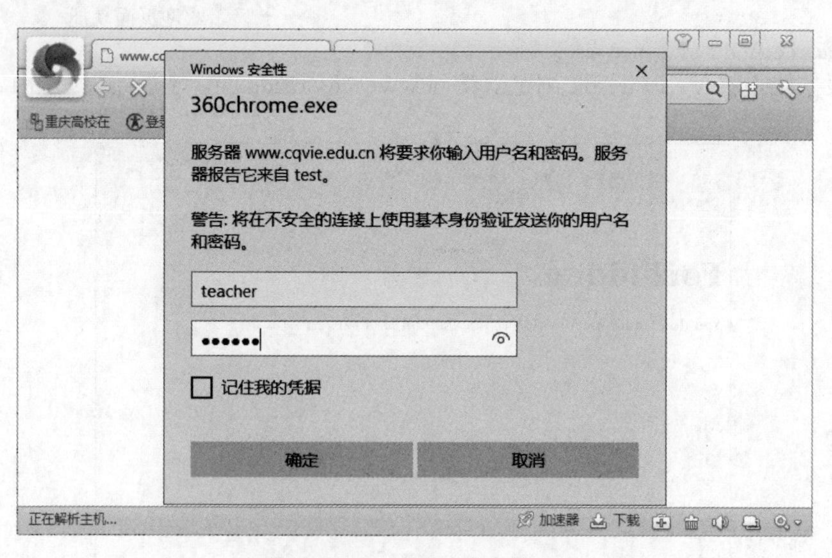

图 12-7　Apache 用户认证

正确输入用户名和密码将能够访问到网站主页，如果未能正确输入，将提示用户未被授权，不能访问网站。

虚拟目录与用户主页

4．设置虚拟目录为“/ 姓名拼音”，指向真实目录，真实目录为 /virtualdir，在 /virtualdir 下创建首页文件 index.html，内容为“this is 姓名拼音 's virtualdir”，并测试虚拟目录效果。

```
[root@ns ~]# vim  /etc/httpd/conf/httpd.conf

Alias  /teacher  "/virtualdir"                  # 设置 /teacher 为 /virtualdir 的别名
<Directory  "/virtualdir">                      # 设置真实目录的访问权限
  Require  all  granted                         # 允许全部访问
</Directory>

[root@ns ~]# systemctl  restart  httpd
[root@ns ~]# mkdir  /virtualdir                 # 创建真实目录
[root@ns ~]# echo  "this is teacher's virtualdir"> /virtualdir/index.html # 创建真实目录下的首页文件
```

在真实机上访问虚拟目录 www.cqvie.edu.cn/teacher/，显示结果如图 12-8 所示。

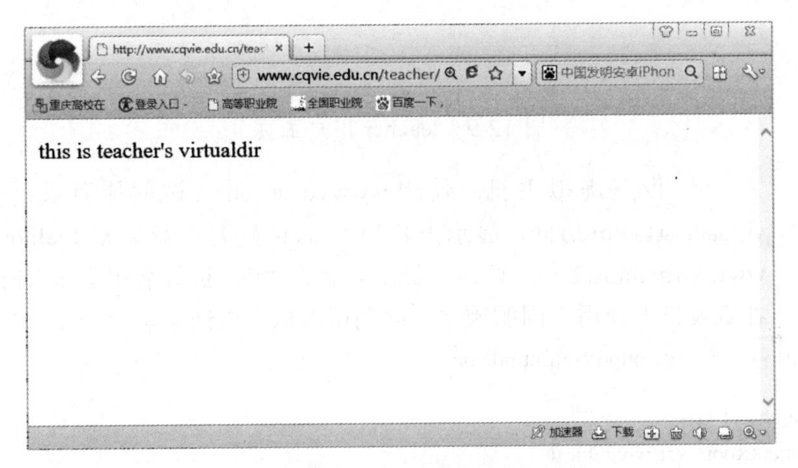

图 12-8　访问虚拟目录

用户访问的是网站主目录下的 teacher 目录，而网站主目录下并没有 teacher 目录，我们在 Apache 中定义了 teacher 目录是 /virtualdir 目录的别名，因此 teacher 是虚拟目录，而 /virtualdir 是真实目录，访问 teacher 目录实际上是访问 /virtualdir 目录。

5．设置用户主页，主页内容为“this is 姓名拼音 's userdir”，在真实机上测试用户主页。

```
[root@ns ~]# vim  /etc/httpd/conf.d/userdir.conf
<IfModule mod_userdir.c>
#UserDir disabled                               # 允许用户主页
UserDir  public_html                            # 用户主页位于用户主目录下的 public_html
/IfModule>
[root@ns ~]# systemctl restart httpd
[root@ns ~]# useradd  teacher                   # 创建用户
[root@ns ~]# passwd  teacher                    # 设置用户密码
```

```
[root@ns ~]# chmod 711 /home/teacher/
[root@ns ~]# mkdir /home/teacher/public_html
[root@ns ~]# echo "this is teacher's userdir"> /home/teacher/public_html/index.html
```

在真实机上的浏览器中输入 www.cqvie.edu.cn/~teacher/ 来访问 teacher 用户的用户主页，访问结果如图 12-9 所示。

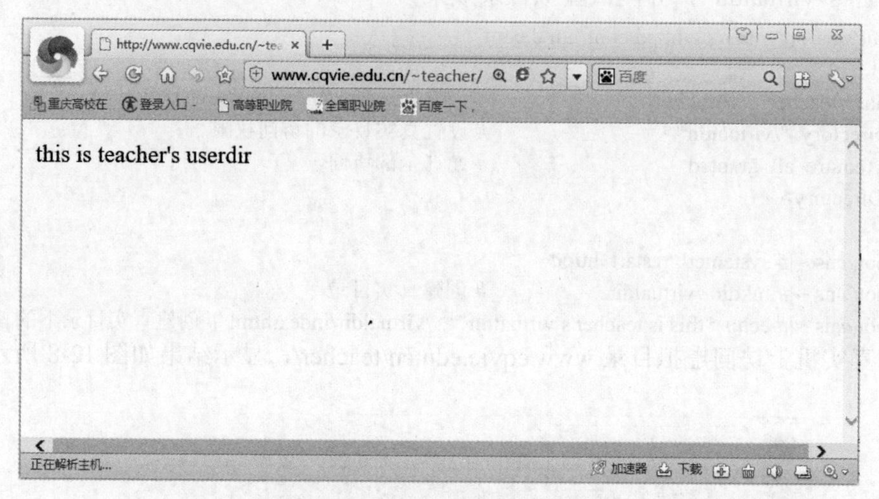

图 12-9　teacher 用户主页

虚拟主机
与 php 安装

6．设置虚拟主机，使用 www.cqvie.edu.cn 访问原首页，使用 www.virtualhost1.com 访问，显示内容为“this is 姓名拼音 's virtualhost1”，使用 www.virtualhost2.com 访问，显示内容为“this is 姓名拼音 's virtualhost2”，在真实机上使用不同的域名访问测试虚拟主机结果。

```
[root@ns ~]# vim /etc/httpd/conf/httpd.conf

<VirtualHost *:80>
  DocumentRoot /var/www/hmtl
  ServerName www.cqvie.edu.cn
</VirtualHost>

<VirtualHost *:80>
  DocumentRoot /virtualhost1
  ServerName www.virtualhost1.com
  <Directory “/virtualhost1” >
    Require all granted
  </Directory>
</VirtualHost>

<VirtualHost *:80>
  DocumentRoot /virtualhost2
  ServerName www.virtualhost2.com
  <Directory “/virtualhost2” >
    Require all granted
  </Directory>
```

```
</VirtualHost>

[root@ns ~]# mkdir  /virtualhost1
[root@ns ~]# mkdir  /virtualhost2
[root@ns ~]# echo  "this is teacher's virtualhost1">  /virtualhost1/index.html
[root@ns ~]# echo  "this is teacher's virtualhost2">  /virtualhost2/index.html
```

打开真实机上本地址主机解析文件 C:\Windows\System32\drivers\etc\hosts，在文件中增加如下行：

```
192.168.10.1  www.virtualhost1.com  www.virtualhost.com
```

在真实机的浏览器中分别输入 www.cqvie.edu.cn、www.virtualhost1.com、www.virtualhost2.com，将访问不同的网站主页，如图 12-10 至图 12-12 所示。

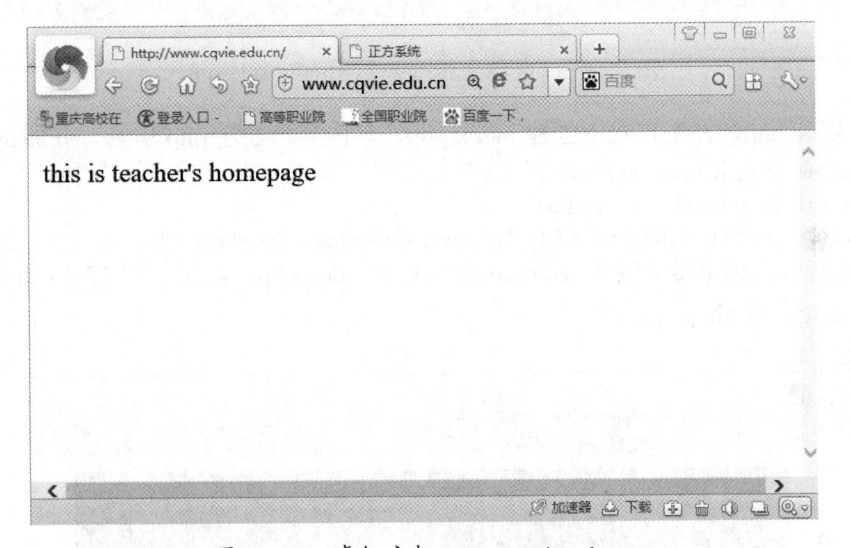

图 12-10　虚拟主机 www.cqvie.edu.cn

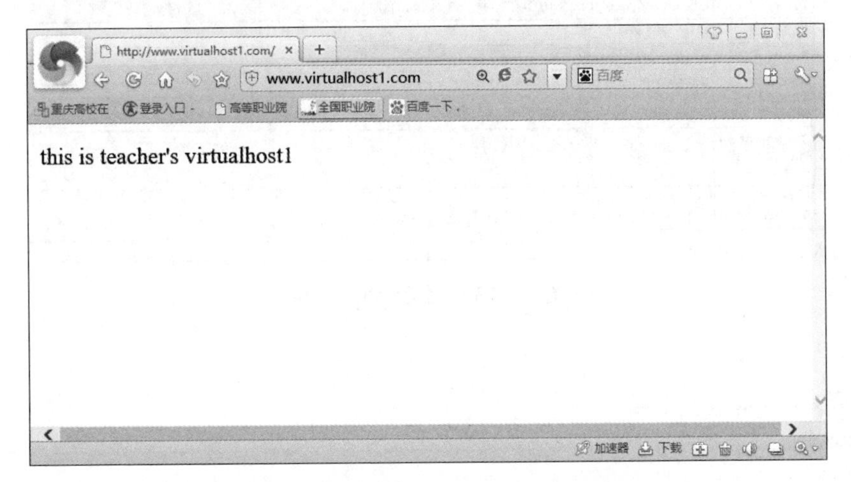

图 12-11　虚拟主机 www.virtualhost1.com

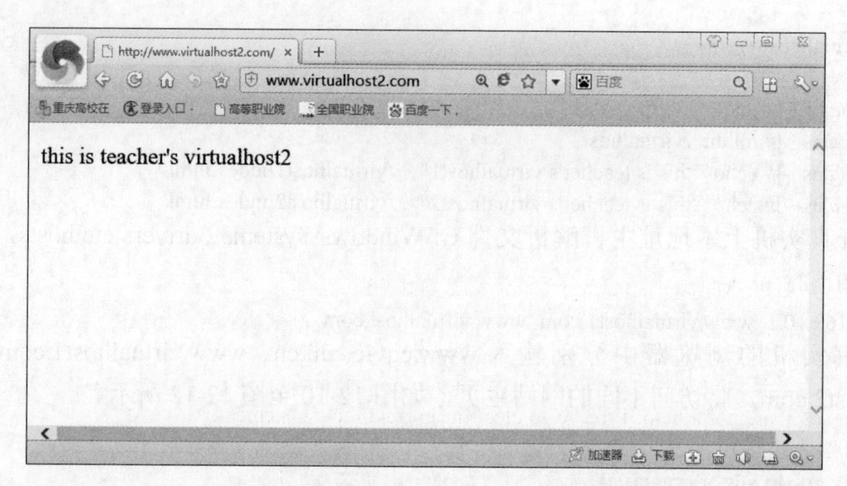

图 12-12　虚拟主机 www.virtualhost2.com

7. 安装 php，在主目录下创建 index.php，其内容为显示 php 信息，并测试。

```
[root@ns ~]# yum  install php*  -y
[root@ns ~]# systemctl  restart  httpd
[root@ns ~]# echo  "<?php  phpinfo(); ?>"> /var/www/html/index.php
```

在真实机的浏览器中输入 www.cqvie.edu.cn/index.php，结果如图 12-13 所示，表示 Apache 已经支持 php。

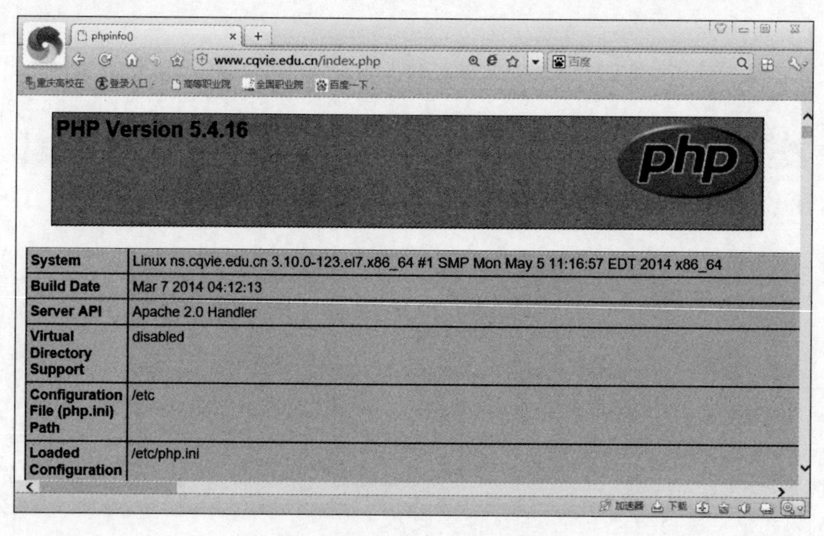

图 12-13　显示 php 信息

12.4 任务拓展

DVWA 是使用 php 编写网站漏洞练习系统，本拓展任务将在 RHEL7 系统中安装该系统。

1．安装 mariadb 数据库，为 DVWA 系统访问数据库做准备。

确保 httpd 服务及 php 支持已正确安装生效。

```
[root@ns ~]# yum install mariadb* -y
[root@ns ~]# systemctl start mariadb
[root@ns ~]# systemctl enable mariadb
[root@ns ~]# mysql -u root -p  # 以 root 用户登录数据库
Enter password:
Welcome to the MariaDB monitor.  Commands end with ; or \g.
Your MariaDB connection id is 2
Server version: 5.5.35-MariaDB MariaDB Server
Copyright (c) 2000, 2013, Oracle, Monty Program Ab and others.
Type 'help;' or '\h' for help. Type '\c' to clear the current input statement.
MariaDB [(none)]>create database dvwa;                    # 创建 DVWA 数据库
Query OK, 1 row affected (0.00 sec)                       # 执行成功
MariaDB [(none)]>grant all on dvwa.* to dvwa@localhost identified by '123';
# 创建用户 dvwa，并授权该用户能够从本机登录，并对 DVWA 数据库下的表格拥有完全权限，
# 用户密码为 123
Query OK, 0 rows affected (0.03 sec)

MariaDB [(none)]> flush privileges;                       # 更新权限
Query OK, 0 rows affected (0.00 sec)

MariaDB [(none)]>exit                                     # 退出数据库
Bye
```

2．复制 DVWA 代码到网站主目录，并修改网站配置文件。

到 DVWA 官网下载 DVWA 网站代码，最新下载文件为 DVWA-master.zip，将该文件解压后将生成一个 DVWA-master 目录，所有网站代码在该目录下。将该目录复制到 /var/www/html/ 目录下。

```
[root@ns ~]# cd /var/www/html/DVWA-master/config
[root@ns config]# cp config.inc.php.dist config.inc.php
[root@ns config]# vim config.inc.php

$_DVWA = array();
$_DVWA[ 'db_server' ]  = '127.0.0.1';
$_DVWA[ 'db_database' ] = 'dvwa';
$_DVWA[ 'db_user' ]   = 'dvwa';          # 修改数据库用户名
$_DVWA[ 'db_password' ] = '123';         # 修改数据库用户密码
```

3．初始化网站数据库并登录 DVWA 系统。

在浏览器中输入网站地址 www.cqvie.edu.cn/DVWA-master/setup.php，将进入到网站安装页面，如图 12-14 所示。

单击页面最下面的 Create/Reset Database 按钮将自动创建并初始化相关数据库及表格，并在页面最后显示相关信息，如图 12-15 所示。

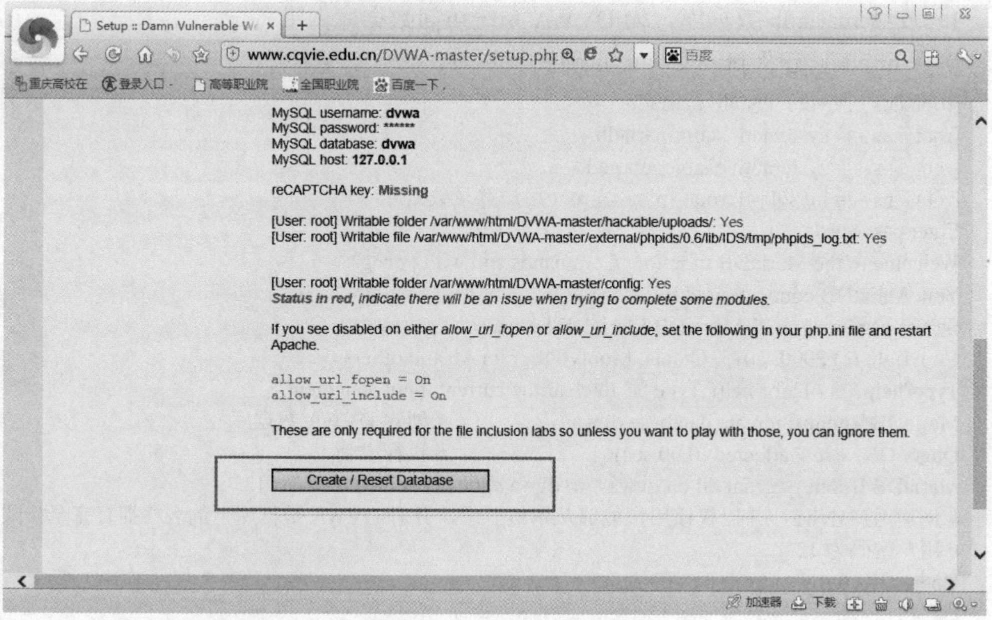

Setup :: Damn Vulnerable We

www.cqvie.edu.cn/DVWA-master/setup.php

重庆高校在 登录入口 高等职业院 全国职业院 百度一下

MySQL username: **dvwa**
MySQL password: ******
MySQL database: **dvwa**
MySQL host: **127.0.0.1**

reCAPTCHA key: **Missing**

[User: root] Writable folder /var/www/html/DVWA-master/hackable/uploads/: Yes
[User: root] Writable file /var/www/html/DVWA-master/external/phpids/0.6/lib/IDS/tmp/phpids_log.txt: Yes

[User: root] Writable folder /var/www/html/DVWA-master/config: Yes
***Status in red**, indicate there will be an issue when trying to complete some modules.*

If you see disabled on either *allow_url_fopen* or *allow_url_include*, set the following in your php.ini file and restart Apache.

```
allow_url_fopen = On
allow_url_include = On
```

These are only required for the file inclusion labs so unless you want to play with those, you can ignore them.

Create / Reset Database

加速器 下载

图 12-14 DVWA 安装页面

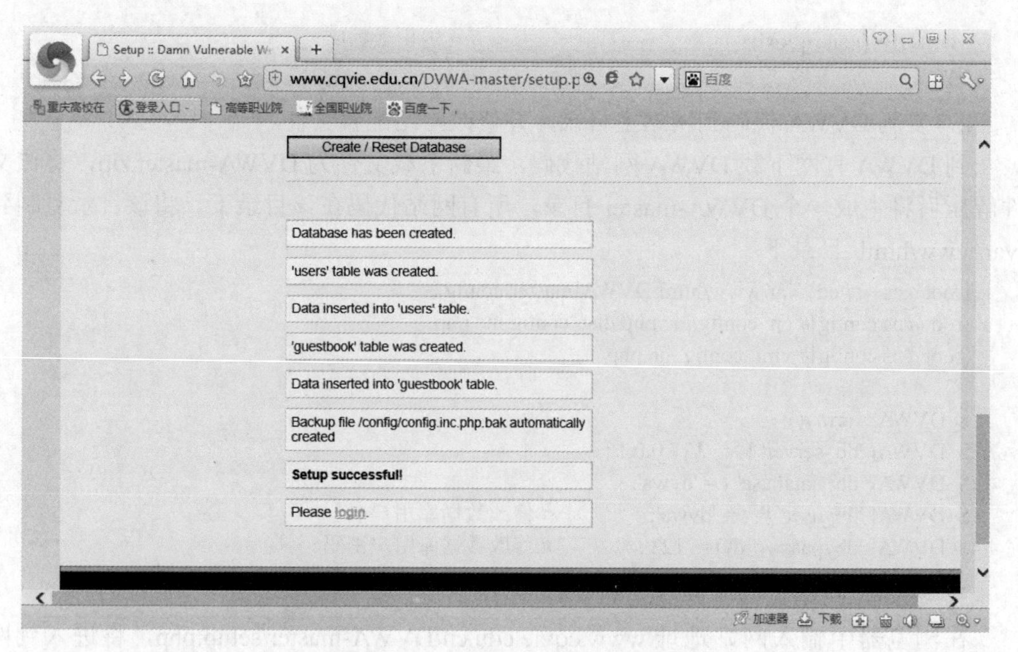

图 12-15 DVWA 安装成功页面

安装成功后系统将自动跳转到登录页面，如图 12-16 所示。输入用户名 admin 和密码 password，即可登录进系统。

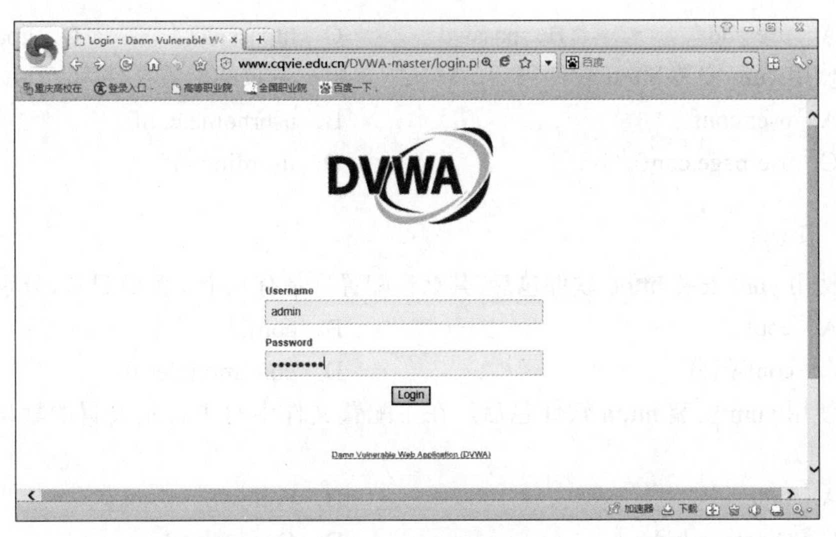

图 12-16　DVWA 登录页面

12.5 练习题

一、单选题

1. 下列用于提供 WWW 服务的软件是（　）。
   A．http　B．apache　C．bind　D．www
2. 使用 yum 安装 httpd 软件包后，其默认的配置文件目录为（　）。
   A．/var/www　B．/etc/www　C．/etc/httpd　D．/var/httpd
3. 使用 yum 安装 httpd 软件包后，其默认的网站主目录为（　）。
   A．/var/www/html　B．/etc/html
   C．/www/html　D．/var/html
4. 使用 yum 安装 httpd 软件包后，其默认的网站主页文件名为（　）。
   A．index.html　B．index.htm　C．index.php　D．index.asp
5. 配置文件 welcome.conf 的作用是（　）。
   A．是网站的子配置文件，默认为空
   B．用于访问网站时提供欢迎消息
   C．用于自动创建网站默认主页
   D．当访问网站出现错误时，自动加载一个测试页面
6. 启动 WWW 服务的命令是（　）。
   A．systemctl start httpd　B．systemctl start www
   C．systemctl start apache　D．systemctl start html
7. 用于创建 httpd 的访问认证用户的命令是（　）。

A．useradd　　B．passwd　　C．htpasswd　　D．gpasswd

8．使用 yum 安装 httpd 软件包后，默认配置用户主页的配置文件为（ ）。

A．user.conf　　B．userhome.conf

C．userpage.conf　　D．userdir.conf

二、多选题

1．使用 yum 安装 httpd 软件包后，其默认配置目录有几个子配置目录，分别是（ ）。

A．conf　　B．conf.d

C．conf-01.d　　D．conf.modules.d

2．使用 yum 安装 httpd 软件包后，在主配置文件中对主目录设置的默认 Options 选项有（ ）。

A．Indexes　　B．FollowSymLinks

C．DirectoryIndex　　D．DocumentRoot

三、判断题

1．网页中可以包含服务器端代码和客户端代码，服务器端代码在服务器上执行，而客户端代码由浏览器执行，它们执行的结果通常都为 HTML 文档，浏览器将解释 HTML 标记并显示出最终的网页效果。（ ）

2．使用 yum 安装 httpd 后，网站主目录下自动生成网站默认主页文件。（ ）

3．使用 yum 安装 httpd 后，如果客户端访问网站时没有指定网页文件，而网站目录也没有默认网页文档，关闭 welcome.conf 提供的功能，默认将在浏览器中列出该目录下的文档列表。（ ）

4．httpd 主配置文件中可以设置主目录的访问控制，默认允许所有用户访问主目录。（ ）

5．如果有多条访问控制，必须将所有访问控制设置放在 <RequireAll></RequireAll> 中间。（ ）

6．输入 Linux 的用户名和密码，也可以通过 Apache 的用户认证。（ ）

7．使用 yum 安装 php 后，因为并没有修改 Apache 的配置文件，所以不需要重启 httpd 服务。（ ）

8．Apache 的虚拟目录是通过在主配置文件中配置别名来实现的。（ ）

9．在 Apache 的配置文件目录中，加有双引号的目录表示相对路径，没有加双引号的目录表示绝对路径。（ ）

10．虚拟主机可以实现在一台 Apache 服务器上提供多个网站服务。（ ）

任务 13
FTP 服务器安装与配置

13.1 任务要求

1. 安装 vsftp 服务并启动服务，在匿名用户主目录下创建目录，目录名为“姓名拼音”，使匿名用户对该目录具有所有权限，并在真实机上测试匿名用户上传、下载、创建目录、删除目录功能。

2. 创建两个用户，分别为“姓名拼音 1”和“姓名拼音 2”，将“姓名拼音 1”锁定在其主目录，而“姓名拼音 2”不锁定在主目录，可以切换到其他目录。在真实机上用 ftp 命令测试。

3. 设置使“姓名拼音 1”用户和 root 用户可以登录 FTP，而“姓名拼音 2”用户不能登录 FTP，在真实机上用 ftp 命令测试。

4. 设置不允许真实机 IP 地址登录 FTP 服务器，并在真实机上用 ftp 命令测试。

5. 在匿名用户主目录下建立虚拟目录 share，所指向的真实目录为 /software，设置该虚拟目录可以上传、下载，并在真实机中测试。

13.2 相关知识

13.2.1 FTP 服务基础

FTP 服务是 Internet 上广泛使用的公共服务之一，为 Internet 客户提供文件上传与下载服务。FTP 服务程序与客户程序之间采用 FTP 协议完成文件传输服务。

FTP 服务有两种工作方式：一种是主动方式，也叫 PORT 方式；另一种是被动方式，也叫 PASV 方式。

FTP 主动方式的工作原理如图 13-1 所示。

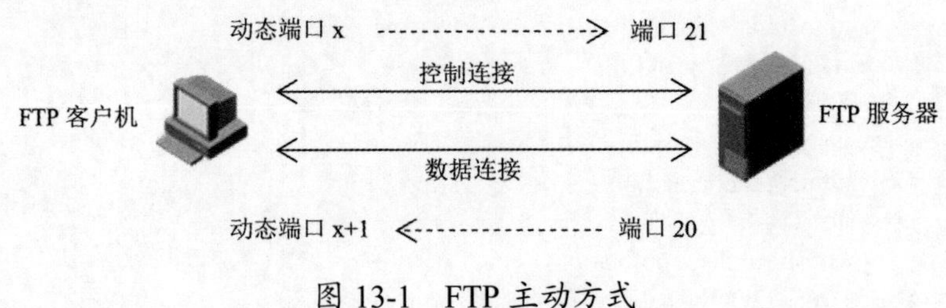

图 13-1　FTP 主动方式

在 FTP 中，使用两个 TCP 连接：一个连接为控制连接，用来传输控制命令；另一个连接为数据连接，用来传输上传下载的数据文件。在主动方式中，FTP 服务器在端口 21 上监听 TCP 连接建立请求，客户端在本地选择一个动态端口 x，向 FTP 服务器的 21 号端口发起 TCP 连接建立请求，经过 TCP 三次握手，在客户端动态端口 x 与服务器端口 21 之间建立起控制连接，用来传输命令。如果要进行数据传输，客户端会先选择一个动态端口x+1，用作数据连接，在端口x+1上监听TCP连接请求，然后在控制连接上使用PORT指令告诉服务器客户端用于数据连接的端口，服务器收到PORT指令后，以端口20向客户端端口x+1发起TCP连接建立请求，经过TCP三次握手，在服务器的20号端口与客户端的x+1号端口之间建立起数据连接，用作传输数据。由此可以看出，数据连接是由服务器主动发起的，因此称为主动方式。

FTP被动方式的工作原理如图13-2所示。

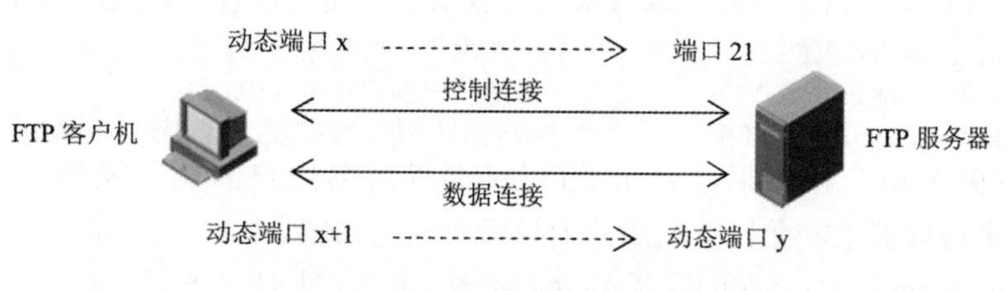

图13-2 FTP被动方式

在FTP被动方式中，控制连接的建立方法与主动方式相同，而数据连接的建立则不同。当需要传输数据时，客户端通过控制连接向服务器发送PASV命令，服务器收到PASV命令后选择一个动态端口y，并通过PORT命令将选择的动态端口y告诉客户端，客户端使用本地动态端口x+1向服务器的动态端口y发起TCP连接建立请求，经过TCP三次握手，在客户端端口x+1与服务器端口y之间建立起数据连接，用作传输数据。由此可以看出，数据连接是由客户端主动发起的，而服务器是被动接受连接，因此称为被动方式。

13.2.2 Linux系统FTP服务软件与配置文件

1. FTP服务软件安装

vsftp是Linux系统下提供FTP服务的软件，RHEL7光盘带有vsftp软件包，默认情况下没有安装，配置yum本地安装源后，可以使用yum安装vsftpd软件包。

```
[root@ns ~]# rpm -qa | grep vsftpd            # 查看vsftpd软件包是否安装，默认不安装
[root@ns ~]# yum install vsftpd -y            # 安装vsftpd软件包
[root@ns ~]# rpm -qa | grep vsftpd            # 再次查看
vsftpd-3.0.2-9.el7.x86_64                     # vsftpd已安装
[root@ns ~]# systemctl start vsftpd           # 启动vsftpd服务
[root@ns ~]# systemctl enable vsftpd          # 将vsftpd服务设置为开机启动
[root@ns ~]# systemctl status vsftpd          # 查看vsftpd服务状态
vsftpd.service - Vsftpd ftp daemon
  Loaded: loaded (/usr/lib/systemd/system/vsftpd.service; enabled)          # 开机启动
  Active: active (running) since 六 2018-03-03 10:40:36 CST; 1 months 13 days ago  # 激活
[root@ns ~]# netstat -antup | grep vsftpd     # 查看vsftpd服务连接状态
tcp6   0  0 :::21  :::*  LISTEN    39880/vsftpd # 在所有IP的21号端口监听
```

2. vsftpd常用功能配置

vsftpd安装后，其配置文件目录为/etc/vsftpd/，主配置文件为vsftpd.conf，该文件已包含部分配置，可以通过修改配置文件来完成相应的功能。vsftpd.conf中有很多功能

配置，下面列举了一些常用的配置，其他配置可以使用命令 man 5 vsftpd.conf 来查看该文件的手册。

（1）设置匿名用户访问。vsftpd 默认支持匿名用户访问，其设置为：

```
anonymous_enable=YES                    # 允许匿名用户访问
```

匿名用户名为 anonymous 或 ftp，密码为空，其 ftp 主目录为 /var/ftp，即使用匿名用户登录 ftp 服务后看到的文件是服务器上 /var/ftp 目录下的文件。

匿名用户登录后默认具有下载权限，可以增加下面的设置来扩展匿名用户的权限：

```
anon_upload_enable=YES                  # 匿名用户上传权限
anon_mkdir_write_enable=YES             # 匿名用户创建目录权限
anon_other_write_enable=YES             # 匿名用户其他写权限，如删除、改名
```

设置完匿名用户权限后，表示 ftp 已经允许匿名用户的相关操作，还需要设置 Linux 的目录访问权限，允许匿名用户对目录有完全权限。

```
[root@ns ~] chmod  777  /var/ftp/       # 开放匿名用户主目录所有权限
```

（2）锁定本地用户主目录。Linux 系统的所有普通用户均可以作为 FTP 用户登录 FTP 服务器，称为本地用户。本地用户登录后的 ftp 主目录为该用户的家目录，该用户在主目录下拥有完全权限。

vsftpd 默认开放本地用户访问，其配置为：

```
local_enable=YES                        # 允许本地用户访问
```

默认情况下本地用户登录 FTP 服务器后并未被锁定在主目录下，可以使用 cd 命令切换到 Linux 系统的其他目录下查看系统的所有文件，存在安全隐患。可以通过修改配置将本用户锁定在主目录中。

```
chroot_local_user=NO               # 默认设置本地用户均不被锁定在主目录中
chroot_list_enable=YES             # 允许使用 chroot_list 列表，则 chroot_list 列表中的用户将被锁
                                   # 定在主目录中，其他本地用户不被锁定在主目录中
chroot_list_file=/etc/vsftpd/chroot_list     # 指定 chroot_list 列表文件位置及名称，默认为该文件，
                                             # 该文件默认不存在，需要用户自己创建
allow_writeable_chroot=YES                   # 允许 chroot 写，必须开启才能将本地用户锁定在主目录中
```

如果希望所有用户都锁定在主目录中，可以修改如下配置：

```
chroot_local_user=YES                        # 设置本地用户均被锁定在主目录中
chroot_list_enable=YES                       # 允许使用 chroot_list 列表，则 chroot_list 列表中的用
                                             # 户将不被锁定在主目录中，其他本地用户被锁定在主
                                             # 目录中
chroot_list_file=/etc/vsftpd/chroot_list     # 指定 chroot_list 列表文件的位置及名称
allow_writeable_chroot=YES                   # 允许 chroot 写
```

（3）控制用户登录 FTP 服务器。vsftpd 使用配置文件来控制用户登录 FTP 服务器，默认设置如下：

```
userlist_deny=YES                  # 默认情况下 userlist 中的用户被禁止登录 FTP 服务器
userlist_enable=YES                # 使用 userlist 文件，该文件位于 /etc/vsftpd/ 目录，该文件默认已
                                   # 存在，只需要将不能登录的用户加入到该文件中即可，不在
                                   #  userlist 文件中的用户允许登录
```

也可以拒绝所有用户登录，仅允许 userlist 中的用户登录，其配置如下：

```
userlist_deny=NO                   # 设置 userlist 中用户被允许登录 FTP 服务器
userlist_enable=YES                # 使用 userlist 文件，只有加入到该文件的用户才能登录 FTP，
```

```
                                    # 其他用户不能登录
```

另外 FTP 登录认证还要检查文件 /etc/vsftpd/ftpuser，该文件中的所有用户均不能登录 FTP 服务器，即使该用户在 userlist 中被允许登录。

（4）控制主机登录 FTP。主配置文件中的默认配置如下：

```
tcp_wrappers=YES                        # 允许使用 tcp_wrappers
```

设置 vsftpd 服务器是否与 tcp wrapper 相结合，进行主机的访问控制，默认为 YES。vsftpd 服务器会检查 /etc/hosts.allow 和 /etc/hosts.deny 中的设置，以决定是否允许请求连接的主机访问该 FTP 服务器。

文件 /etc/hosts.allow 用于设置被允许访问的主机，/etc/hosts.deny 用于设置被拒绝访问的主机，如 /etc/hosts.deny 文件中可以作如下设置：

```
vsftpd:192.168.11.0/255.255.255.0          # 表示拒绝 192.168.11.0 网段主机访问 vsftpd 服务
vsftpd:192.168.12.0/255.255.255.0:allow    # 允许 192.168.12.0 网段主机访问 vsftpd 服务
```

在 /etc/hosts.allow 文件中进行如下配置可以实现相同的功能：

```
vsftpd:192.168.11.0/255.255.255.0:deny
vsftpd:192.168.12.0/255.255.255.0
```

Linux 系统首先检查 hosts.allow 文件，如果在该文件中被允许，即允许主机访问，不会再检查 hosts.deny 文件；如果在该文件中没有相匹配的规则，则会检查 hosts.deny 文件；如果在 hosts.deny 中被拒绝，则拒绝该主机访问；如果 hosts.deny 文件中也没有相匹配的规则，会允许该主机访问。

（5）虚拟目录设置。可以在 ftp 主目录下创建虚拟目录，使用挂载命令 mount 将该目录挂载到一个真实的目录下，当 FTP 用户登录到服务器访问虚拟目录时，实际访问的是挂载的真实目录。使用的挂载命令如下：

```
[root@ns ~]# mount --bind 真实目录 虚拟目录      # 将虚拟目录挂载到真实目录下
```

3. FTP 客户端

FTP 客户端使用 FTP 协议与 FTP 服务器交互，完成文件的上传、下载功能。

（1）ftp 命令。

可以使用 ftp 命令登录 FTP 服务器进行文件的上传与下载，常用 ftp 命令见表 13-1。

表 13-1　常用 ftp 命令

命令格式	功能
cd remote-directory	更改远程计算机上的工作目录
pwd	显示远程计算机上的当前目录
ls|dir remote-directory	显示远程目录文件和子目录列表
delete remote-file	删除远程计算机上的文件
get|mget remote-file [local-file]	将远程文件下载到本地计算机
put|mput local-file [remote-file]	将本地文件上传到远程计算机上
mkdir remote-directory	创建远程目录
rmdir remote-directory	删除远程目录
bye 或 quit	结束与远程计算机的 FTP 会话并退出 FTP

（2）Windows 资源管理器。

可以使用 Windows 资源管理器登录 FTP 服务器，在资源管理器的地址栏中输入如下地址：

```
ftp://[ 用户名 : 密码 @] 服务器地址 [: 端口 ]
```

匿名访问不需要输入用户名和密码，服务器使用默认端口号时不需要端口号。登录成功后，其他操作类似于本地文件操作。

（3）专用 FTP 客户端软件。

此外还有其他专用 FTP 客户端程序，如 CuteFTP、FileZilla Client 等，这些专业的客户端软件功能更强大，操作更方便。

FTP 服务安装与基本访问

13.3 任务实施

1. 安装vsftp服务并启动服务，在匿名用户主目录下创建目录，目录名为“姓名拼音”，使匿名用户对该目录具有所有权限，并在真实机上测试匿名用户上传、下载、创建目录、删除目录功能。

```
[root@ns ~]# yum install vsftp* -y
[root@ns ~]# systemctl start vsftpd
[root@ns ~]# systemctl enable vsftpd
[root@ns ~]# systemctl stop firewalld
[root@ns ~]# setenforce 0
[root@ns ~]# mkdir /var/ftp/teacher
[root@ns ~]# chmod 777 /var/ftp/teacher/
[root@ns ~]# vim /etc/vsftpd/vsftpd.conf              # 编辑 vsftpd 主配置文件，修改如下配置
anon_upload_enable=YES
anon_mkdir_write_enable=YES
anon_other_write_enable=YES
[root@ns ~]# systemctl restart vsftpd
```

在真实机上打开浏览器，输入 ftp://192.168.10.1（其中 192.168.10.1 为 FTP 服务器地址）即可匿名登录到 FTP 服务器，能够看到自己创建的 teacher 目录，如图 13-3 所示。进入 teacher 目录，测试上传、下载、创建目录、改名及删除功能。

使用命令访问 FTP 及锁定普通用户主目录

2. 创建两个用户，分别为“姓名拼音 1”和“姓名拼音 2”，将“姓名拼音 1”锁定在其主目录，而“姓名拼音 2”不锁定在主目录，可以切换到其他目录。在真实机上用 ftp 命令测试。

```
[root@ns ~]# useradd teacher1
[root@ns ~]# passwd teacher1
[root@ns ~]# useradd teacher2
[root@ns ~]# passwd teacher2
[root@ns ~]# vim /etc/vsftpd/vsftpd.conf     # 编辑 vsftpd 主配置文件，修改如下配置
chroot_list_enable=YES                        # 允许使用 chroot_list 列表
chroot_list_file=/etc/vsftpd/chroot_list      # 指定 chroot_list 列表文件的位置及名称
allow_writeable_chroot=YES                    # 允许 chroot 写
```

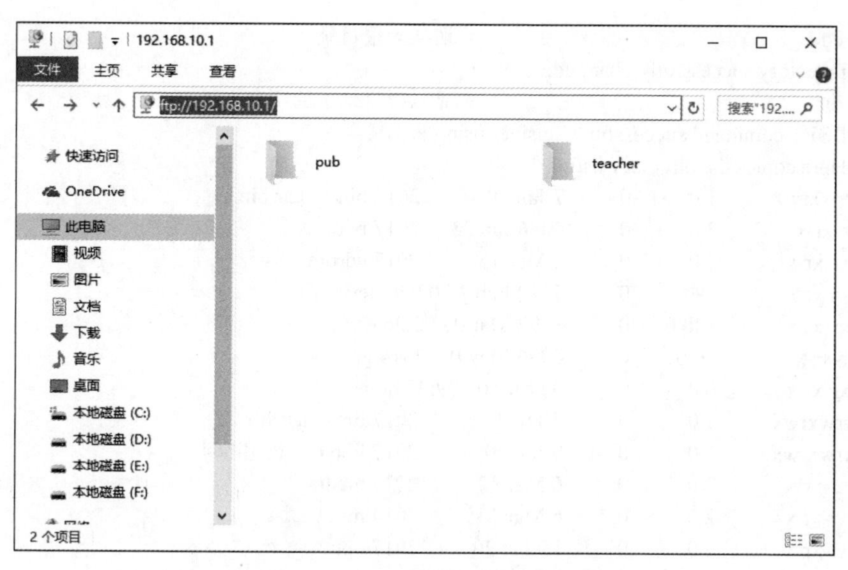

图 13-3 匿名登录 FTP 服务器

```
[root@ns ~]# vim /etc/vsftpd/chroot_list     # 创建 chroot_list 文件，在文件中加入要锁定的用户
teacher1
C:\Users\Enz>ftp 192.168.10.1                # 真实机使用 ftp 命令连接 FTP 服务器
连接到 192.168.10.1。
220 (vsFTPd 3.0.2)
200 Always in UTF8 mode.
用户 (192.168.10.1:(none)): teacher1         # 输入用户名 teacher1
331 Please specify the password.
密码：                                        # 输入密码
230 Login successful.
ftp> pwd                                     # 显示当前目录
257 "/"                                      # 当前目录为根
ftp> dir                                     # 显示目录下的文件
200 PORT command successful. Consider using PASV.
150 Here comes the directory listing.
226 Directory send OK.                       # 根下没有文件，用户访问的根不是系统的根，而是该
                                             # 用户的主目录，表示该用户 teacher1 被锁定在主目录下
C:\Users\Enz>ftp 192.168.10.1                # 真实机使用 ftp 命令连接 FTP 服务器
连接到 192.168.10.1。
220 (vsFTPd 3.0.2)
200 Always in UTF8 mode.
用户 (192.168.10.1:(none)): teacher2         # 输入用户名 teacher2
331 Please specify the password.
密码：                                        # 输入密码
230 Login successful.
ftp> pwd                                     # 显示当前目录
257 "/home/teacher2"                         # 当前目录为 /home/teacher2
ftp> dir                                     # 显示当前目录下的文件
200 PORT command successful. Consider using PASV.
150 Here comes the directory listing.
226 Directory send OK.                       # teacher2 家目录下没有文件
```

```
ftp> cd /                                    # 切换到根目录
250 Directory successfully changed.
ftp> dir                                     # 显示根目录下的所有文件
200 PORT command successful. Consider using PASV.
150 Here comes the directory listing.
lrwxrwxrwx      1 0      0      7 Jan 20       2017 bin -> usr/bin
dr-xr-xr-x      3 0      0      4096 Jan 23    2017 boot
drwxr-xr-x      2 0      0      6 Mar 15       2017 cdrom
drwxr-xr-x      19 0     0      3220 Feb 27 02:26 dev
drwxr-xr-x      138 0    0      8192 Mar 03 02:26 etc
dr-xr-xr-x      10 0     0      4096 May 07  2014 gp
drwxr-xr-x      6 0      0      62 Mar 01 09:43 home
lrwxrwxrwx      1 0      0      7 Jan 20       2017 lib -> usr/lib
lrwxrwxrwx      1 0      0      9 Jan 20       2017 lib64 -> usr/lib64
drwxr-xr-x      2 0      0      6 Mar 13       2014 media
drwxr-xr-x      2 0      0      6 Mar 13       2014 mnt
drwxr-xr-x      3 0      0      15 Jan 20      2017 opt
dr-xr-xr-x      510 0    0      0 Feb 27 02:26 proc
dr-xr-x---      18 0     0      4096 Mar 03 02:40 root
drwxr-xr-x      39 0     0      1220 Mar 03 02:32 run
lrwxrwxrwx      1 0      0      8 Jan 20       2017 sbin -> usr/sbin
drwxr-xr-x      2 0      0      6 Mar 13       2014 srv
dr-xr-xr-x      13 0     0      0 Feb 27 02:26 sys
drwxrwxrwt      35 0     0      4096 Mar 03 02:37 tmp
drwxr-xr-x      13 0     0      4096 Jan 20     2017 usr
-rw-r--r--      1 0      0      93 Feb 28 06:36 valid-user
drwxr-xr-x      25 0     0      4096 Mar 01 09:22 var
drwxr-xr-x      2 0      0      23 Feb 28 06:53 virtualdir
drwxr-xr-x      2 0      0      23 Feb 28 08:51 virtualhost1
drwxr-xr-x      2 0      0      23 Feb 28 08:51 virtualhost2
226 Directory send OK.
ftp: 收到 1617 字节，用时 0.06 秒    26.08 千字节 / 秒。
# 该列表为 Linux 系统根目录下的所有文件，表明用户 teacher2 没有被锁定在根目录下
```

控制访问 FTP 与虚拟目录

3．设置使“姓名拼音 1”用户和 root 用户可以登录 FTP，而“姓名拼音 2”用户不能登录 FTP，在真实机上用 ftp 命令测试。

```
[root@ns ~]# vim /etc/vsftpd/user_list        # 编辑 user_list 文件，增加用户
  teacher2，# 删除用户 root
[root@ns ~]# vim /etc/vsftpd/ftpusers         # 编辑 ftpusers 文件，删除用户 root
```

在真实机上使用 ftp 命令分别测试 teacher1、teacher2、root 是否能够登录 FTP 服务器。

```
C:\Users\Enz>ftp 192.168.10.1
连接到 192.168.10.1。
220 (vsFTPd 3.0.2)
200 Always in UTF8 mode.
用户 (192.168.10.1:(none)): teacher1
331 Please specify the password.
密码：
230 Login successful.                          # teacher1 用户成功登录
```

```
C:\Users\Enz>ftp 192.168.10.1
连接到 192.168.10.1。
220 (vsFTPd 3.0.2)
200 Always in UTF8 mode.
用户 (192.168.10.1:(none)): teacher2
530 Permission denied.
登录失败。                                    # teacher2 用户登录失败

C:\Users\Enz>ftp 192.168.10.1
连接到 192.168.10.1。
220 (vsFTPd 3.0.2)
200 Always in UTF8 mode.
用户 (192.168.10.1:(none)): root
331 Please specify the password.
密码：
230 Login successful.                         # root 用户成功登录
```

4．设置不允许真实机 IP 地址登录 FTP 服务器，并在真实机上用 ftp 命令测试。

```
[root@ns ~]# vim /etc/hosts.deny              # 编辑 hosts.deny 文件
vsftpd:192.168.10.128
C:\Users\Enz>ftp 192.168.10.1                 # 在真实机上使用 ftp 命令连接服务器
连接到 192.168.10.1。
421 Service not available.
远程主机关闭连接。                            # TCP 连接被拒绝
```

5．在匿名用户主目录下建立虚拟目录 share，所指向的真实目录为 /software，设置该虚拟目录可以上传、下载，并在真实机中测试。

由于在前面禁止了真实机访问 FTP，在本任务测试时，需要先允许真实机访问 FTP。

```
[root@ns ~]# mkdir /var/ftp/share             # 在匿名用户主目录下创建虚拟目录
[root@ns ~]# mkdir /software                  # 创建真实目录
[root@ns ~]# chmod 777 /software/             # 修改真实目录权限为 777
[root@ns ~]# mount --bind /software/ /var/ftp/share/       # 将虚拟目录挂载到真实目录上
[root@ns ~]# touch /software/test             # 在真实目录中创建文件 test
```

在真实机的浏览器中使用匿名用户登录到 FTP 服务器，进入虚拟目录，可以看到在真实目录中创建的 test 文件，如图 13-4 所示，并测试匿名用户在虚拟目录下的上传、下载功能。

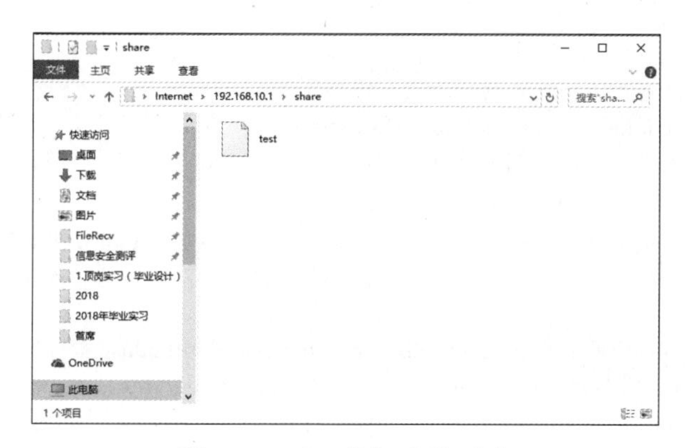

图 13-4 ftp 虚拟目录测试

13.4 任务拓展

如果不希望匿名用户和本地用户登录 FTP，可以使用虚拟用户方式登录 FTP，虚拟用户方式更加安全。本任务将禁止匿名和本地用户登录，创建一个名为 vuser 的虚拟用户，该用户可以登录 FTP 服务器，其 FTP 主目录为 /home/ftpuser/，该用户被锁定在主目录下，并拥有上传、下载、创建目录、删除、改名功能。

下面是该拓展任务中用到的文件及目录的功能说明。

- /etc/vsftpd/virtualusers 文件：用于存放虚拟用户的用户名和密码，其中奇行为用户名，偶行为密码。
- vuser：创建的虚拟用户名，密码为 1。
- /etc/vsftpd/virtualusers.db：是文本文件 virtualusers 转换成数据库格式后的文件。
- /etc/pam.d/vuftp：是 vsftpd 的 pam.d 认证文件，在该文件中配置使用 virtualuser.db 中的用户名密码进行认证，需要在 vsftp.conf 主配置文件中设置 pam_service_name=vuftp，让 vsftpd 使用该认证文件。
- ftpusr：系统中的一个不可登录账户，用于映射虚拟用户。
- /home/ftpuser：ftpuser 用户家目录，也是映射到该用户的虚拟用户的 FTP 主目录，需要在虚拟用户配置文件中使用 local_root=/home/ftpuser 来指定。
- /etc/vsftp/vu_config/：虚拟用户配置文件存放目录，用于存放虚拟用户配置文件，需要在 vsftpd.conf 主配置文件中使用 user_config_dir=/etc/vsftpd/vu_config 来指定。
- /etc/vsftp/vu_config/vuser：虚拟用户配置文件，用于设置虚拟用户映射到的本地用户、虚拟用户主目录及虚拟用户的权限。

1．创建存放虚拟用户账号的文件 /etc/vsftpd/virtualusers，并加入虚拟用户。

```
[root@ns ~]# vim /etc/vsftpd/virtualusers              # 创建新文件 virtualusers 并输入下面的信息
vuser                                                  # 虚拟用户名
1                                                      # 虚拟用户密码
[root@ns ~]# cd /etc/vsftpd
[root@ns vsftpd]# db_load -T -t hash -f virtualusers virtualusers.db
# 转虚拟用户文件格式，将文本转化为数据库格式
[root@ns vsftpd]#chmod 600 /etc/vsftpd/virtualusers.*
# 修改虚拟用户账号文件及数据库文件的权限，只允许 root 对其进行读写
```

2．在 pam.d 认证文件中加入授权信息。

```
[root@ns ~]# vim /etc/pam.d/vuftp          # 新建 pam.d 认证文件 vuftp，在文件中加入下面的内容，
                                           # 指定的数据库文件名及位置是第 1 步中创建的虚拟用
                                           # 户账户文件
auth   required    /lib64/security/pam_userdb.so db=/etc/vsftpd/virtualusers
account   required    /lib64/security/pam_userdb.so db=/etc/vsftpd/virtualusers
```

3．创建虚拟用户对应的本地用户，并设置用户主目录的访问权限。

```
[root@ns ~]# useradd -d /home/ftpuser -s /sbin/nologin ftpuser
```

4．修改 /etc/vsftpd/vsftpd.conf 主配置文件。

```
[root@ftp_server ~]# vim  /etc/vsftpd/vsftpd.conf
anonymous_enable=NO                      # 不允许匿名登录
local_enable=YES                         # 使用虚拟用户一定要启用本地用户
chroot_local_user=YES                    # 将所有本地用户限制在家目录中
guest_enable=YES                         # 启用用户映射功能，允许虚拟用户登录
pam_service_name=vuftp                   # 指定对虚拟用户进行 PAM 认证的文件名
user_config_dir=/etc/vsftpd/vu_config    # 指定虚拟用户的配置文件位置
```

5．创建虚拟用户配置文件。

```
[root@ns ~]# mkdir /etc/vsftpd/vu_config  # 创建虚拟用户配置文件目录，该配置目录与主配置文
                                          # 件 vsfptd.conf 中配置的 user_config_dir 相同
[root@ns ~]# vim /etc/vsftpd/vu_config/vuser         # 创建虚拟用户配置文件，文件名与虚拟用户
                                                     # 名相同，加入下面的配置信息
guest_username=ftpuser
local_root=/home/ftpuser
anon_world_readable_only=NO
write_enable=YES
anon_upload_enable=YES
anon_mkdir_write_enable=YES
anon_other_write_enable=YES
```

6．测试虚拟用户登录。

```
[root@ns ~]# systemctl restart vsftpd     # 重启 vsftpd 服务
[root@ns ~]# touch /home/ftpuser/a        # 创建空文件 a 用于下载
```

下面使用 ftp 命令进行功能测试。

```
C:\Users\Enz>ftp 192.168.10.254           # 连接到 FTP 服务器 192.168.10.254
连接到 192.168.10.254。
220 (vsFTPd 3.0.2)
200 Always in UTF8 mode.
用户 (192.168.10.254:(none)): anonymous
331 Please specify the password.
密码：
530 Login incorrect.
登录失败。                                 # 匿名用户登录失败
ftp> user user1
331 Please specify the password.
密码：
530 Login incorrect.
登录失败。                                 # 本地用户登录失败
ftp> user vuser
331 Please specify the password.
密码：
230 Login successful.                     # 虚拟用户登录成功
ftp> pwd
257 "/"                                   # 该用户被锁定在根目录中
ftp> dir
200 PORT command successful. Consider using PASV.
150 Here comes the directory listing.
-rw-r--r--  1  0  0  0  Apr 17 06:34  a   # 显示到前面在主目录中创建的文件 a
```

```
226 Directory send OK.
ftp: 收到 62 字节，用时 0.00 秒   62000.00 千字节 / 秒。
ftp> get a                                  # 下载 a 到本地
200 PORT command successful. Consider using PASV.
150 Opening BINARY mode data connection for a (0 bytes).
226 Transfer complete.                      # 下载成功
ftp> mkdir test                             # 创建目录 test
257 "/test" created                         # 创建成功
ftp> dir
200 PORT command successful. Consider using PASV.
150 Here comes the directory listing.
-rw-r--r--  1  0  0  0  Apr 17 06:34  a
drwx------  2  1003  1003  6 Apr 17 06:36  test          # 显示到创建的目录
226 Directory send OK.
ftp: 收到 124 字节，用时 0.00 秒    124000.00 千字节 / 秒。
ftp> delete a                                             # 删除文件 a
250 Delete operation successful.
ftp> dir
200 PORT command successful. Consider using PASV.
150 Here comes the directory listing.
drwx------    2 1003     1003           6 Apr 17 06:36 test           # 文件 a 已删除
226 Directory send OK.
ftp: 收到 65 字节，用时 0.02 秒    4.06 千字节 / 秒。
ftp> put a                                                             # 将下载的 a 上传
200 PORT command successful. Consider using PASV.
150 Ok to send data.
226 Transfer complete.
ftp> dir
200 PORT command successful. Consider using PASV.
150 Here comes the directory listing.
-rw-------    1 1003     1003           0 Apr 17 06:36 a               # 上传成功
drwx------    2 1003     1003           6 Apr 17 06:36 test
226 Directory send OK.
ftp: 收到 124 字节，用时 0.00 秒    124000.00 千字节 / 秒。
ftp> rename a b                                                        # 将 a 改名为 b
350 Ready for RNTO.
250 Rename successful.
ftp> dir
200 PORT command successful. Consider using PASV.
150 Here comes the directory listing.
-rw-------    1 1003     1003           0 Apr 17 06:36 b               # 改名成功
drwx------    2 1003     1003           6 Apr 17 06:36 test
226 Directory send OK.
ftp: 收到 124 字节，用时 0.00 秒    124000.00 千字节 / 秒。
```

13.5 练习题

一、单选题

1．默认情况下，FTP 服务器在（ ）端口监听，等待客户发起控制连接。

A．20　　B．21　　C．25　　D．53

2．默认情况下，FTP 服务器使用（ ）端口向 FTP 客户发起数据连接。

A．20　　B．21　　C．25　　D．53

3．vsftpd 的主配置文件是（ ）。

A．/etc/vsftpd.conf　　B．/var/vsftpd.conf

C．/etc/vsftpd/vsftpd.conf　　D．/var/vsftpd/vsftpd.conf

4．下面（ ）参数用于使匿名用户能够删除 FTP 上的文件。

A．anon_upload_enable　　B．anon_mkdir_write_enable

C．anon_other_write_enable　　D．anon_delete_write_enable

5．使用 ftp 命令连接到 FTP 服务器，下面用于上传文件的命令是（ ）。

A．upload　　B．put　　C．send　　D．copy

6．默认匿名用户主目录为（ ）。

A．/var/ftp　　B．/etc/vsftpd

C．/home/ftp　　D．/home/anonymous

7．在默认情况下，本地用户 test 登录 FTP 服务后的主目录为（ ）。

A．/var/test　　B．/vsftpd/test

C．/home/test　　D．/ftp/test

二、多选题

1．FTP 服务器的工作模式有（ ）。

A．主动方式　　B．被动方式

C．PORT 方式　　D．PASV 方式

2．下面（ ）可以作为 FTP 客户端。

A．ftp 命令　　B．Windows 资源管理器

C．浏览器　　D．CuteFTP

3．默认情况下面（ ）文件可以控制用户账户对 FTP 服务器的访问。

A．userlist　　B．chroot_list

C．ftpuser　　D．hosts.allow

4．可以使用下面（ ）文件来控制主机对 FTP 服务的访问。

A．userlist　　B．ftpuser

C．hosts.allow　　D．hosts.deny

5．下面可以匿名登录的用户是（ ）。

A.anon　　　　B．vsftpd

C．ftp　　　　D.anonymous

三、判断题

1．FTP 的主动工作方式是指客户机主动向服务器发起 FTP 连接。（ ）

2．在 FTP 被动方式下，由客户机向 FTP 服务器的 20 号端口发起数据连接。（ ）

3．默认安装 vsftpd 后，其主配置文件中已包含 vsftpd 的所有配置。（ ）

4．默认安装 vsftpd 后，root 用户可以登录 FTP 服务器。（ ）

5．默认情况下匿名用户被锁定在其 FTP 主目录下。（ ）

6．默认情况下本地用户被锁定在其 FTP 主目录下。（ ）

7．默认情况下 userlist 中的用户将被允许访问 FTP 服务器。（ ）

8．只要在 vsftpd 的主配置文件中配置允许匿名用户上传权限，就能使匿名用户上传文件到 FTP 服务器。（ ）

9．userlist 文件中的用户一定不能登录 FTP 服务器。（ ）

10．chroot_list 中的用户一定会被锁定在其 FTP 主目录下。（ ）

11．使用锁定用户在其 FTP 主目录下的功能时，必须将 allow_writeable_chroot 设置为 YES。（ ）

任务 14
邮件服务器安装与配置

14.1 任务要求

1．安装发送邮件服务软件 postfix 和接收邮件服务软件 dovecot，并启动服务。

2．修改配置文件，能够实现“姓名拼音 1”用户和“姓名拼音 2”用户之间的邮件收发，使用 telnet 命令测试邮件发送和接收。

3．安装 Foxmail 邮件客户端，修改配置文件实现邮件群发功能，使用 Foxmail 测试。

14.2 相关知识

14.2.1 邮件服务基础

邮件服务是 Internet 上广泛使用的公共服务之一，与其他服务不同的是，邮件服务器通常要运行两个邮件服务：一个是发送邮件服务，发送邮件服务使用 SMTP 协议完成电子邮件发送；另一个是接收邮件服务，接收邮件服务使用 POP3 协议完成电子邮件接收。邮件的发送与接收流程如图 14-1 所示。

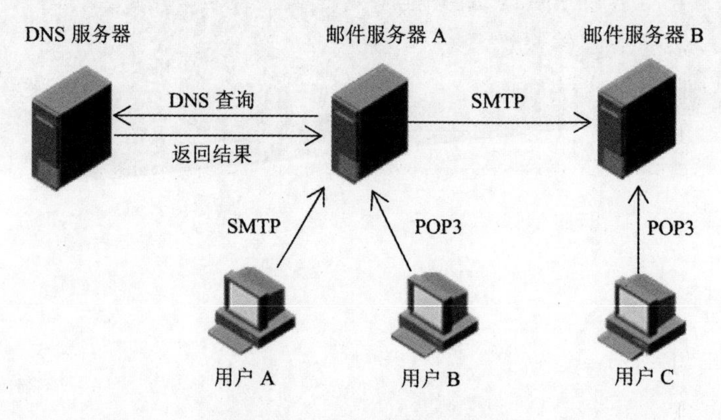

图 14-1 邮件收发示意图

用户 A 在邮件服务器 A 上申请电子邮箱，其地址为 A@aa.com，用户 B 在邮件服务器 A 上申请电子邮箱，其地址为 B@aa.com，用户 C 在邮件服务器 B 上申请电子邮箱，其地址为 C@bb.com。

1．同一邮件服务器的用户之间的邮件收发过程

用户 A 向用户 B 发送电子邮件的过程如下：

（1）用户 A 在邮件客户端上编写邮件，发件地址为 B@aa.com，单击“发送”按钮。

（2）邮件客户端软件根据用户 A 的账户配置向邮件服务器 A 的 25 号端口发起 TCP 连接，并使用 SMTP 协议将邮件发送至邮件服务器 A 的 SMTP 服务程序。

（3）邮件服务器 A 的 SMTP 服务程序根据收件地址判断为本区域邮件，于是将邮件放入到用户 B 的邮箱中，完成邮件的投递。

B 用户接收邮件的过程如下：

（1）B 用户在邮件客户端上单击“接收邮件”按钮。

（2）邮件客户端根据 B 用户的账户配置向邮件服务器 A 的 110 号端口发起 TCP 连接，并使用 POP3 协议，将邮件从邮件服务器读取到邮件客户端。

2. 不同邮件服务器的用户之间邮件收发过程

用户 A 向用户 C 发送电子邮件的过程如下：

（1）用户 A 在邮件客户端上编写邮件，发件地址为 C@bb.com，单击“发送”按钮。

（2）邮件客户端软件根据用户 A 的账户配置向邮件服务器 A 的 25 号端口发起 TCP 连接，并使用 SMTP 协议将邮件发送至邮件服务器 A 的 SMTP 服务程序。

（3）邮件服务器 A 的 SMTP 服务程序发现收件地址不是本区域邮件，于是向 DNS 服务器发起 DNS 解析请求，请求解析收件区域的邮件交换记录。

（4）DNS 系统最终解析到收件区域的邮件交换记录为邮件服务器 B，将结果返回给邮件服务器 A。

（5）邮件服务器 A 向邮件服务器 B 的 25 号端口发起 TCP 连接，并通过 SMTP 协议将邮件发送给邮件服务器 B 的 SMTP 服务程序。

（6）邮件服务器 B 的 SMTP 服务程序判断收件地址为本区域邮件，将邮件放入到用户 C 的邮箱中，完成邮件投递。

C 用户接收邮件的过程如下：

（1）C 用户在邮件客户端上单击“接收邮件”按钮。

（2）邮件客户端根据 C 用户的账户配置向邮件服务器 B 的 110 号端口发起 TCP 连接，并使用 POP3 协议将邮件从邮件服务器读取到邮件客户端。

14.2.2 Linux 系统邮件服务软件与配置文件

发送邮件服务器配置与验证

1. 发送邮件服务 postfix

（1）postfix 服务软件安装。

RHEL7 中已将 postfix 作为邮件发送服务程序自动安装，并设置为开机启动。可以用下列命令查看 postfix 的安装、运行及监听情况。

```
[root@ns ~]# rpm -qa | grep postfix                    # 查看 postfix 是否安装
postfix-2.10.1-6.el7.x86_64                            # 已安装
[root@ns ~]# systemctl status postfix.service          # 查看 postfix 服务状态
postfix.service - Postfix Mail Transport Agent
  Loaded: loaded (/usr/lib/systemd/system/postfix.service; enabled)        # 开机启动
  Active: active (running) since 日 2018-04-15 13:56:02 CST; 2s ago        # 激活运行状态
[root@ns ~]# netstat -antup | grep :25                 # 查看 25 号端口状态
tcp  0  0  0.0.0.0:25  0.0.0.0:*  LISTEN  97655/master          # 所有 IPv4 地址 TCP25 号端口监听
tcp6  0  0  :::25      :::*       LISTEN  97655/master  # 所有 IPv6 地址 TCP25 号端口监听
```

（2）postfix 服务配置。

发送邮件服务 postfix 的配置文件位于 /etc/postfix 目录下，主要配置文件为 main.cf，main.cf 文件中第一个字符为“#”的均为注释，参数配置前面不能有空格，等号两边要有空格，如果参数值太多需要换行，续行前面应留空格，可以使用“$”参数来引用参数的值。配置文件中的常用配置及含义如下：

```
myhostname = mail.cqvie.edu.cn # 指明邮件服务器的主机名，由于在前面的 DNS 中已经为邮件
                               # 服务器指定域名为 mail.cqvie.edu.cn，并解析到指定 IP 地址，
                               # 因此设置本邮件服务器的主机名为 mail.cqvie.edu.cn
mydomain =cqvie.edu.cn         # 用来指定邮件服务器的域，如果不指定，默认为
                               #  myhostname(mail.cqvie.edu.cn) 减去最前面的主机名 mail，即为
                               #  cqvie.edu.cn
myorigin = $mydomain           # 用来指定发件人的源域名，当发件人只有用户名时，本发送邮
                               # 件服务器将默认为其加上源域名，如用户 user1 发送的邮件，
                               # 发邮件人将被默认指定为 user1@cqvie.edu.cn
inet_interfaces = all          # 用于指定哪些 IP 地址可以用于邮件发送，即在哪些 IP 地址的
                               # TCP 25 号端口监听 SMTP 连接，all 表示所有 IPv4 和 IPv6 地址
mydestination = $mydomain      # 表示本机目的域名，即对于发送到该域的邮件，将被视为发送
                               # 到本邮件服务器的邮件，从而分发到本地邮件中
home_mailbox = Maildir/        # 用户电子邮箱位置为该用户目录下的 /Maildir/ 目录
mynetworks_style = subnet      # 设置发送邮件服务允许客户的类型，默认为 subnet，即在默认
                               # 情况下发送邮件服务器允许与服务器同一网段的客户发送邮件
```

（3）postfix 邮件发送测试。

postfix 服务程序使用 SMTP 发送电子邮件，SMTP 是一个纯文本的应用层协议，因此可以使用 telnet 程序连接到 SMTP 服务器进行电子邮件的发送。

要求系统中已安装 telnet 客户软件，并创建用户 teacher1 和 teacher2。

```
[root@ns ~]# telnet  192.168.10.1  25              # 使用 telnet 连接到 posfix 服务器
Trying 192.168.10.1...
Connected to 192.168.10.1.
Escape character is '^]'.
220 mail.cqvie.edu.cn ESMTP Postfix
mail from:teacher1@cqvie.edu.cn        # 发送 SMTP 命令指定发件人为 teacher1@cqvie.edu.cn
250 2.1.0 Ok
rcpt to:teacher2@cqvie.edu.cn          # 发送 SMTP 命令指定收件人为 teacher2@cqvie.edu.cn
250 2.1.5 Ok
data                                   # 发送 SMTP 命令，输入邮件内容
354 End data with <CR><LF>.<CR><LF>
this is a mail from teacher1           # 输入邮件内容
.                                      # 需要一个只包含符号“.”的行作为邮件内容结束
250 2.0.0 Ok: queued as 60C2932348CC
quit                                   # 退出邮件发送
221 2.0.0 Bye
Connection closed by foreign host.
```

邮件发送成功后，可以进入到收件用户家目录下的邮箱目录，显示邮件内容。

```
[root@ns ~]#cd  /home/teacher2/Maildir/new/              # 进入 teahcer2 的新邮件目录
[root@ns ~]#cat  1523776235.V802I138d52fM830020.ns.cqvie.edu.cn  # 显示新邮件内容
Return-Path: <teacher1@cqvie.edu.cn>                     # 发件人地址，即回复地址
X-Original-To: teacher2@cqvie.edu.cn                     # 收件人地址
Delivered-To: teacher2@cqvie.edu.cn                      # 邮件交付地址
```

```
Received: from ns.cqvie.edu.cn (ns.cqvie.edu.cn [192.168.10.1]) # 发件客户端地址
    by mail.cqvie.edu.cn (Postfix) with SMTP id 60C2932348CC
    for <teacher2@cqvie.edu.cn>; Sun, 15 Apr 2018 15:10:06 +0800 (CST)
Message-Id: <20180415071022.60C2932348CC@mail.cqvie.edu.cn>
Date: Sun, 15 Apr 2018 15:10:06 +0800 (CST)
From: teacher1@cqvie.edu.cn                    # 邮件头

this is a mail from teacher1                   # 邮件内容
```

2. 接收邮件服务器

（1）dovecot 服务软件安装。

接收邮件服务器配置与验证

默认情况下，RHEL7 没有安装接收邮件服务器，可以通过下列命令安装及查看 dovecot 服务的状态，安装 dovecot 需要配置 yum 本地安装源。

```
[root@ns ~]# rpm -qa | grep dovecot          # 查看 dovecot 软件是否安装，默认情况下未安装
[root@ns ~]# yum install dovecot -y          # 安装接收邮件服务器软件 dovecot
[root@ns ~]# rpm -qa | grep dovecot          # 安装后再次查看
dovecot-2.2.10-4.el7.x86_64                  # 已安装
[root@ns ~]# systemctl start dovecot         # 启动 dovecot 服务
[root@ns ~]# systemctl enable dovecot        # 将 dovecot 设置为开机启动
[root@ns ~# systemctl status dovecot         # 查看 dovecot 服务状态
dovecot.service - Dovecot IMAP/POP3 email server
  Loaded: loaded (/usr/lib/systemd/system/dovecot.service; enabled)       # 开机启动
  Active: active (running) since 日 2018-04-15 15:44:43 CST; 18s ago     # 激活运行状态

[root@ns2 home]# netstat -antup | grep dovecot        # 查看 dovecot 的连接状态
tcp   0  0  0.0.0.0:110    0.0.0.0:*  LISTEN    17937/dovecot
tcp   0  0  0.0.0.0:143    0.0.0.0:*  LISTEN    17937/dovecot
tcp6  0  0  :::110         :::*       LISTEN    17937/dovecot
tcp6  0  0  :::143         :::*       LISTEN    17937/dovecot
```

dovecot 提供 POP3 和 IMAP 两种协议的接收邮件服务，POP3 在 TCP 110 号端口监听，IMAP 在 TCP 143 号端口监听。

（2）dovecot 服务配置。

接收邮件服务 dovecot 的配置文件位于 /etc/dovecot 目录下，其主配置文件为 dovecot.conf，此外 /etc/dovecot 目录下还有一个子配置文件目录 /conf.d/，该目录下有多个子配置文件。

dovecot 的大部分配置可以使用默认配置，其中常用的配置及含义如下：

主配置文件：

```
/etc/dovecot/dovecot.conf
protocols = imap pop3 lmtp
```

设置 dovecot 支持的接收邮件协议。

子配置文件：

```
/etc/dovecot/conf.d/10-mail.conf
mail_location = maildir:~/Maildir
```

设置 dovecot 读取邮件的位置为用户家目录下的 Maildir 目录。

子配置文件：

```
/etc/dovecot/conf.d/10-auth.conf
disable_plaintext_auth = no
```

设置允许使用明文认证。

子配置文件：

```
/etc/dovecot/conf.d/10-ssl.conf
ssl = no
```

设置不使用 ssl。

（3）dovecot 接收邮件测试。

由于允许使用明文认证和不使用 ssl，因此也可以使用 telnet 来测试邮件的接收。

```
[root@ns ~]# telnet mail.cqvie.edu.cn 110   # 连接邮件服务器的 110 号端口，即 POP3 服务
Trying 192.168.10.1...
Connected to mail.cqvie.edu.cn.
Escape character is '^]'.
+OK Dovecot ready.
user teacher2               # 发送 POP 命令，指定登录用户名为 teacher2
+OK
pass 1                      # 发送 POP 命令，指定用户 teacher2 的密码为 1
+OK Logged in.              # 登录成功
list                        # 发送 POP 命令，列出 teacher2 用户的所有邮件
+OK 3 messages:             # 显示有 3 封邮件
1 325
2 1628
3 473
.
retr 3                      # 提取序号为 3 的邮件，新发送的邮件在最后
+OK 473 octets              # 下面为邮件内容
Return-Path: <teacher1@cqvie.edu.cn>
X-Original-To: teacher2@cqvie.edu.cn
Delivered-To: teacher2@cqvie.edu.cn
Received: from ns.cqvie.edu.cn (ns.cqvie.edu.cn [192.168.10.1])
    by mail.cqvie.edu.cn (Postfix) with SMTP id 60C2932348CC
    for <teacher2@cqvie.edu.cn>; Sun, 15 Apr 2018 15:10:06 +0800 (CST)
Message-Id: <20180415071022.60C2932348CC@mail.cqvie.edu.cn>
Date: Sun, 15 Apr 2018 15:10:06 +0800 (CST)
From: teacher1@cqvie.edu.cn

this is a mail from teacher1
.
quit                        # 退出 telnet 连接
+OK Logging out.
Connection closed by foreign host.
```

3. 邮件客户端软件

为方便用户进行电子邮件的收发与电子邮件账户的管理，可以使用专门的邮件客户端软件，常用的邮件客户端软件有 Foxmail 和 Outlook。

客户端软件中，最重要的设置是配置用户的邮件账户，邮件账户的主要信息包括：

- 邮件地址账号：即电子邮箱地址，如 teacher1@cqvie.edu.cn。
- 账号密码：用于接收邮件时，验证用户的合法性。
- POP 邮件服务器：用于指定接收邮件时要连接的 POP 邮件服务器地址，可以使用域名，如 mail.cqvie.edu.cn，需要 DNS 服务器能够解析该域名，也可以使用 IP 地址，如该域名对应的地址 192.168.10.1。
- 接收邮件服务器类型：用于指定客户端软件在接收邮件时使用哪种协议，由于 dovecot 默认提供 POP3 和 IMAP 协议，需要指定其中的一种，如 POP3。
- POP 邮件服务器端口：指定 POP 服务器的监听端口，如果前面的接收邮件服务类型为 POP3，则默认端口为 110。
- SMTP 邮件服务器：用于指定发送邮件时要连接的 SMTP 邮件服务器地址，可以使用域名，如 mail.cqvie.edu.cn，需要 DNS 服务器能够解析该域名，也可以使用 IP 地址，如该域名对应的地址 192.168.10.1。当 POP 和 SMTP 服务安装在同一台服务器上时这两个服务器的地址是相同的。
- SMTP 邮件服务器端口：指定 SMTP 服务器的监听端口，默认端口为 25。

设置完账户信息后，邮件客户端软件将根据账户信息完成邮件的收发：当发送邮件时，连接 SMTP 邮件服务器的 25 号端口，使用 SMTP 协议将邮件发送到服务器，工作过程与前面 telnet 连接交互类似；当接收邮件时，连接 POP 邮件服务器的 110 号端口，使用用户配置中的账户名和密码，通过验证后读取邮箱中的邮件列表信息，并将邮件下载到本地。

14.3 任务实施

1．安装发送邮件服务软件 postfix 和接收邮件服务器软件 dovecot，并启动服务。

```
[root@ns ~]# rpm -qa | grep postfix          # 查看发送邮件服务软件 postfix 是否安装
postfix-2.10.1-6.el7.x86_64                  # 发送邮件服务软件 postfix 已安装
[root@ns ~]# systemctl status postfix        # 显示 postfix 服务状态，该服务在默认情况下已启动，
                                             # 并设置为开机自动启动

[root@ns ~]# yum install dovecot -y          # 安装接收邮件服务器软件 dovecot
[root@ns ~]# systemctl start dovecot         # 启动 dovecot 服务
[root@ns ~]# systemctl enable dovecot        # 将 dovecot 设置为开机启动
```

2．修改配置文件，能够实现“姓名拼音 1”用户和“姓名拼音 2”用户之间的邮件收发，使用 telnet 命令测试邮件发送和接收。

（1）修改发送邮件服务 postfix 的配置文件。

```
[root@ns ~]# vim /etc/postfix/main.cf        # 编辑发送邮件服务器主配置文件，修改的配置如下
myhostname = mail.cqvie.edu.cn               # 发送邮件服务器主机名
mydomain = cqvie.edu.cn                      # 发送邮件服务器域名
myorigin = $mydomain                         # 发件人的源域名
inet_interfaces = all                        # 在所有 IP 上监听邮件发送请求
mydestination = $myhostname, localhost.$mydomain, localhost, $mydomain      # 发送到本域的邮
                                                                            # 件域名
home_mailbox = Maildir/                      # 邮箱位置为用户家目录下的 Maildir 目录
```

```
[root@ns ~]# systemctl restart postfix          # 重启 postfix 服务
```

（2）修改接收邮件服务器 dovecot 的配置文件。

```
[root@ns ~]# vim /etc/dovecot/dovecot.conf            # 编辑接收邮件服务器的主配置文件
protocols = imap pop3 lmtp                            # 设置支持接收邮件协议
[root@ns ~]# vim /etc/dovecot/conf.d/10-mail.conf     # 编辑子配置文件
mail_location = maildir:~/Maildir                     # 设置邮件存放位置
[root@ns ~]# vim /etc/dovecot/conf.d/10-auth.conf     # 编辑认证子配置文件
disable_plaintext_auth = no                           # 允许明文认证
[root@ns ~]# vim /etc/dovecot/conf.d/10-ssl.conf      # 编辑 ssl 子配置文件
ssl = no                                              # 不使用 ssl
[root@ns ~]# systemctl restart dovecot                # 重启 dovecot 服务
```

（3）查看 dovecot 和 postfix 的监听状态。

```
[root@ns ~]# netstat -antup | grep dovecot            # 查看 dovecot 服务的连接状态
[root@ns ~]# netstat -antup | grep :25                # 查看 25 号端口的连接状态
```

（4）在 Windows 真实机上用 telnet 命令进行测试。

Windows 的 telnet 功能默认是关闭的，因此首先需要打开 Windows 的 telnet 功能。在 Windows 真实机上，打开“程序和功能”的“启用和关闭 Windows 功能”，选中“Telnet 客户端”，如图 14-2 所示。

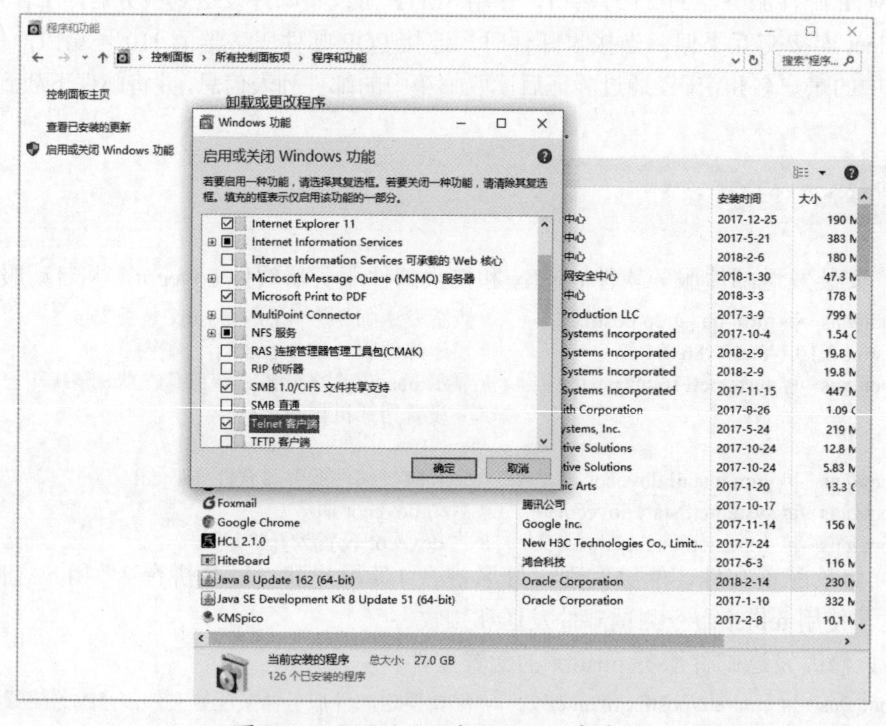

图 14-2　Windows 启用 telnet 客户端

Linux 系统中已经创建有 teacher1 和 teacher2 两个用户，下面使用 telnet 命令来进行邮件收发测试。

- 发送邮件测试。

进入到 Windows 的命令行界面，输入如下命令：

```
C:\Users\Enz>telnet 192.168.10.1 25            # 使用 telnet 远程连接到邮件服务器的 25 号端口
220 mail.cqvie.edu.cn ESMTP Postfix            # postfix 服务返回的提示信息
mail from:teacher1@cqvie.edu.cn                # 输入发件人信息
250 2.1.0 Ok                                   # postfix 服务返回信息
rcpt to:teacher2@cqvie.edu.cn                  # 输入收件人信息
250 2.1.5 Ok                                   # postfix 服务返回信息
data                                           # 命令 data 表示要输入邮件内容
354 End data with <CR><LF>.<CR><LF>            # postfix 服务返回提示，内容以单行的“.”号为结束
this is a email from teacher1                  # 输入要发送的邮件内容
.                                              # 单行“.”表示邮件内容结束
250 2.0.0 Ok: queued as B2A5A32348C0           # postfix 服务返回信息
quit                                           # 退出邮件发送
221 2.0.0 Bye                                  # postfix 服务返回信息
```

- 接收邮件测试。

下面使用 telnet 登录到接收邮件服务器，以显示用户邮箱中的邮件，在 Windows 命令行界面中输入以下命令：

```
C:\Users\Enz>telnet 192.168.10.1 110           # 使用 telnet 远程连接到邮件服务器的 110 号端口
+OK Dovecot ready.                             # dovecot 提示信息
user teacher2                                  # 命令输入用户名为 teacher2
+OK                                            # dovecot 提示信息
pass 1                                         # 命令输入密码为 1
+OK Logged in.                                 # dovecot 提示信息，登录到 teacher2 邮箱
list                                           # 命令显示邮件列表
+OK 1 messages:                                # dovecot 提示信息
1 325                                          # teacher2 邮箱有 1 封邮件，序号为 1
.
retr 1                                         # 命令显示序号为 1 的邮件内容
+OK 325 octets                                 # dovecot 返回的邮件信息
Return-Path: <teacher1@cqvie.edu.cn>
X-Original-To: teacher2@cqvie.edu.cn
Delivered-To: teacher2@cqvie.edu.cn
Received: from unknown (unknown [192.168.10.128])         # 192.168.10.128 真实机 IP
      by mail.cqvie.edu.cn (Postfix) with SMTP id B2A5A32348C0
      for <teacher2@cqvie.edu.cn>; Mon, 12 Mar 2018 15:30:41 +0800 (CST)

this is a email from teacher1                  # 邮件内容
.
quit                                           # 退出邮件接收
+OK Logging out.                               # dovecot 提示信息
```

3．安装 Foxmail 邮件客户端，修改配置文件实现邮件群发功能，使用 Foxmail 测试。

（1）设置群发别名。

```
[root@ns ~]# vim /etc/aliases       # 编辑别名配置文件，增加下面的内容
qf:teacher1,teacher2                # qf 是 teacher1、teacher2 的别名
[root@ns ~]# newaliases             # 使用别名配置生效
```

邮件客户端与群发邮件

（2）安装 Foxmail 并创建用户账号。

Foxmail 是可以用于电子邮件收发的客户端软件，通过在 Foxmail 上设置相应的账户信息，Foxmail 可以根据设置的账户信息登录到邮件服务服务器进行电子邮件的收发。

下载并安装 Foxmail 软件，在账号管理中单击“新建”按钮，并输入邮件地址 teacher1@cqvie.edu.cn 和该用户的密码，如图 14-3 所示。

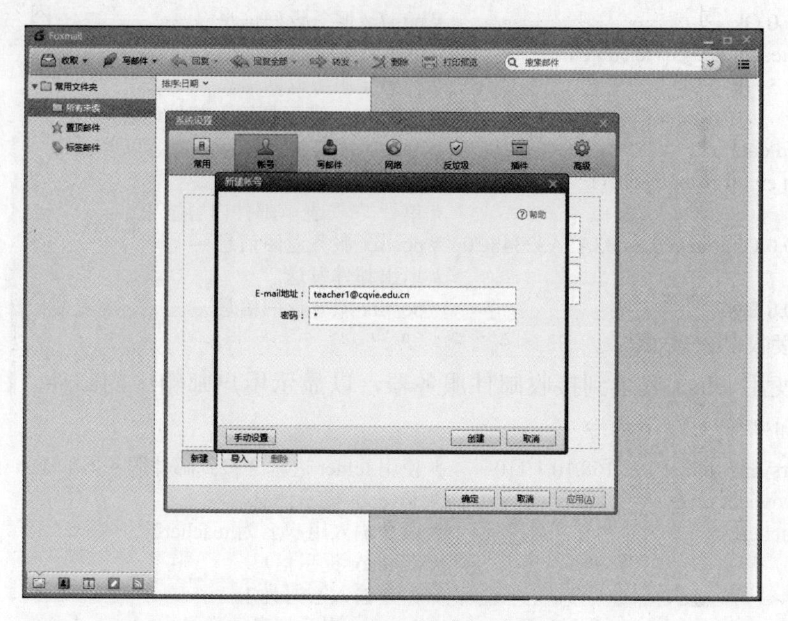

图 14-3　Foxmail 新建邮件账户

Foxmail 会根据输入的信息及 DNS 服务器配置自动去检测邮件服务器，因此需要 DNS 服务器的支持。如果 DNS 服务器和邮件服务器配置正确，Foxmail 会自动检测到相关的配置信息，选择接收服务器类型为 POP3，单击“创建”按钮创建该账户，如图 14-4 所示。

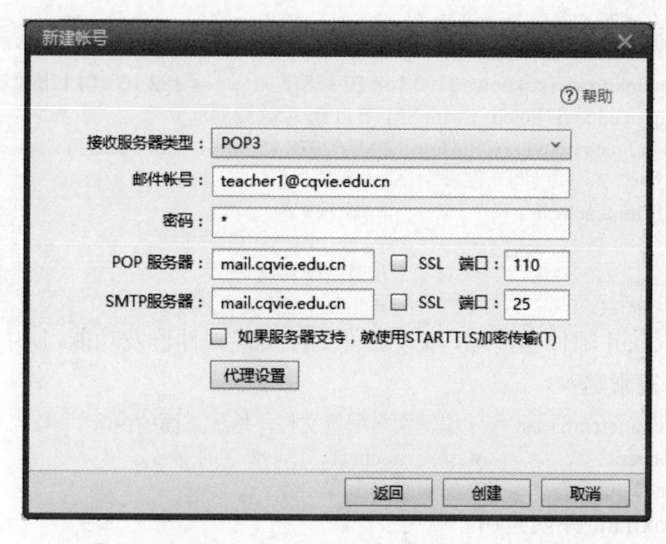

图 14-4　Foxmail 自动检测的邮件服务器信息

使用相同的方式创建邮件账户 teacher2@cqvie.edu.cn。

（3）使用 Foxmail 群发邮件。

在 Foxmail 的左侧账户列表中选中 teacher1 账户，单击菜单上面的“写邮件”按钮，弹出“写邮件”对话框。输入收件人为 qf@cqvie.edu.cn，输入邮件主题和内容，单出“发送”按钮，如图 14-5 所示。

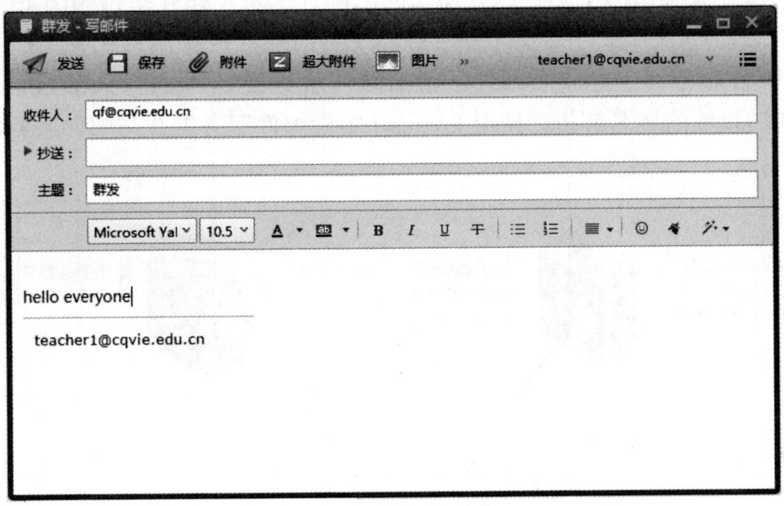

图 14-5　用 teacher1 账户群发邮件

（4）接收群发邮件。

单击菜单“收取”旁的向下箭头，选择收取所有账号，会自动收取 Foxmail 中所配置的所有账户的电子邮件，收取结果如图 14-6 所示，teacher1 和 teacher2 都会收到刚才群发的邮件。

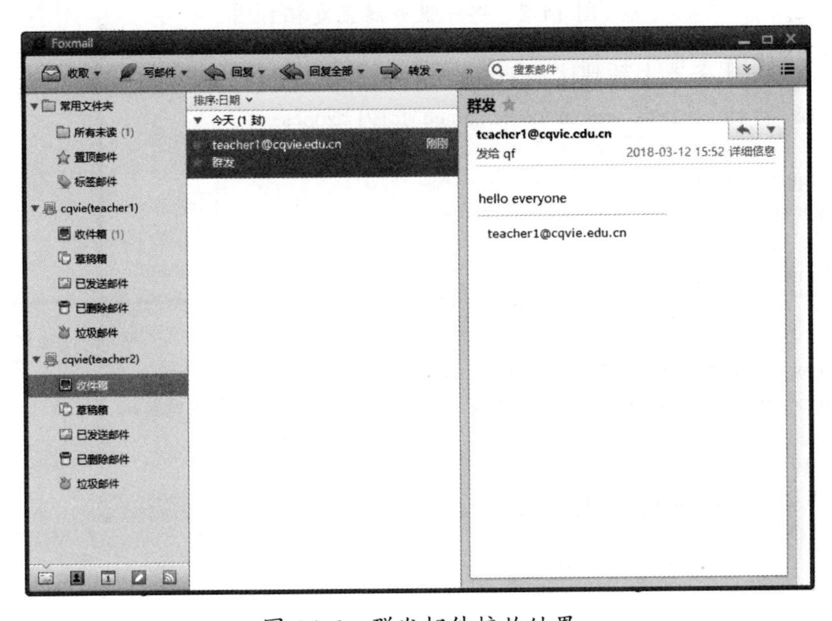

图 14-6　群发邮件接收结果

14.4 任务拓展

本拓展任务实现在两个邮件服务器之间的邮件互发，拓扑结构如图 14-7 所示。其中 DHCP 服务器和域名服务器及邮件服务器 1 与前面任务相同，在真实机上可以使用 Foxmail 在邮件服务器 1 上收发邮件。新增邮件服务器 2，域名为 cqu.edu.cn，在域名服务器上增加该域的域名解析，使用 Foxmail 实现邮件服务器 2 与邮件服务器 1 之间的邮件互发。

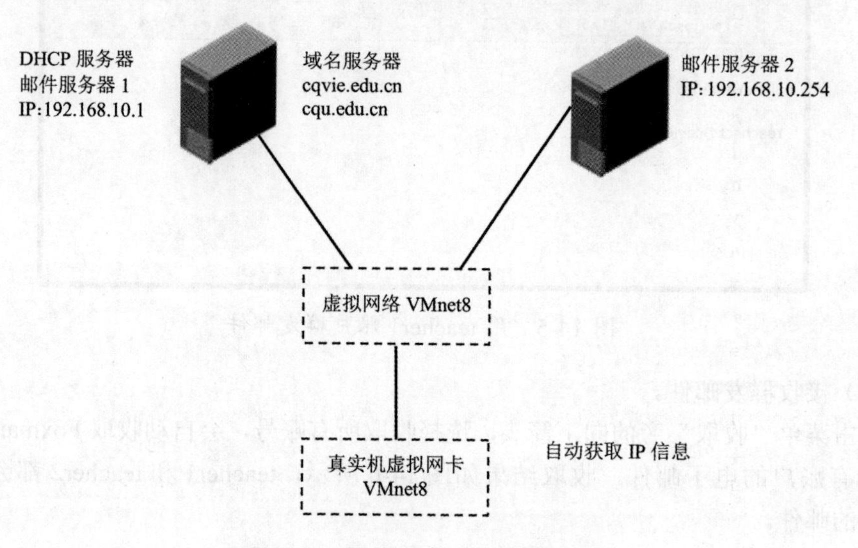

图 14-7　邮件服务器互发拓扑图

1．在 DNS 服务器上新建区域 cqu.edu.cn，并配置区域解析文件。

```
[root@ns ~]# vim  /var/named/chroot/etc/named.rfc1912.zones

zone "cqu.edu.cn" IN {
      type master;
      file "cqu.edu.cn.zone";
      allow-update { none;};
};

[root@ns ~]# cd  /var/named/chroot/var/named/
[root@ns named]# cp  -p  cqvie.edu.cn.zone  cqu.edu.cn.zone    # 创建区域解析文件

$TTL 3H
@        IN SOA  @ rname.invalid. (
                              0       ; serial
                              1D      ; refresh
                              1H      ; retry
                              1W      ; expire
```

```
                      3H )   ; minimum
        NS     ns.cqu.edu.cn.
        MX     10     mail.cqu.edu.cn.
ns      IN     A      192.168.10.1
mail    IN     A      192.168.10.254

[root@ns named]# systemctl restart named
```

2．安装邮件服务器 2。

安装邮件服务器 2 之前，应当设置该虚拟机网卡模式为 NAT，并且设置其静态 IP 地址为 192.168.10.254，掩码为 255.255.255.0，DNS 服务器地址为 192.168.10.1，并正确配置 yum 本地安装源，关闭防火墙及 SELinux。

默认情况下 postfix 已安装并设置为开机启动。

```
[root@ns ~]# yum install dovecot -y
[root@ns ~]# systemctl start dovecot
[root@ns ~]# systemctl enable dovecot
[root@ns ~]# vim /etc/postfix/main.cf  # 编辑 postfix 主配置文件，修改内容如下
myhostname = mail.cqu.edu.cn
mydomain = cqvie.cqu.cn
myorigin = $mydomain
inet_interfaces = all
mydestination = $myhostname, localhost.$mydomain, localhost, $mydomain
home_mailbox = Maildir/
[root@ns ~]# systemctl restart postfix
[root@ns ~]# vim /etc/dovecot/dovecot.conf              # 编辑 dovcecot 主配置文件
protocols = imap pop3 lmtp                              # 设置接收邮件使用的协议
[root@ns ~]# vim /etc/dovecot/conf.d/10-mail.conf       # 编辑配置文件 10-mail.conf
mail_location = maildir:~/Maildir                       # 设置邮箱位置
[root@ns ~]# vim /etc/dovecot/conf.d/10-auth.conf       # 编辑认证配置文件
disable_plaintext_auth = no                             # 允许明文认证
[root@ns ~]# vim /etc/dovecot/conf.d/10-ssl.conf        # 编辑 ssl 配置文件
ssl = no                                                # 不使用 ssl
[root@ns ~]# systemctl restart dovecot                  # 重启 devecot 服务
[root@ns ~]# useradd  user1                             # 创建用户 user1
[root@ns ~]# passwd  user1
```

3．使用 Foxmail 测试两个邮件服务器互发邮件。

在 Foxmail 中创建邮件服务器 2 的邮件账户，创建步骤和前面相同，创建后的邮件账户信息如图 14-8 所示。

使用该账户给邮件服务器 1 的邮箱 teacher1@cqvie.edu.cn 发送一封测试邮件，如图 14-9 所示。

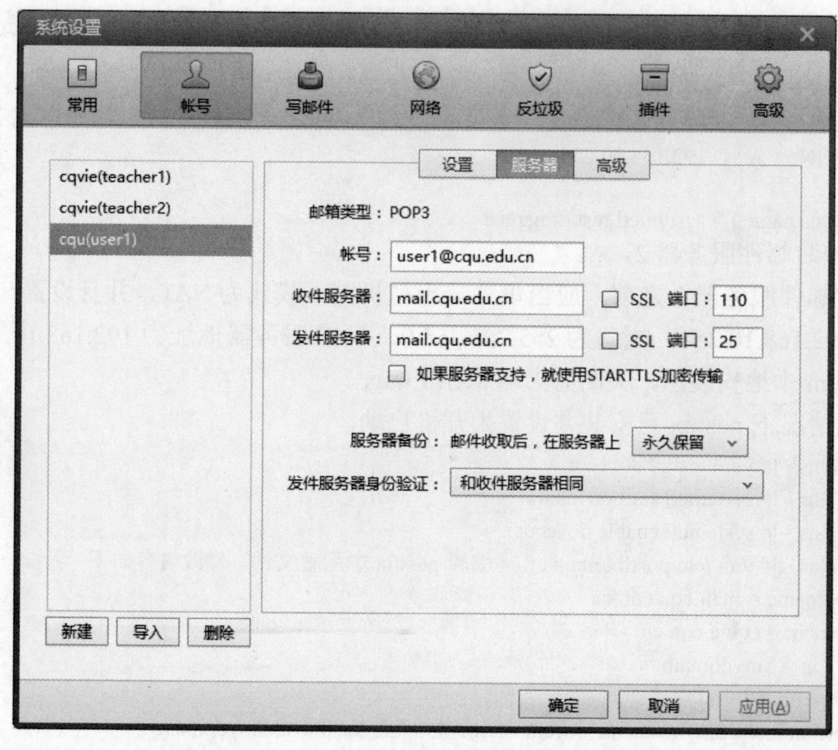

图 14-8　邮件服务器 2 新建的账户信息

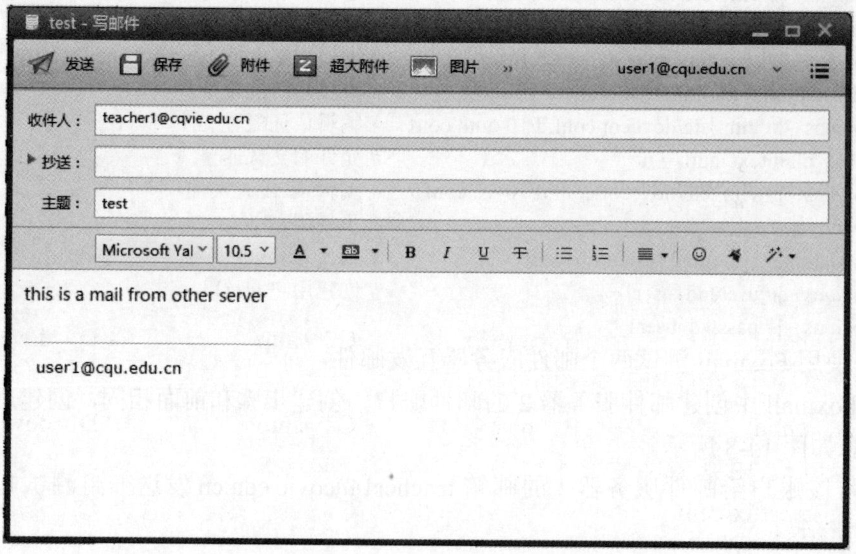

图 14-9　邮件服务器互发测试

使用 teacher1@cqvie.edu.cn 账户接收该邮件，接收结果如图 14-10 所示。

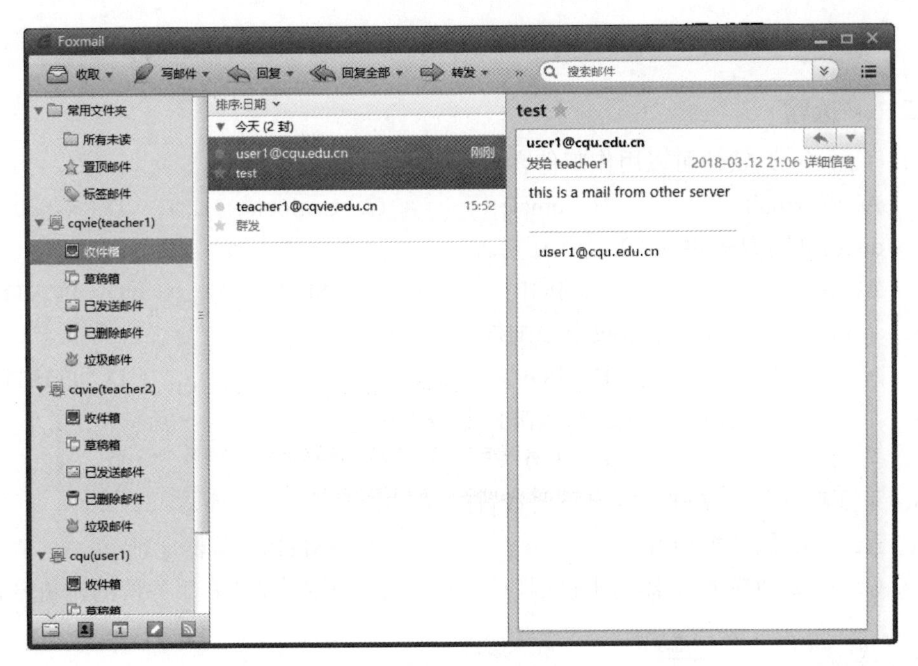

图 14-10 接收邮件服务器 2 发来的邮件

14.5 练习题

一、单选题

1．下面（ ）协议用于电子邮件发送。

A．SMTP　　B．POP3　　C．IMAP　　D．EMAIL

2．电子邮件发送服务程序默认在（ ）端口进行监听。

A．23　　B．25　　C．53　　D．110

3．下面（ ）程序用于电子邮件发送。

A．email　　B．postfix　　C．smtp　　D．dovecot

4．下面（ ）程序用于电子邮件接收。

A．email　　B．postfix　　C．smtp　　D．dovecot

5．postfix 的主配置文件是（ ）。

A．postfix.conf　　B．main.conf　　C．postfix.cf　　D．main.cf

6．dovecot 的主配置文件是（ ）。

A．dovecot.conf　　B．main.conf　　C．mail.conf　　D．email.conf

7．postfix 的主配置文件中设置 home_mailbox = Maildir/，则发送到本域的邮件将会存放在（ ）。

A．/etc/postfix/Maildir 目录下　　B．/var/postfix/Maildir 目录下

C．用户家目录的 Maildir 目录下　　D．当前目录下的 Maildir 目录下

二、多选题

1．下面（　）软件可以用作邮件客户端软件。

A．Foxmail　　B．email　　C．Outlook　　D．xshell

2．dovecot 可以提供（　）协议服务。

A．SMTP　　B．POP3　　C．IMAP　　D．POSTFIX

3．下列（　）协议用于接收电子邮件。

A．SMTP　　B．POP3　　C．IMAP　　D．POSTFIX

4．下列（　）端口是默认的接收邮件服务的端口。

A．25　　B．110　　C．143　　D．443

5．下面哪些信息是邮件客户需要设置的（　）。

A．POP 服务器地址　　B．SMTP 服务器地址

C．连接 POP 服务器的本机端口号　　D．连接 SMTP 服务器的本机端口号

三、判断题

1．本地邮件服务器要将邮件转发给其他邮件服务器必须有 DNS 服务器的支持。（　）

2．发送邮件时，如果发件人为 test，postfix 配置文件中 mydestination 为 cqvie.edu.cn，则发件人的邮箱地址为 test@cqvie.edu.cn。（　）

3．发送邮件时，如果收件人为 test，postfix 配置文件中 mydomain 为 cqvie.edu.cn，则默认将邮件发送给 test@cqvie.edu.cn。（　）

4．邮件服务器根据收件人的邮箱域名是否跟 mydestination 相同来识别是将邮件转发到其他邮件服务器，还是投递到本域的邮箱中。（　）

5．默认情况下 postfix 只允许同一网段内的所有客户发送邮件。（　）

6．默认情况下 postfix 发送邮件不需要认证。（　）

7．在邮件客户端中配置 POP 邮件服务器时，应当输入 POP 邮件服务器的域名，不能输入其 IP 地址。（　）

8．SMTP 和 POP 均为明文协议，没有加密。（　）

9．实现邮件群发功能需要修改配置文件 /etc/aliases，修改完成后需要重启 postfix 服务才能使别名生效。（　）

10．Windows 10 默认已经打开 telnet 功能，可以直接使用 telnet 命令连接邮件服务器 25 号端口进行邮件发送。（　）

参考文献

[1] 李世明．跟阿铭学 Linux[M]．3 版．北京：人民邮电出版社，2017．

[2] 刘遄．Linux 就该这么学 [M]．北京：人民邮电出版社，2017．

[3] 曹江华．Red Hat Enterprise Linux 7.0 服务器构建快学通 [M]．北京：电子工业出版社，2016．

[4] 丁明一．Linux 运维之道 [M]．2 版．北京：电子工业出版社，2016．

[5] 曹江华．Red Hat Enterprise Linux 7.0 系统管理 [M]．北京：电子工业出版社，2015．

[6] 曹江华，王涛．Linux 常用命令手册 [M]．北京：电子工业出版社，2015．

[7] 张同光，陈明，李跃恩，等．Linux 操作系统（RHEL7/CentOS7）[M]．北京：清华大学出版社，2014．

[8] 刘忆智．Linux 从入门到精通 [M]．2 版．北京：清华大学出版社，2014．

[9] 林天峰，谭志彬．Linux 服务器架设指南 [M]．2 版．北京：清华大学出版社，2014．

[10] 余柏山．Linux 系统管理与网络管理 [M]．2 版．北京：清华大学出版社，2014．

[11] 鸟哥．鸟哥的 Linux 私房菜（服务器架设篇）[M]．3 版．北京：机械工业出版社，2012．

[12] 刘金鹏．Linux 入门很简单 [M]．北京：清华大学出版社，2012．

[13] 鸟哥．王世江．鸟哥的 Linux 私房菜（基础学习篇）[M]．3 版．北京：人民邮电出版社，2010．